MANUAL Grundzüge des Innovations- und Technologiemanagements

Christian Stummer, Markus Günther, Anna Maria Höfler

facultas

Bibliografische Information der Deutschen Nationalbibliothek

Die Deutsche Nationalbibliothek verzeichnet diese Publikation in der Deutschen Nationalbibliografie; detaillierte bibliografische Daten sind im Internet über http://dnb.d-nb.de abrufbar.

facultas Universitätsverlag, 1050 Wien, Österreich

Druck: Finidr, s.r.o., Český Těšín
ISBN 978-3-7089-1017-8
e-ISBN 978-3-99111-249-5

Vorwort zur vierten Auflage

Seit der Drucklegung der letzten Auflage diese Manuals führten neue berufliche Herausforderungen zwischenzeitlich alle drei Ko-Autoren nach Deutschland. Dementsprechend wurde nunmehr neben einer obligaten generellen Aktualisierung besonderes Augenmerk auf die systematische Ergänzung der einzelnen Kapitel um Zahlen, Daten und Fakten aus Deutschland gelegt. Darüber hinaus finden sich einige Erweiterungen, wie etwa der neue Abschnitt zu ‚Open Innovation‘, sowie inhaltliche Anpassungen und Überarbeitungen, wie etwa die Überarbeitung des Kapitels über gewerbliche Schutzrechte (inkl. aktueller Entwicklungen zum europäischen Patent einheitlicher Wirkung). Danken möchten wir schließlich Martina Darkow für die umsichtigen sprachlichen Korrekturen und die Eliminierung verbliebener Austriazismen.

Bielefeld, im März 2020

Vorwort zur dritten Auflage

In der aktuellen Finanz- und Wirtschaftskrise wird vielerorts die Fortführung bzw. Intensivierung von Forschungs- und Entwicklungs- (F&E-) Aktivitäten empfohlen, da damit über den Erfolg eines Unternehmens in der zu erwartenden Aufschwung-Phase entschieden wird. Wer in Krisenzeiten den Grundstein für neue Produkte und Dienstleistungen legt, für den sollten sich schließlich im Zuge der von Schumpeter als "schöpferische Zerstörung" beschriebenen Ablöse althergebrachter Verfahren und Produkte (besonders) attraktive Marktchancen eröffnen. Nun ist es aber mit dem Budgetieren alleine nicht getan, entscheidend ist vielmehr ein verantwortungsvoller Umgang mit diesen Ressourcen oder, mit anderen Worten, ein effizientes und effektives Innovations- und Technologiemanagement.

Das vorliegende Lehrbuch bietet eine fundierte Einführung in die Materie und kann darüber hinaus als Ausgangspunkt für eine vertiefende Beschäftigung mit weiterführenden Fragestellungen genutzt werden. Angesichts der positiven Resonanz vieler Leser (vor allem. Studierende, aber auch Praktiker) und einer ständig steigenden Verbreitung an Bibliotheken im deutschen Sprachraum scheint dieses Ziel erreicht zu werden. Wir haben daher für diese dritte Auflage den Aufbau und die Auswahl der Inhalte weitgehend unverändert gelassen und lediglich kleinere Ergänzungen vorgenommen bzw. Zahlenmaterial aktualisiert.

Wien, im Februar 2010

Vorwort zur zweiten Auflage

Dieses Manual ist mittlerweile in mehr als zwei Dutzend Universitäts- und Fachhochschulbibliotheken im deutschen Sprachraum verfügbar. Sein Einsatz bei der Ausbildung im Innovations- und Technologiemanagement an, aber insbesondere auch außerhalb der Universität Wien hat dazu geführt, dass die erste Auflage bereits nach weniger als zwei Jahren ausverkauft ist. Die dadurch notwendig gewordene Neuauflage haben wir zum Anlass genommen, Daten zu aktualisieren sowie Korrekturen und Verbesserungen im Detail vorzunehmen, während die Konzeption des Lehrbuchs unverändert beibehalten worden ist, da sie sich didaktisch bewährt hat.

Danken möchten wir allen Kollegen, Studenten und Praktikern für ihr Feedback. Soweit nicht ohnehin bereits in dieser Neuauflage umgesetzt, werden die solcherart gesammelten Anregungen den Ausgangspunkt für eine grundlegendere Überarbeitung in einer zukünftigen Auflage bilden.

Wien, im März 2008

Vorwort zur ersten Auflage

Mit dem zunehmenden Einfluss von Innovationen auf den langfristigen Unternehmenserfolg steigt auch die Bedeutung eines professionellen Innovations- und Technologiemanagements. Dokumentiert wird das nicht zuletzt durch das Heranreifen dieser BWL-Disziplin zu einem integralen Bestandteil der betriebswirtschaftlichen Ausbildung an einem Gutteil der Universitäten im deutschsprachigen Raum. Die Universität Wien war dabei unter den Vorreitern und hat bereits 1993 einen eigenen Lehrstuhl für Innovations- und Technologiemanagement eingerichtet. Neben der von Anfang an bestehenden Möglichkeit, sich mit Innovations- und Technologiemanagement im Hauptstudium umfassend auseinanderzusetzen, wurde schließlich auch im Grundstudium ein einführender Kurs verpflichtend vorgeschrieben. Dies haben wir zum Anlass genommen, um Studierenden der Betriebswirtschaftslehre zunächst ein Skriptum und nach sechs Auflagen, in denen dieses Skriptum kontinuierlich an die Bedürfnisse der Zielgruppe angepasst sowie um aktuelle Fragestellungen und vielfältige Fallbeispiele aus Literatur und Praxis erweitert worden ist, schließlich dieses Manual zur Verfügung zu stellen.

Es richtet sich insbesondere an Studierende an Universitäten sowie Fachhochschulen, die einen raschen, aber fundierten Überblick zu den Grundzügen des Innovations- und Technologiemanagements bekommen möchten. Darüber hinaus eignet es sich auch als Nachschlagewerk etwa für Praktiker, die in komprimierter Form relevante Informationen zu einer gerade aktuellen Problemstellung benötigen.

Letztlich bleibt noch, einer Reihe von Kollegen und Kolleginnen am Lehrstuhl zu danken, die unser Vorhaben in verschiedenen Phasen unterstützt haben. Wir haben letztlich so manche Anregung übernommen und in die Arbeit eingewoben. Für verbliebene Unzulänglichkeiten trifft selbstverständlich ausschließlich uns die Verantwortung.

Wien, im Juni 2006

Inhaltsverzeichnis

Abbildungsverzeichnis

Abkürzungsverzeichnis

2gIP	Zweite Generation der IP-Kommunikation
3D	dreidimensional
AEUV	Vertrag über die Arbeitsweise der Europäischen Union
AG	Aktiengesellschaft
AMS	Arbeitsmarktservice
APA	Austria Presse Agentur
Aufl.	Auflage
BASF	Badische Anilin- und Soda-Fabrik
BioKon	Bionik-Kompetenznetz
BIP	Bruttoinlandsprodukt
BKA	Bundeskanzleramt
BMAS	Bundesministeriums für Arbeit und Soziales
BMBF	Bundesministerium für Bildung und Forschung
BMDW	Bundesministerium für Digitalisierung und Wirtschaftsstandort
BMF	Bundesministerium für Finanzen
BMK	Bundesministerium für Klimaschutz, Umwelt, Energie, Mobilität, Innovation und Technologie
BMUKK	Bundesministerium für Unterricht, Kunst und Kultur
BMVIT	Bundesministerium für Verkehr, Innovation und Technologie
BMW	Bayerische Motoren Werke
BMWF	Bundesministerium für Wissenschaft und Forschung
BMWFJ	Bundesministerium für Wirtschaft, Familie und Jugend
Bsp.	Beispiel
BWL	Betriebswirtschaftslehre
bzw.	beziehungsweise
CAD	Computer Aided Design
CAE	Computer Aided Engineering

CAM	Computer Aided Manufacturing
CAVE	Cave Automated Virtual Environment
CAx	CA (Computer Aided)-Techniken
CD	Compact Disc
CEO	Chief Executive Officer
CGS	Corporate Graphics System
CH	Schweiz
CNC	Computerized Numerical Control
D	Deutschland
DesignG	(deutsches) Designgesetz (Gesetz über den rechtlichen Schutz von Design)
DFG	Deutsche Forschungsgemeinschaft
DIHK	Deutscher Industrie- und Handelskammertag
d.h.	das heißt
DUV	Deutscher Universitätsverlag
DVD	Digital Versatile Disc
e.V.	eingetragener Verein
EADS	European Aeronautic Defence and Space Company
EDV	Elektronische Datenverarbeitung
EG	Europäische Gemeinschaft
EPA	Europäisches Patentamt
EPÜ	Europäische Patentübereinkunft
et al.	et alii [und andere]
etc.	et cetera
EU	Europäische Union
EUIPO	European Union Intellectual Property Office
EURATOM	Europäische Atomgemeinschaft
F	Frankreich
F&E	Forschung und Entwicklung
f.	folgende Seite
FBO	Fachverlag für Büro- und Organisationstechnik

ff.	folgende Seiten
FFG	Forschungsförderungsgesellschaft
FH	Fachhochschule
FOG	Forschungsorganisationsgesetz
FPÖ	Freiheitliche Partei Österreichs
FuE	Forschung und Entwicklung
FWF	Fonds zur Förderung der wissenschaftlichen Forschung
GB	Großbritannien
GebrMG	(deutsches) Gebrauchsmustergesetz
GM	General Motors
GMG	(österreichisches) Gebrauchsmustergesetz
GPS	Global Positioning System
GSM	Global System for Mobile Communications
HBS	Harvard Business School
Hrsg.	Herausgeber
I	Italien
I&K	Informations- und Kommunikationstechnologie
i. e. S.	im engeren Sinn
i. w. S.	im weiteren Sinn
IAB	Institut für Arbeits- und Berufsforschung
IBM	International Business Machines Corporation
IC	Information and Communication
IFF	International Flavors & Fragrances Inc.
Inc.	Incorporation
INCA	Initial NC-Application
IP	Internetprotokoll
IP	Intellectual Property
IW	Institut der deutschen Wirtschaft Köln
J	Japan
JPEG	Joint Photographic Experts Group
KMU	kleine und mittlere Unternehmen

KVP	Kontinuierlicher Verbesserungsprozess
LISA	Life Science Austria
mbH	[Gesellschaft] mit beschränkter Haftung
MINT	Mathematik, Informatik, Naturwissenschaft und Technik
Mio.	Million
mpe	Mannesmann Pilotentwicklungsgesellschaft mbH
MPEG	Moving Picture Experts Group
Mrd.	Milliarden
MuSchG	(österreichisches) Musterschutzgesetz
NL	Niederlande
o.ä.	oder Ähnlichem
o.V.	ohne Verfasser
OECD	Organisation for Economic Cooperation and Development
OEM	Original Equipment Manufacturer
ÖIAG	Österreichische Industrieholding AG
ORF	Österreichischer Rundfunk
ÖVP	Österreichische Volkspartei
PatG	Patentgesetz
PC	Personal Computer
PCT	Patent Cooperation Treaty (Patentzusammenarbeitsvertrag)
PPP	Projektprogrammplanung
RFID	Radio Frequenz Identifikation
ROI	Return on Investment
ROK	Republik Korea
S	Schweden
S.	Seite
SAP	Systeme, Anwendungen und Produkte in der Datenverarbeitung
SGF	Strategisches Geschäftsfeld
SPÖ	Sozialdemokratische Partei Österreichs
SQL	Structured Query Language

TLZ	Technologielebenszyklus
TRIZ	Theorie des erfinderischen Problemlösens
TU	Technische Universität
u. a.	unter anderem
UG	Universitätsgesetz (Österreich)
UHP	Ultra High Performance
UK	United Kingdom
UL	Unternehmensleitung
USA	United States of America
USD	US-Dollar
USPTO	United States Patent and Trademark Office
VetMed	Veterinärmedizin
vgl.	vergleiche
VR	Virtual Reality
VRC	Virtual Reality Center
VW	Volkswagen
WIPO	World Intellectual Property Organization
WSJ	Wall Street Journal
z. B.	zum Beispiel

„Als Ludwig XII. fragte, was man zum Kriegsführen brauche,
antwortete Marschall Trivulzio:
‚Drei Dinge braucht man, Sire, Geld, Geld und abermals Geld.'
Wenn mich heute jemand fragte, was man zur Aufrechterhaltung der
Wettbewerbsfähigkeit unserer Unternehmen braucht, würde ich antworten:
Innovationen, Innovationen und nochmals Innovationen."
(Albach, 1989)

1 Einführung

Das Management des Zustandekommens von Innovationen hat sowohl für Wissenschaftler[1] als auch für Praktiker besondere Reize. Aus Sicht der Betriebswirtschaftslehre (BWL) sind unter anderem jene zahlreichen Schnittstellen interessant, die das Innovations- und Technologiemanagement sowohl zu den direkt an der Produktentstehung bzw. dem -vertrieb beteiligten Funktionen Produktion, Beschaffung sowie Marketing als auch zu den indirekt involvierten Bereichen wie Finanzierung, Controlling, Organisation und Personal bis hin zum Rechnungswesen aufweist. Innovations- und Technologiemanagement betrifft aber neben der BWL auch weitere Disziplinen, wie Makroökonomik[2], Jura[3], Psychologie[4] oder Informatik[5] und kann somit nicht nur als ‚Querschnittsfach' innerhalb der BWL, sondern – jedenfalls im praktischen Einsatz – auch als interdisziplinäre Aufgabe verstanden werden.

Forschung und Entwicklung ist aber selbstverständlich nicht ausschließlich von ‚akademischem Interesse', sondern bildet die Basis für Innovationen und damit die Grundlage der unternehmerischen Tätigkeit.[6] Während bislang häufig operative Instrumente – wie z. B. Preispolitik, Marketing und Produktgestaltung – ausgereicht haben, um auf relativ statischen Märkten mit einer Tendenz zu Nachfrageüberhängen zu

---

1 Aus Gründen der besseren Lesbarkeit und da das Deutsche keinen neutralen Ausdruck hat, der beide Geschlechter umfasst, beziehen sich Ausdrücke, die Rollen oder Funktionen von Personen (z. B. Wissenschaftler) betreffen, auf Personen beiderlei Geschlechts. Damit folgen wir grammatikalischem Brauch und möchten keinerlei Diskriminierung wegen des Geschlechts zum Ausdruck bringen.

2 Etwa wenn es darum geht, wettbewerbsrelevante Technologien staatlich zu fördern, Ausbildungswege umzustrukturieren oder Ressourcen volkswirtschaftlich optimal einzusetzen.

3 z. B. bei Kooperationsvereinbarungen und beim Patent- und Lizenzrecht

4 Dies gilt bei allen Fragen der Personalführung, wenn beispielsweise die ‚richtige' Teamzusammensetzung die Voraussetzung für eine effektive und rasche Abwicklung von F&E-Projekten schaffen muss. Ein anderes Beispiel wäre das ‚Not-invented-here'-Syndrom.

5 F&E-Aufgaben sind heute nicht mehr ohne ein entsprechendes Informationsmanagement und geeignete EDV-technische Unterstützung durchzuführen, sodass die Informatik und speziell die Wirtschaftsinformatik zu einer Voraussetzung für effektive und effiziente F&E-Arbeit geworden sind (Bürgel et al., 1996: 51).

6 Vgl. Beckurts (1983: 16).

reüssieren, haben Sättigungstendenzen, ein globaler und damit intensiverer Wettbewerb, die drohende Erschöpfung wesentlicher Rohstoffressourcen bzw. veränderte Wertesysteme auf vielen Märkten vor allem auch Innovationen in den Vordergrund des Interesses gerückt.[7] Zu einem verschärften Differenzierungsdruck auf die Unternehmen kommen zudem noch akzelerierende Technologieschübe[8] und immer kürzer werdende Produktlebenszyklen[9]. Diese erfordern wiederum zunehmende Innovativität, um die Wettbewerbsfähigkeit zu erhalten, reduzieren zugleich aber die Zeitspanne für die Amortisation der Entwicklungskosten und die Erwirtschaftung eines Gewinns.[10] Nicht zuletzt deshalb ist ein professionelles Management von Innovationen im Sinne von systematischer Planung, Durchführung, Steuerung und Kontrolle von entscheidender Bedeutung.

Praktiker haben diesen Zusammenhang natürlich schon lange erkannt. Bereits im Jahr 1983 halten beispielsweise 83 % der vom Emnid-Institut befragten Top-Manager die Entwicklung von neuen Produkten für eine vorrangige Aufgabe, während nur 21 % sich primär um das bewährte Produktprogramm kümmern.[11] Sommerlatte (1987) berichtet des Weiteren von Interviews mit Managern in Europa, Nordamerika und Japan, bei denen im Durchschnitt nur 7 % meinten, dass die Wichtigkeit von Innovationen für ihre Unternehmen in Zukunft gleich bleiben wird. 48 % erwarteten hingegen eine größere und gar 43 % eine deutlich größere Bedeutung der Innovationen.[12] Dementsprechend zählt auch heute die Dotierung von Forschung und Entwicklung zu den vordringlichen Investitionsentscheidungen leitender Manager.[13]

Investitionen in neue Produkte, Prozesse oder Technologien schaffen schließlich die Grundlage für zukünftige Wettbewerbsvorteile und Produktivität und leisten damit einen wesentlichen Beitrag zur langfristigen Existenzsicherung eines Unternehmens.[14] Beispielsweise werden bereits bei der Konstruktion, die in wesentlichen Teilen von F&E-Aktivitäten beeinflusst wird, bis zu siebzig Prozent der nachfolgenden

---

7 Vgl. Schröder (1995: 600f.).

8 Vgl. Zahn (1995: 6ff.) oder Zeidler (1983: 86).

9 Vgl. Picot et al. (1988: 113). Allerdings fallen dieser Durchschnittsbetrachtung branchentypische Bedingungen zum Opfer (vgl. Dhalla und Yuspeh, 1976, für Gegenbeispiele). Für einzelne Anbieter einer Branche (z. B. Nischenanbieter) kann das daher auch nicht oder nur in veränderter Form gelten. Beispiele, die eine Verkürzung der Lebensdauer von am Markt eingeführten Produkten belegen, bietet etwa Pernicky (1990: 256), der berichtet, dass (bereits 1990!) *Sony* innerhalb von sechs Monaten hundert neue Produkte einführte, Benetton drei neue Kollektionen ausliefern oder Rank Xerox statt in fünf- in zweijährigem Rhythmus neue Kopiergeräte anbieten wollte.

10 Beispielsweise wurde nach einer IAO-Studie des Fraunhofer-Instituts für Arbeitswirtschaft und Organisation (Bullinger, 1990) in der Computerindustrie innerhalb von 10 Jahren ein Rückgang der Produktlebenszeit um 46 % auf unter 5 Jahre beobachtet. Bei einem gleichzeitigen Anstieg der Zeitspanne von der Markteinführung bis zur Amortisation der Entwicklungskosten um 5,5 % auf knapp 4 Jahre bleibt daher nur circa ein Jahr zur Erwirtschaftung von Gewinnen.

11 Vgl. Rehorn (1986: 448).

12 Vgl. Sommerlatte (1987: 20).

13 Vgl. Barker und Mueller (2002: 782).

14 Vgl. z. B. Franko (1989: 470) sowie Morbey und Reithner (1990: 11).

Produktions- und Vertriebskosten eines Produkts festgelegt.[15] Zusätzlich drohen gegebenenfalls beträchtliche Änderungskosten, wenn nachträglich Produktverbesserungen notwendig werden sollten.

Daher stehen auch erhebliche Mengen an F&E-Ressourcen auf dem Spiel. Im Jahr 2019 wurden etwa in Österreich (nach vorläufigen Schätzungen der Statistik Austria) 3,18 % des Bruttoinlandsprodukts (BIP) oder 12,7 Mrd. Euro für Forschung und Entwicklung ausgegeben, wobei rund 48 % durch den Unternehmenssektor finanziert wurden.[16] Für Deutschland beliefen sich die F&E-Investitionen im Jahr 2018 (letzte verfügbare Werte) auf 104,7 Mrd. Euro und entsprachen 3,13 %, wobei der Anteil seitens der Industrie bei 69,1 % lag.[17] Auch auf Unternehmensebene erreichen die F&E-Ausgaben eine beeindruckende Höhe. So hat zum Beispiel Siemens im Geschäftsjahr 2019 (weltweit) 5,7 Mrd. Euro oder 6,5 % vom Umsatz in Forschung und Entwicklung investiert, beschäftigte durchschnittlich 45.100 Mitarbeiter in Forschung und Entwicklung und hielt weltweit rund 68.300 erteilte Patente.[18] Die Bedeutung der Erfindertätigkeit für die Unternehmensentwicklung illustriert auch ‚IBM's $5,000,000,000 Gamble' bei der Entwicklung des System/360, das den Grundstein für späteres Wachstum bildete,[19] oder ein Beispiel von Weule (2002), der den durch kontinuierliche F&E-Anstrengungen getragenen Unternehmenserfolg von Hewlett-Packard dem Niedergang bei AEG-Olympia gegenüberstellt. Entsprechende Beispiele beschränken sich aber nicht nur auf die Elektronikbranche. Ebenso hängt etwa der langfristige Erfolg von Pharmazieunternehmen unmittelbar mit den ‚richtigen' Investitionen in Forschung und Entwicklung zusammen. So betragen die durchschnittlichen F&E-Kosten für ein mit neuem Wirkstoffen auf den Markt gebrachtes Medikament über die gesamte Laufzeit 2,5 Mrd. US-Dollar,[20] wobei dieser Prozess in der pharmazeutischen Branche oft mehr als ein Jahrzehnt dauern kann[21]. Alleine Roche hat dafür im Geschäftsjahr 2018/19 rund 9,8 Mrd. Euro (oder 19,4 % vom Nettoumsatz) ausgegeben.[22]

Eine Übersicht jener 50 Unternehmen mit den weltweit höchsten F&E-Investitionen im Geschäftsjahr 2018/2019 findet sich in Abbildung 1. Zusätzlich wird der Anteil der F&E-Investitionen am Nettoumsatz (F&E-Intensität) angegeben.

---

15 Vgl. Mirani (1987: 226). Nach einer Studie von Creese und Moore (1990) werden 75-85 % der kumulativen Produktlebenskosten bereits in der Planungsphase der Entwicklung festgelegt, während nur 5-7 % der Gesamtkosten in dieser Phase anfallen.

16 Vgl. Statistik Austria [Zugriff am 15.10.2020a].

17 Vgl. BMBF (2020: 7ff.).

18 Vgl. Siemens (2019: 20).

19 Vgl. Wise (1988).

20 Vgl. DiMasi et al. (2016: 26).

21 Vgl. DiMasi et al. (2003: 153).

22 Vgl. Hernández et al. (2018: 64).

Abbildung 1: Top 50 Unternehmen weltweit anhand der gesamten F&E-Investitionen in Millionen Euro im Geschäftsjahr 2018/2019

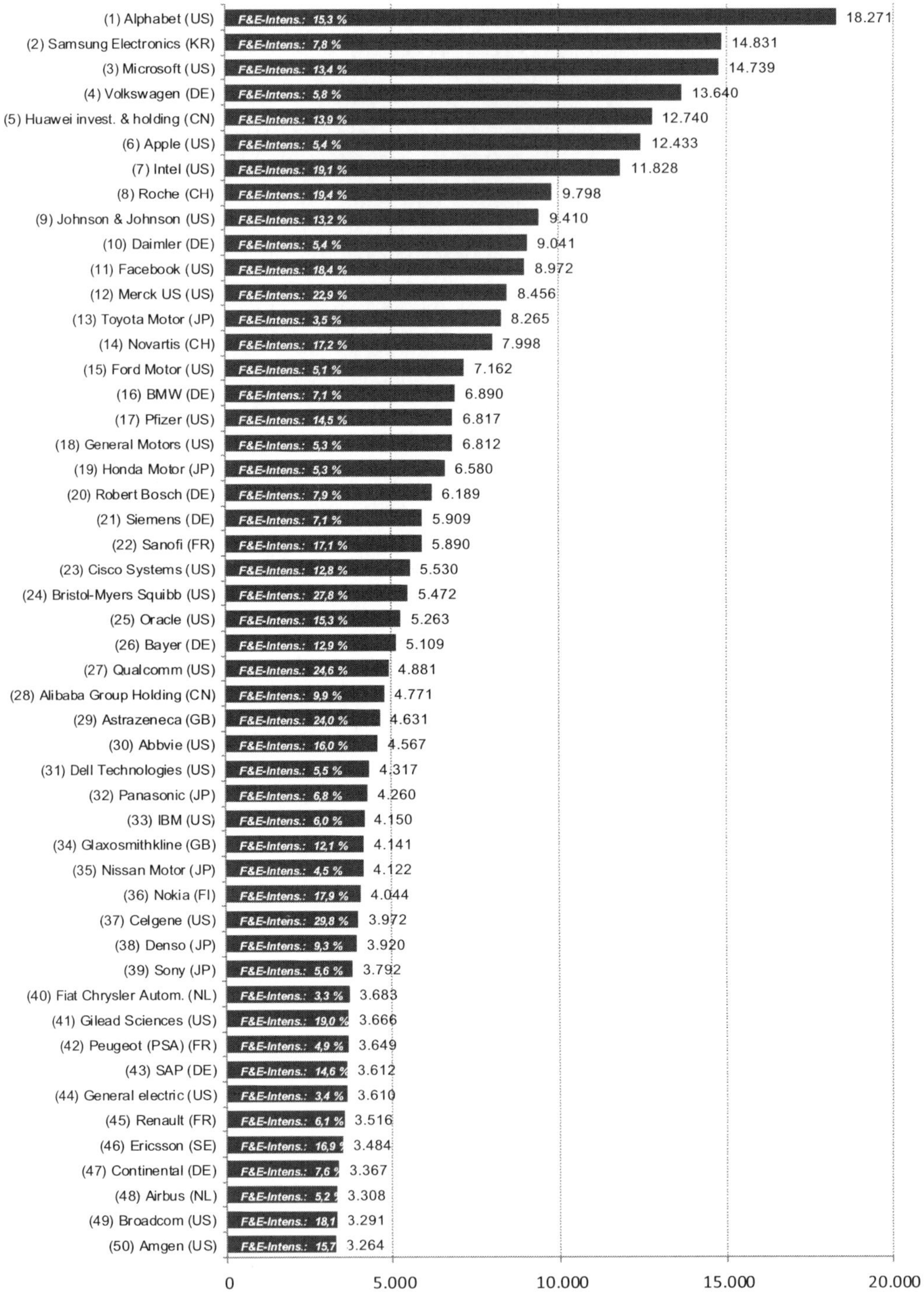

Quelle: Eigene Darstellung nach Hernández et al. (2019: 60)

Aufbau des Manuals

Das vorliegende Manual bietet dem Leser einen Überblick zu elementaren Fragestellungen des Innovations- und Technologiemanagements. Dazu werden Literaturbasiert Kernbereiche des Fachs vorgestellt, diskutiert und durch zahlreiche Fallbeispiele und Exkurse (in grauen Textboxen) illustriert.

Das anschließende zweite Kapitel beschäftigt sich zunächst mit Grundbegriffen des Innovations- und Technologiemanagements. Nach einer Definition von Theorie, Technologie und Technik wird dann die Bedeutung von Innovationen aus der Sicht der ökonomischen Theorie diskutiert und die eingangs erwähnte Multidisziplinarität des Gegenstandes aufgezeigt. Des Weiteren wird das Phänomen ‚Innovation' aus betriebswirtschaftlicher Sicht betrachtet, der Teilkomplex Forschung und Entwicklung klassifiziert sowie seine Funktion als Bindeglied zwischen Innovations- und Technologiemanagement erläutert. Den Abschluss dieses zweiten Kapitels bildet eine Beschreibung der vielfältigen Aufgaben eines Innovationsmanagers in der betrieblichen Praxis.

Die darauf folgenden Kapitel 3 bis 5 verfolgen systematisch den Weg von der Technologieentwicklung über die Vorentwicklung hin zur Produkt- und Prozessentwicklung. Zum besseren Verständnis der F&E-Tätigkeiten geht der Abschnitt über die Technologieentwicklung (Kapitel 3) zunächst auf die Technologiedynamik anhand der Technologielebenszyklusmodelle und des S-Kurven-Konzepts ein und stellt in weiterer Folge Methoden zur Identifikation relevanter Technologien vor, mit deren Hilfe strategische Optionen und Handlungsempfehlungen abgeleitet werden können.

Die Vorentwicklung (Kapitel 4) liegt zeitlich zwischen der Technologieentwicklung und der Produkt- und Prozessentwicklung und beschäftigt sich primär mit der Herstellung funktionsfähiger Prototypen.

Das Kapitel 5 (Entwicklung) ist in zwei Unterkapitel aufgeteilt. Die Planung neuer Produkt- und Prozesse umfasst unter anderem die Ideengenerierung und -auswahl (inkl. der wesentlichen Kreativitätstechniken), die Festlegung visionärer Ziele sowie die Strategie- und Konzeptplanung. Im Unterkapitel über die anschließende Realisierungsphase wird auf die notwendigen Schritte vom Systementwurf bis zur Systemeinführung eingegangen.

Die Schritte der Markteinführung einer Neuerung unter besonderer Berücksichtigung des Innovationsmarketings wird in Kapitel 6 behandelt.

Welche Faktoren für eine erfolgreiche Markteinführung zu beachten sind, erfährt der Leser in Kapitel 7 (innovationswirtschaftliche Erfolgsfaktoren) anhand einer Diskussion von Markt-, Zeit- und Kostengerechtheit. Den Abschluss bildet eine mit konkreten Beispielen illustrierte Beschreibung möglicher Ursachen für das Scheitern von Innovationen.

Kapitel 8 behandelt ausgewählte Aspekte der Organisation und Personalführung sowie die immer mehr an Bedeutung gewinnenden Bereiche von Kooperation, Information und Kommunikation im betrieblichen F&E-Management.

Besonders bei Kooperationen, aber auch im betrieblichen Alltag eines Unternehmens sind Patente und Lizenzen von großer Bedeutung. In Kapitel 9 stehen daher gewerbliche Schutzrechte und Lizenzen im In- und Ausland im Mittelpunkt.

Kapitel 10 gibt einen Überblick zu Ausgaben für Forschung und Entwicklung im internationalen Vergleich und beschäftigt sich insbesondere mit staatlichen F&E-Förderungen sowie mit EU-Förderprogrammen.

Den Abschluss des Manuals bildet Kapitel 11 zur Internationalisierung von Forschung und Entwicklung, in dem Gründe und Typen von Internationalisierung beschrieben werden.

2 Grundbegriffe

Die Begriffe Innovation und Technologie werden im Alltag häufig verwendet: Betriebe bieten ‚innovative Produkte und Dienstleistungen' an, in Annoncen werden ‚innovative Mitarbeiter' gesucht, in der Werbung wird die ‚Technologie von morgen' angepriesen, Printmedien schreiben von ‚Technologie- und Innovationsbereitschaft'. Sowohl in der Praxis als auch in der Wissenschaft werden die genannten Begriffe teilweise unterschiedlich interpretiert. Nachfolgend sollen einige Definitionen einen ersten Einstieg in das Themengebiet bieten.

2.1 Theorie, Technologie und Technik

Unter Theorie versteht man *„eine Menge bewährter Hypothesen, die miteinander in Beziehung stehen"*.[23] Die Realität wird mittels der Theorie erklärt und in wissenschaftlichen Gesetzen festgehalten.

Der Begriff Technologie bezeichnet das *„Wissen über naturwissenschaftlich-technische Wirkungsbeziehungen, das bei der Lösung praktischer Probleme Anwendung finden kann"*.[24] Da die Gesetzmäßigkeiten der Wirkungsbeziehungen als Theorien vorhanden sind, folgt, dass Theorien die Grundlage für Technologie sind.

Technik wiederum ist die *„konkrete Anwendung der Technologie in Produkten oder Produktionsprozessen"*.[25]

Der Zusammenhang zwischen Theorie, Technologie und Technik ist in Abbildung 2 dargestellt und kann am Beispiel des Glas-Fusing – worunter das Zusammenschmelzen verschiedener Glasstücke verstanden wird – veranschaulicht werden: Das Prinzip, gemäß dem sich Glas durch Hitzeeinwirkung schmelzen lässt, bildet die Theorie. Die Technologie zum Fusen von Glas besteht in der Verwendung eines Spezialofens bei einer Temperatur von 788 bis 830 Grad. Wird diese Technologie für die Herstellung von Produkten wie beispielsweise Glaswaschbecken, Glasmöbel etc. eingesetzt, handelt es sich um Technik.

---

[23] Specht et al. (2002: 12)
[24] Specht et al. (2002: 13)
[25] Specht et al. (2002: 13)

Abbildung 2: Zusammenhang zwischen Theorie, Technologie und Technik

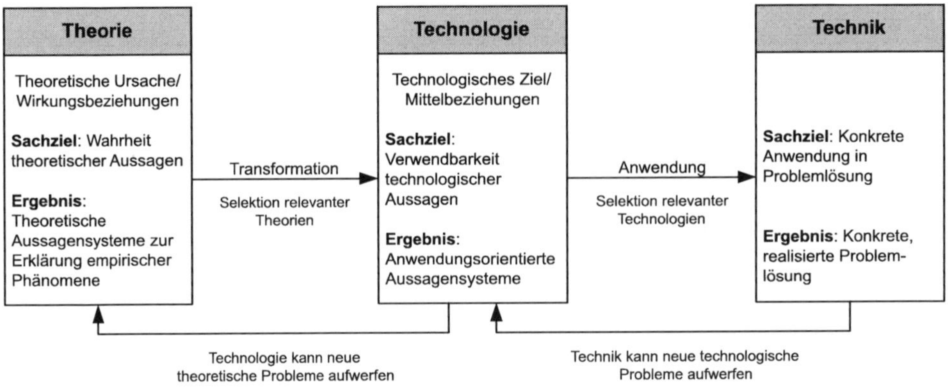

Quelle: Specht et al. (2002: 13)

2.2 Ökonomische Theorie der Innovation

2.2.1 Neoklassik

Die neoklassische Lehre versucht, das Geschehen in Wirtschaftsmärkten vor allem mittels mathematischer Modelle zu beschreiben. Dazu wird jedes Unternehmen durch eine genau festlegbare Produktionsfunktion abgebildet, wobei in dieser nur die Produktionsfaktoren Kapital und Arbeit berücksichtigt werden. Der technische Fortschritt findet keinen Eingang in die Produktionsfunktion.[26]

Die Unternehmen verhalten sich in der Neoklassik (abgesehen von Monopolsituationen) als reine Mengenanpasser; die Güterpreise sind exogen gegeben. Durch die Variation von Gütermengen als Reaktion auf durch Angebot und Nachfrage bestimmte Preise stellt sich immer – quasi automatisch – ein Marktgleichgewicht ein, weswegen auch von einer gleichgewichtsorientierten Theorie gesprochen wird. Störungen dieses Gleichgewichts können nur durch Einflüsse außerhalb des Wirtschaftssystems erfolgen. Fehlen diese, so bleibt das System im stabilen Gleichgewicht.[27]

Die neoklassische Theorie kann zwar Phänomene wie beispielsweise Angebot und Nachfrage erklären, nicht jedoch das Entstehen von Innovationen, den technischen Wandel oder wirtschaftlich induzierte, anwendungsorientierte Forschung und Entwicklung. Dies liegt einerseits an der Annahme, dass alle Gleichgewichtsstörungen im Markt nur von außerhalb bewirkt werden können und dementsprechend auch

---

26 Vgl. Kupsch et al. (1991: 1072) sowie Hübner (2002: 88f.).

27 Vgl. Kupsch et al. (1991: 1071f.) sowie Hübner (2002: 89).

das Phänomen der Innovation als exogener (also nicht durch das Modell erklärter) Faktor betrachtet wird. Andererseits bewirkt die vollkommene Markttransparenz, eine der wesentlichen Annahmen der Neoklassik, dass alle Wirtschaftssubjekte denselben Informationsstand besitzen, also alle Marktteilnehmer über perfekte Informationen verfügen, die kostenlos und unmittelbar zur Verfügung stehen. Diese Annahme sowie die ausschließliche Existenz homogener Güter führen dazu, dass Unternehmen keine Wettbewerbsvorteile – wie etwa durch neue Produkte – erzielen können. Somit ist im System der Neoklassik kein Platz für Unternehmer, die nach Informationsvorsprüngen und dadurch nach Innovationen suchen.[28]

2.2.2 *Austrianismus*

Eine Erklärung für das Phänomen des Zustandekommens von Neuerungen wird von der ökonomischen Theorie des Austrianismus (österreichische Schule) versucht, die maßgeblich um die österreichischen Wirtschaftswissenschaftler Joseph Alois Schumpeter (1883-1950), Carl Menger (1840-1921) und Ludwig von Mises (1883-1953)[29] entwickelt wurde. Im Mittelpunkt steht dabei die Frage, wie sich *„Veränderungen [vollziehen] und welche wirtschaftlichen Erscheinungen"* sie auslösen.[30]

Ausgangspunkt des Austrianismus ist die Kritik an der Gleichgewichtsorientierung der neoklassischen Theorie. Marktungleichgewichte können entstehen, da die Annahme der Neoklassik, dass alle Kenntnisse und Fähigkeiten der Marktteilnehmer gleichverteilt bzw. vollkommen bekannt sind, aufgegeben wird. Durch die solcherart zugelassene unterschiedliche Informationsverteilung wird ein Marktprozess initiiert, der das Marktgleichgewicht durch einen Informationsvorsprung zerstört oder dessen Einstellung sogar überhaupt verhindert (z.B. durch ständige Innovationen). Diese Marktprozesse werden durch das gewinnorientierte unternehmerische Handeln schöpferischer Unternehmer initiiert.[31]

Schumpeter führte 1911 als erster den Innovationsbegriff in die ökonomische Diskussion ein, jedoch ohne das Wort ‚Innovation' explizit zu erwähnen. Er bezeichnete sie als *„neue Kombinationen von Produktionsmitteln"*, die in unterschiedlichen Ausprägungen[32] auftreten, wie beispielsweise:[33]

- Herstellung eines (in irgendeiner Form) neuen Gutes
- Einführung einer neuen Produktionsmethode
- Erschließen eines neuen Absatzmarktes

---

28 Vgl. Kupsch et al. (1991: 1072) sowie Hübner (2002: 88f.).

29 Neuere Vertreter dieser Denkschule wie Kirzner, Hayek und Lachmann haben diese Gedanken aufgegriffen und weiterentwickelt.

30 Vgl. Schumpeter (1997: 94).

31 Vgl. Kupsch et al. (1991: 1071f.) sowie Schneider (1991: 345).

32 Diese Ausprägungen sind den Innovationsarten der heutigen Innovationsforschung bereits sehr ähnlich.

33 Vgl. Schumpeter (1997: 100f.).

- Eroberung einer neuen Bezugsquelle für Rohstoffe
- Durchführung einer Neuorganisation

Diese neuen Kombinationen müssen sich in einem Marktprozess dem Wettbewerb unterziehen und sich bewähren. Dabei wird die Einführung neuer Kombinationen immer von der Ablöse und dem Verschwinden der alten, etablierten Verfahren und Produkte begleitet, was von Schumpeter als *schöpferische Zerstörung* bezeichnet wird. Daran lässt sich auch die Janusköpfigkeit von Innovationen erkennen: Nach der erfolgreichen (Markt-)Einführung kann es in weiterer Folge zur Nachahmung durch andere Marktteilnehmer kommen, wodurch ein Gleichgewicht entstehen kann. Dieses ist allerdings auf einem höheren Wohlfahrtsniveau angesiedelt als jenes vor der Neuerung. Durch weitere Innovationen kann das Gleichgewicht wieder zerstört werden.[34]

Das aktive Element und der Motor der Veränderung ist nach Schumpeter der *„schöpferische Unternehmer"*[35], dem es gelingt, aufgrund seiner Persönlichkeitsstruktur, seiner Risikobereitschaft und seines Weitblicks Neues wirtschaftlich zu nützen.[36] Für deren Umsetzung ist eine entsprechende Finanzierung notwendig, die von den *„Kapitalisten"*[37] bereitgestellt wird. Die dritte für das Umsetzen von Innovationen notwendige Personengruppe wird als *„Wirte"*[38] bezeichnet, die nach der Durchsetzung der Innovation durch den schöpferischen Unternehmer die Administration der Neuerung übernehmen. Mit diesem Ansatz identifiziert Schumpeter auch als erster die Schlüsselrolle des unternehmerischen, aber nicht notwendigerweise kapitalstarken Akteurs im Innovationsgeschehen.[39]

2.3 Invention, Innovation, Imitation

Nachdem geklärt ist, warum es zu Innovationen kommt und welche Bedeutung sie für das wirtschaftliche Geschehen haben, stellt sich die Frage der genauen Begriffsdefinition von Innovationen. Hierfür muss – wie bereits zuvor für Technologie und Technik[40] – auch eine Unterscheidung im technisch-ökonomischen Kontext zwischen den Begriffen Invention und Innovation vorgenommen werden.

So ist eine *Invention* eine zeitpunktbezogene Erfindung, bei der es sich um eine erstmalige technische Umsetzung oder aber eine Neukombination von bereits bestehenden wissenschaftlichen Erkenntnissen handelt. Inventionen können zufällig auf-

---

34 Vgl. Vahs und Burmester (2002: 3), Kupsch et al. (1991: 1072) sowie Hübner (2002: 36).
35 Vgl. Schumpeter (1997: 111).
36 Vgl. Vahs und Burmester (2002: 3).
37 Vgl. Schumpeter (1997: 109).
38 Vgl. Schumpeter (1997: 122).
39 Vgl. Hübner (2002: 35).
40 Siehe dazu Kapitel 2.1.

treten oder Ergebnis von Forschung und Entwicklung sein. Die Entstehung eines Zufallsproduktes wird auch *Serendipitäts-Effekt* (‚serendipity effect') genannt.[41] Eine Analyse von 50 erfolgreichen österreichischen Innovationen der letzten 25 Jahre ergab, dass nur die Hälfte der Neuerungen das Ergebnis einer geplanten Suche waren und rund 20 Prozent der Innovationen zufällig ‚passiert' sind. In 30 Prozent der Fälle entstand die neue Idee außerhalb des Unternehmens.[42] Eine der bekanntesten Zufallserfindungen sind die Post-its der Firma 3M, deren Geschichte im folgenden Fallbeispiel aufgezeigt wird.

Post-its – Eine Zufallserfindung

Arthur Fry war Wissenschaftler bei 3M, der Minnesota Mining and Manufactures Co., in St. Paul. In seiner Freizeit sang Fry in einem Chor. Der Ärger mit dem ständigen Blättern im Gesangbuch, um die richtige Stelle zu finden (auch wenn er kleine Zettel hineinlegte) ließ ihn an einen ‚nicht-klebenden Klebestreifen', den vor Jahren ein Kollege entwickelt hatte, zurückdenken. Ungewöhnlich an dem Klebeband war, dass dieses zwar fest haftete, gleichzeitig jedoch leicht von der Unterlage gelöst werden konnte. Dieser ‚Nichtkleber' konnte dank Frey einem praktischen Nutzen zugeführt werden: den Post-its.

Nach intensiver Recherche im Rahmen des sogenannten ‚Bootleggings' (Mitarbeiter bei 3M hatten die Möglichkeit, 15 Prozent ihrer Arbeitszeit für ein eigenes Projekt zu nutzen) dauerte es noch 18 Monate, bis die ersten Post-its gefertigt werden konnten. Jedoch waren die Marketing- wie auch die Maschinenbauabteilung nicht sonderlich beeindruckt von der Post-it-Idee und zweifelten an der Umsetzung. Daher baute Fry in seinem Keller selbst die erste Maschine zur Herstellung seiner neuen Klebezettel.

Als sich 3M schließlich doch entschloss, Prototypen herzustellen, und auch die als Testpersonen ausgewählten Mitarbeiter begeistert waren, wählte die Marketingabteilung vier Städte als Testmärkte aus. Durch Verkaufstests mit Gratismustern wurde eine Kaufabsicht bei 90 Prozent der Kunden erreicht. Ab 1980 waren Post-its in den ganzen USA verfügbar und bereits vier Jahre später waren sie das erfolgreichste neue Produkt in der Geschichte des Konzerns.

Quelle: Vgl. Freeman und Golden (1998: 219ff.).

Der Begriff der *Innovation* ist deutlich schwerer zu definieren, weswegen sich auch in der Literatur unterschiedliche Definitionen finden. Manche Autoren betonen die Neuheit, die Erstmaligkeit in einem bestimmten Umfeld, andere wiederum sehen Innovation als einen Prozess, der erstmals in Gang kommt und Gegebenheiten verändert.

---

41 Vgl. Specht et al. (2002: 13).
42 Vgl. Leitner (2003: 345).

Hauschildt (1993): *„Bei Innovation geht es um etwas ‚Neues': Neue Produkte, neue Verfahren, neue Vertragsformen, neue Vertriebswege, neue Werbeaussagen, neue Corporate Identity."*[43]

Zaltman et al. (1973): *„We consider as an innovation any idea, practice, or material artifact perceived to be new by the relevant unit of adoption. The adopting unit can vary from a single individual to a business firm, a city, or a state legislature."*[44]

Kieser (1969): *„Als Innovation sollen alle Änderungsprozesse bezeichnet werden, die die Organisation zum ersten Mal durchführt."*[45]

Rickards (1985): *„Innovation is a process whereby new ideas are put into practice."*[46]

Brockhoff (1999a): *„Liegt eine Erfindung vor und verspricht sie wirtschaftlichen Erfolg, so werden Investitionen für die Fertigungsvorbereitung und die Markterschließung erforderlich, Produktion und Marketing müssen in Gang gesetzt werden. Kann damit die Einführung auf dem Markt erreicht werden oder ein neues Verfahren eingesetzt werden, so spricht man von einer Produktinnovation oder einer Prozessinnovation. Hiermit ist im engeren Sinne von Innovation die Rede."*[47]

Innovation ist in allen Definitionen wesentlich mehr als die bloße Lösung eines technischen Problems. Um dieses sehr weite Umfeld der Innovationen besser interpretieren zu können, wird zwischen Innovation im engeren und weiteren Sinn unterschieden.

Innovation im weiteren Sinn wird in einen Entstehungs- und einen Marktzyklus eingeteilt. Der Entstehungszyklus beinhaltet die Forschung und Entwicklung sowie die Produktionseinführung, während der Marktzyklus Markteinführung, Marktdurchsetzung und Konkurrenzentstehung durch Nachahmung umfasst. Letztere (*Imitationen*) sind Neuerungen, die auf ‚fremden' Erkenntnisprozessen beruhen.[48]

Innovation im engeren Sinn umfasst die erfolgreiche Produktions- und Markteinführung einer Neuerung (vgl. Abbildung 3).[49]

---

43 Hauschildt (1993: 3f.)
44 Zaltman et al. (1973: 10)
45 Kieser (1969: 742)
46 Rickards (1985: 10)
47 Brockhoff (1999a: 37)
48 Vgl. Kupsch et al. (1991: 1073).
49 Vgl. Brockhoff (1999a: 71).

Abbildung 3: Innovation im engeren und weiteren Sinn

Innovation i. w. S.				
	Innovation i. e. S.			
F&E	Produktions-einführung	Markteinführung	Marktdurchsetzung	Konkurrenzentstehung
Entstehungszyklus		Marktzyklus		

Quelle: Eigene Darstellung in Anlehnung an Kupsch et al. (1991: 1073), Brockhoff (1999a: 38) und Specht et al. (2002: 13f.)

Häufig wird auch von Innovationsprozessen gesprochen, da es sich um einen dynamischen Ablauf handelt. Innovationsprozesse unterscheiden sich von anderen betrieblichen Prozessen durch vier dominante Merkmale, welche die Durchführung von Innovationsaufgaben erschweren:[50]

- *Neuigkeitsgrad* (mit zunehmender Höhe des Neuigkeitsgrades steigen die Gestaltungsschwierigkeiten und die Anforderungen an das Innovationsmanagement),
- *Unsicherheit/Risiko* (Gefahr des Scheiterns einer neuen Idee),
- *Komplexität* (etwa durch Arbeitsteiligkeit und Koordination inner- und außerbetrieblicher Aufgabenträger steigt die Komplexität) und
- *Konfliktgehalt* (aus den oben angeführten Merkmalen folgt, dass bei Innovationsprozessen die Wahrscheinlichkeit des Auftretens von sachlich-intellektuellen, sozio-emotionellen und wertmäßig-kulturellen Konflikten hoch ist).

Zur näheren Beschreibung und Einteilung können Innovationen anhand verschiedener Merkmale kategorisiert werden. Diese Differenzierungskriterien bzw. Dimensionen sind in Abbildung 4 dargestellt und werden in den folgenden Kapiteln näher beleuchtet.

[50] Vgl. Thom (1980: 23ff.).

Abbildung 4: Differenzierungskriterien einer Innovation

Differenzierungskriterium	Kernfrage
Inhaltliche Dimension	Was ist neu? (siehe Kapitel 2.3.1)
Subjektive Dimension	Für wen ist es neu? (siehe Kapitel 2.3.2)
Intensitätsdimension	Wie neu ist es? (siehe Kapitel 2.3.3)
Auslöser	Wodurch wird die Innovation ausgelöst? (siehe Kapitel 2.3.4)

Quelle: Eigene Darstellung in Anlehnung an Corsten et al. (2016: 8ff.), Hauschildt et al. (2016: 5ff.) sowie Vahs und Brem (2015: 52)

2.3.1 Inhaltliche Dimension einer Innovation

Durch die Klassifizierung nach der inhaltlichen Dimension einer Innovation (auch Innovationsart genannt) kann das Innovationsobjekt bzw. der Gegenstandsbereich einer Innovation näher bestimmt werden. Dabei wird versucht zu beantworten, was neu ist bzw. worauf sich die Neuigkeit bezieht. Die solcher Art unterscheidbaren Innovationsarten[51] sind etwa *Produktinnovation*, *Prozessinnovation*, *Marktinnovation* und *Sozialinnovation*.[52]

2.3.1.1 Produktinnovation

Die *Produktinnovation* ist für Unternehmen tendenziell von besonderer wirtschaftlicher Bedeutung[53] und zum Halten bzw. Ausbauen der Marktposition überdurchschnittlich wichtig[54]. Die Produktinnovation zielt auf die *bedarfsgerechte* Erneuerung und Verbesserung der Erzeugnisse oder Dienstleistungen von Unternehmen ab.[55] Diese Neuerung kann entweder auf den Produktkern (die Grundfunktion des Produkts, z. B. das Gehaltskonto) oder die Zusatzleistungen (Bezahlfunktion über das Smartphone) abzielen.[56]

---

[51] Die hier angeführte Einteilung ist keineswegs die einzig mögliche. In der Literatur finden sich weitere Innovationsarten wie Dienstleistungsinnovationen, Geschäftsmodellinnovationen, Marketinginnovationen oder postindustrielle Systeminnovationen (vgl. Higgins, 1996: 14 oder Hauschildt et al., 2016: 12ff.).

[52] Vgl. Corsten et al. (2016: 8) und Kupsch et al. (1991: 1077).

[53] Vgl. Vahs und Burmester (2002: 73).

[54] Vgl. Johne (1999: 164).

[55] Vgl. Kupsch et al. (1991: 1077) und Higgins (1996: 14).

[56] Vgl. Vahs und Burmester (2002: 73) und Johne (1999: 164).

Produktinnovationen können in drei verschiedene Innovationsformen unterteilt werden: Substitutive Innovationen, Wertschöpfungsinnovationen und Anwendungsinnovationen.

- *Substitutive Innovationen* verdrängen vorhandene Produkte oder Dienstleistungen aufgrund eines höheren Nutzens oder eines besseren Preis-/Leistungsverhältnisses.[57] So löste etwa bei PC-Prozessoren der Intel Pentium IV den Pentium III ab.
- *Wertschöpfungsinnovationen* erschließen neue Geschäftspotentiale und können die gesamte Marktstruktur verändern.[58] Eine solche Veränderung ist derzeit im Bankensektor durch neue Angebote für Internetbanking zu beobachten.
- Die *Anwendungsinnovation* befriedigt Bedürfnisse, die bisher nur latent vorhanden waren.[59] Beispiele sind etwa der Walkman oder Mobiltelefone, die das Bedürfnis nach ortsunabhängigem Hören von Musik bzw. das ortsunabhängige Führen von Telefonaten erfüllten.

2.3.1.2 Prozessinnovation

Während die Produktinnovationen auf (zusätzliche) Einnahmen abzielen, sollen Prozessinnovationen (oder Verfahrensinnovationen) Kostenersparnisse bringen bzw. die effizientere Herstellung/Bereitstellung von Produkten und Dienstleistungen ermöglichen.[60] Erreicht wird dies durch Neuerungen im Leistungserstellungsprozess des Unternehmens[61], sodass das Verhältnis zwischen Prozessergebnis und Zeit optimiert werden kann.[62] Beispiele für solche Ziele sind die Erhöhung der Produktionsqualität (weniger Ausschuss), die Steigerung der Produktivität oder die Verbesserung der Betriebssicherheit.[63] Erfolgreiche Prozessinnovationen führen (auch ohne zusätzliche Produktinnovationen) dazu, Produkte nach einiger Zeit mit niedrigeren Kosten produzieren zu können. Dieser Kostenvorteil kann dann an die Kunden in Form von niedrigeren Preisen weitergegeben werden.[64]

---

57 Vgl. Kupsch et al. (1991: 1077).
58 Vgl. Kupsch et al. (1991: 1077).
59 Vgl. Kupsch et al. (1991: 1077).
60 Vgl. Johne (1999: 164).
61 Vgl. Kupsch et al. (1991: 1077).
62 Vgl. Vahs und Burmester (2002: 76).
63 Vgl. Kupsch et al. (1991: 1077).
64 Vgl. Johne (1999: 165).

2.3.1.3 Marktinnovation

Die *Marktinnovation* beschäftigt sich mit zwei unterschiedlichen Aufgabenbereichen, nämlich der Verbesserung des Zielmärkte-Mix des Unternehmens und der Verbesserung der Art und Weise, wie diese Märkte bedient werden.[65] Die Ziele der Marktinnovation umfassen damit die

- Identifikation potenzieller Märkte sowie die
- konkurrenzfähige Entwicklung bestehender Märkte.

Erreicht werden können die Ziele einerseits durch eine sorgfältige Marktsegmentierung,[66] um neue regionale Absatzmärkte für die bestehenden Produkte zu finden,[67] und andererseits durch das eingehende Studium des Kaufverhaltens und der Präferenzen der Kunden, um dann in den neuen Märkten erfolgreich tätig werden zu können.[68] Ein Beispiel einer Marktinnovation ist die Ausweitung des Geschäftsbereichs westlicher Firmen nach der Öffnung des Ostblocks.[69] Eine Marktinnovation, die die Verbesserung des Zielmärkte-Mix betrifft, ist die Einführung von Zahnaufhellungsprodukten, im Zuge derer die Zahnaufhellung beim Zahnarzt (zumindest teilweise) ersetzt wurde.

2.3.1.4 Sozialinnovation

Sozialinnovationen i. w. S. betreffen Veränderungen im Personal-, Organisations- oder Rechtsbereich von Unternehmen[70] und können des Weiteren in Sozialinnovationen i. e. S. und Organisationsinnovationen unterteilt werden.[71]

- *Sozialinnovationen i. e. S.* betreffen das Leben und die Zufriedenheit der Menschen im Unternehmen direkt, indem vor allem soziale Ziele wie etwa die Erhöhung der Arbeitszufriedenheit verfolgt werden. Ein Beispiel für eine solche Sozialinnovation wäre die Einführung von Gruppenarbeit in der Fertigung, wodurch sich für die Mitarbeiter mehr Eigenverantwortung und damit eine gesteigerte Arbeitsmotivation ergibt.[72]

---

65 Vgl. Johne (1999: 165).
66 Vgl. Johne (1999: 165).
67 Vgl. Kupsch et al. (1991: 1077).
68 Vgl. Johne (1999: 166).
69 Vgl. Johne (1999: 165).
70 Vgl. Kupsch et al. (1991: 1077).
71 Vgl. Vahs und Burmester (2002: 77f.).
72 Vgl. Vahs und Burmester (2002: 77).

- Die *Organisationsinnovation* (oder Strukturinnovation) soll zu einer Verbesserung der Aufbau- und Ablauforganisation des Unternehmens führen[73], wie etwa durch die Implementierung neuartiger Arbeitsorganisationen. Ein Beispiel dafür ist die Inselorganisation in der Produktion.[74]

Sozial- und Organisationsinnovationen stehen oft in direktem Zusammenhang mit anderen Innovationsarten. So führen vor allem Produkt- und Prozessinnovationen oft zu Sozial- und Organisationsinnovationen. Beispielsweise kann der Einsatz einer neuen, vollautomatisch und praktisch emissionsfrei arbeitenden Lackieranlage (Produktinnovation) die Arbeitsbedingungen verbessern (Sozialinnovation) und den Produktionsablauf optimieren (Prozessinnovation).[75]

„54 % der österreichischen Unternehmen setzen Innovationen; Änderung in der Organisation ist häufigste Innovationsart"

„Im Vergleich zur letzten Innovationserhebung für die Jahre 2008 bis 2010 ging der Anteil der innovativen Unternehmen [in Österreich] von 57% auf 54 % leicht zurück. Dies ist in erster Linie auf den Anteil der Produktinnovatoren zurückzuführen, der von 32 % auf 26 % gesunken ist [...]. Auch der Anteil der Prozessinnovatoren hat sich von 31 % auf 29 % reduziert, während die Anzahl der Unternehmen mit so genannten ‚nicht-technologischen Innovationen' von 44 % auf 46 % angestiegen ist. Zunahmen gab es darunter vor allem beim Anteil der Unternehmen mit organisatorischen Innovationen (von 34 % auf 36 %). Unternehmen der Sachgütererzeugung sind dabei nur mehr unwesentlich ‚innovativer' als Dienstleistungsunternehmen (56 % zu 54 %); vor zwei Jahren war die Differenz mit 61 % zu 53 % noch deutlicher."

Quelle: Statistik Austria [Zugriff am 21.08.2015]

2.3.2 Subjektive Dimension einer Innovation

Eine weitere mögliche Einteilung von Neuerungen folgt der subjektiven Dimension einer Innovation. Hierbei wird die Frage gestellt, für wen die Innovation eine Neuigkeit darstellt (‚neu für wen?') und somit zwischen *objektiven und subjektiven Innovationen* unterschieden.[76]

---

73 Vgl. Vahs und Burmester (2002: 78).
74 Vgl. Kupsch et al. (1991: 1077).
75 Vgl. Vahs und Burmester (2002: 78).
76 Vgl. Hauschildt (1993: 13).

2.3.2.1 Objektive Innovation

Handelt es sich um eine *objektive Innovation*, so liegt eine Leistung vor, die bisher nicht existiert hat[77] bzw. für die es noch keine Anwendung gibt.[78] Eine solche objektive Neuerung kann demzufolge nur ein einziges Mal weltweit hervorgebracht werden. Beispiele für solche ‚total neuen' Verfahren oder Produkte sind etwa die Erfindung des Rades, die Erstentwicklung der Dampfmaschine oder die Erfindung der Fließbandarbeit.[79]

2.3.2.2 Subjektive Innovation

Eine *subjektive Innovation* liegt vor, wenn etwas aus der Sicht einer bestimmten Personengruppe neu ist.[80] Wesentlich für innovatives Denken und Handeln ist hierbei nicht nur die technische Basis der Änderung, sondern die Wahrnehmung eines Unterschieds vor und nach der Einführung der Innovation sowie der daraus resultierende *„Wandel des Bewusstseins"*[81]. Subjektive Neuheiten können aus der Sicht des Erzeugers, der ein (für ihn) neues Produkt herstellt und damit einen neuen Markt betritt, oder auch aus der Sicht des Konsumenten gesehen werden, der beispielsweise in seinem regionalen Markt (z. B. Österreich) mit einem neuen Produkt erstmals konfrontiert wird, das aber bereits auf anderen Märkten bekannt ist.[82]

Das Konzept der subjektiven Innovation ist sehr weit gefasst. So kann der Fall eintreten, dass sogar eine Imitation zu einer Innovation wird, nämlich dann, wenn beispielsweise eine bereits bestehende Idee kopiert und in einem vollkommen anderen und neuen Bereich angewendet wird.[83]

Da dadurch sehr vieles als Innovation angesehen werden kann (gilt es doch nur, die richtige Personengruppe/Gesellschaft etc. zu finden), stellt Hauschildt die Frage, ob der Innovationsbegriff nicht eingegrenzt werden sollte, indem man beispielsweise nur dann von Innovation spricht, wenn das Neue auch für Experten neuartig ist. Dabei ist allerdings zu klären, wer als Experte herangezogen werden kann.[84]

Das *Problem der Abgrenzung* zwischen objektiver und subjektiver Innovation lässt sich gut anhand des Walkmans darstellen. Zum Zeitpunkt der Markteinführung war der Walkman nicht bekannt, es handelte sich daher um eine objektive Innovation. Die objektive Neuheit beschränkt sich allerdings auf die Verfügbarkeit als fertiges, käufliches Produkt mit dem Hauptnutzen, individuell und ortsungebunden sowie weit-

---

77 Vgl. Hübner (2002: 10).
78 Vgl. Vahs und Burmester (2002: 45).
79 Vgl. Hübner (2002: 10).
80 Vgl. Hübner (2002: 10).
81 Vgl. Hauschildt (1993: 13).
82 Vgl. Hübner (2002: 10f.).
83 Vgl. Hübner (2002: 11).
84 Vgl. Hauschildt (1993: 13).

gehend ohne Störung der Umgebung Musik zu hören, bzw. auf die kompakte Bauweise. Dagegen war der Walkman technisch gesehen keine objektive Innovation, ja nicht einmal eine subjektive. Die notwendigen (Einzel-) Technologien waren bereits bekannt und weit reichend verfügbar (Tonbandgeräte und Kofferradios).[85]

2.3.3 Intensitätsdimension einer Innovation

Eine weitere Einteilung von Innovationen bezieht sich auf die Intensitätsdimension einer Innovation. Dabei wird nicht bloß versucht zu bestimmen, ob es sich um eine Neuerung handelt. Vielmehr ist das Ziel, eine Aussage über den Innovationsgrad bzw. das Ausmaß der Neuartigkeit zu treffen (‚wie neu?'). Häufig wird hierfür die dichotome Einteilung zwischen *Radikal- und Inkrementalinnovation* vorgenommen.[86] Andere Einteilungen wären etwa nach einer Ordinalskala (z. B.: komplett neu oder radikal verändert, mäßig verändert, neu oder verändertes Zubehör zu existierendem Produkt/Dienstleistung, Produkt- oder Dienstleistungsdifferenzierung[87]) oder nach dem Neuheitsgrad der zugrundeliegenden Technologie (Basis-, Verbesserungs-, Anpassungs- und Scheininnovationen sowie Imitation[88]).

2.3.3.1 Radikalinnovation

Radikalinnovationen weisen einen sehr hohen Innovationsgrad auf (Schrittmachertechnologien, Erschließen neuer Märkte) und bewirken dadurch einschneidende Veränderungen, die auch das Unternehmen selbst betreffen.[89] Die Entwicklung neuer Techniken, Anwendungen und Märkte verläuft revolutionär[90] und bringt große Chancen bei erfolgreicher Markteinführung wie insbesondere die Abschöpfung und (für eine gewisse Zeit) Monopolstellung des Unternehmens am Markt, Know-how-Vorsprung, Imagesteigerung etc. Gleichzeitig sind allerdings entsprechend hohe wirtschaftliche und technische Risiken in Kauf zu nehmen.[91]

---

85 Vgl. Hübner (2002: 11).

86 Vgl. Hauschildt et al. (2016: 12ff.) Vahs und Burmester (2002: 82).

87 Vgl. Kleinknecht et al. (1993: 44f.).

88 Vgl. Vahs und Brem (2015: 64ff.). Auf die Frage des Neuigkeitsgrades nach der zugrundeliegenden Technologie wird im Rahmen der Technologielebenszyklen (Kapitel 3.1.1) näher eingegangen.

89 Vgl. Vahs und Burmester (2002: 82).

90 Vgl. Koschatzky (1999: 31).

91 Vgl. Vahs und Burmester (2002: 82).

2.3.3.2 Inkrementalinnovation

Bei *Inkrementalinnovationen „sind sowohl die Zwecke als auch die Mittel im Prinzip unverändert“*[92]. Sie führen bekannte Anwendungsgebiete (Basis- und Schlüsseltechnologien) oder verwandte Märkte weiter, weshalb diese Innovationen auch als evolutionär bezeichnet werden.[93] Stellte etwa der erste PC noch eine radikale Innovation dar, so war die Weiterentwicklung des Pentium III-Prozessors zum Pentium IV eine inkrementelle Innovation.

Verglichen mit Radikalinnovationen sind bei Inkrementalinnovationen sowohl die Chancen als auch die Risiken gering. Traditionellen Marktforschungsmethoden kommt dabei wieder größere Bedeutung zu.[94]

2.3.4 Auslöser einer Innovation

Eine weitere Unterteilungsmöglichkeit basiert auf dem Innovationsauslöser. Hier wird zwischen sogenannten Pull-Innovationen und Push-Innovationen unterschieden. Pull-Innovationen werden vom Markt her initiiert, während die Push-Innovationen durch neu entwickelte Technologien ausgelöst werden. Ein Beispiel für eine Pull-Innovation ist die Entwicklung des Walkmans von Sony, die den Kundenwunsch erfüllte, überall Musik hören zu können. Zu Push-Innovationen kann etwa die Erfindung des Glasfaserkabels zur Datenübertragung gezählt werden.[95]

2.4 Forschung und Entwicklung

Die grundsätzliche Aufgabe von Forschung und Entwicklung ist die *„systematische und durch wissenschaftliche Methoden unterstützte Gewinnung von Wissen, dessen Umsetzung in konkrete Innovationsvorhaben sowie deren sukzessive Entwicklung zu marktgängigen Produkten oder anwendbaren Verfahren“*.[96] Wie in Abbildung 3 gezeigt, steht die Forschung und Entwicklung am Anfang des Entstehungszyklus.

Im Jahr 1963 definierte ein von der OECD berufener Kreis von Fachleuten im sogenannten Frascati-Handbuch die Begriffe Forschung und Entwicklung und unterteilen diese in (i) Grundlagenforschung, (ii) angewandte Forschung und (iii) (experimentelle) Entwicklung (vgl. auch Abbildung 5).[97] In der Praxis sind Grundlagenforschung, angewandte Forschung und Entwicklung jedoch oft nicht eindeutig abgrenzbar, weshalb sich Teilaktivitäten nicht immer genau zuordnen lassen.

---

92 Hauschildt (1993: 9)
93 Vgl. Koschatzky (1999: 31).
94 Vgl. Trommsdorff und Binsack (1999: 116).
95 Vgl. Vahs und Burmester (2002: 79).
96 Vgl. Kupsch et al. (1991: 1074).
97 Vgl. Bundesministerium für Wissenschaft und Forschung (1971: 11ff.).

Abbildung 5: Forschung und Entwicklung

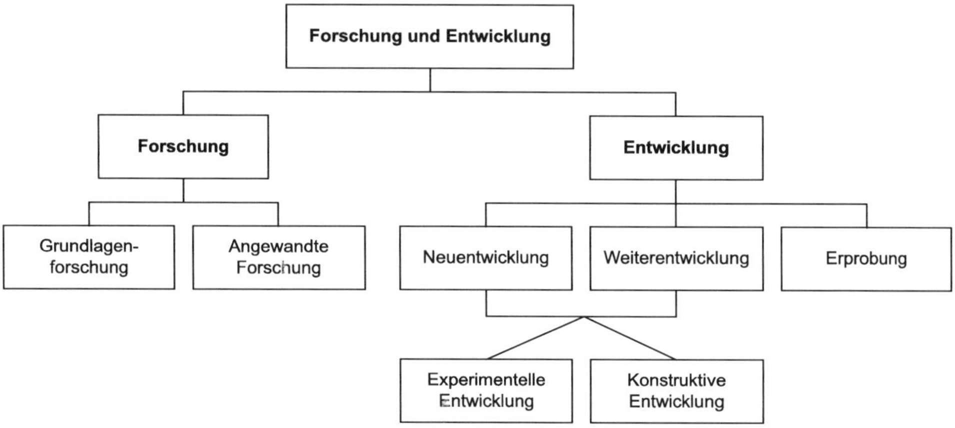

Quelle: Eigene Darstellung in Anlehnung an Kupsch et al. (1991: 1075)

2.4.1 Grundlagenforschung

Die Grundlagenforschung umfasst die *„Gewinnung neuer wissenschaftlicher Erkenntnisse, ohne überwiegend an dem Ziel einer praktischen Anwendbarkeit orientiert zu sein“*.[98] Diese Art der Forschung zielt daher primär auf die Erweiterung des Wissenspotentials ab, ohne dabei auf reale Problemstellungen einzugehen, und ist nicht auf ein konkretes wirtschaftliches Ziel ausgerichtet.

Dementsprechend führt Grundlagenforschung nur selten zu anwendungsbezogenen Ergebnissen. Sie wird daher in erster Linie von öffentlichen und privaten Institutionen betrieben (Universitäten, Akademien der Wissenschaften, Austrian Institute of Technology, Max-Planck-Gesellschaft etc.) und findet sich vergleichsweise seltener in Unternehmen.[99]

Wissenschaft geht auf Schatzsuche
Innovations-Scouts helfen Unis bei Umsetzung von Forschungsprojekten

„Die aktuelle Patent-Studie der Innovationsagentur und des Wissenschaftsministeriums stellen der Montanuniversität Leoben ein gutes Zeugnis aus: Mit einem Erfinder-Anteil von 14 Prozent am gesamten Personal liegt die Leobener Uni an erster Stelle vor der Technischen Uni Wien und der TU Graz.

„Wichtig ist aber ein Technologietransfer von der Grundlagenforschung zur Anwendung“, erklärt Sonja Hammerschmid, Geschäftsführerin von Life Science Austria (LISA) Vienna Region. LISA koordiniert das Life Science Clus-

---

98 Vgl. Bürgel et al. (1996: 9).
99 Vgl. Specht et al. (2002: 15).

ter (Medizin, Naturwissenschaft, Biotechnologie) im Raum Wien. Mit der Unterstützung bei Patentierung, Unternehmensgründung und Finanzierung sollen innovative Ideen wirtschaftlich genützt werden.

VERMARKTUNG

Erstmals in Österreich werden daher an der Veterinärmedizinischen Universität Innovationsscouts mit der Suche nach in der Wirtschaft umsetzbaren Ideen beauftragt. „Veröffentlichungen bringen zwar wissenschaftlichen Ruhm, aber ohne Patente keinen wirtschaftlichen Erfolg", ist Rektor Wolf-Dietrich Freiherr von Fircks überzeugt - mehr als seine Kollegen. Von 1999 bis 2001 meldete die VetMed-Uni mit rund 200 fixen wissenschaftlichen Mitarbeitern insgesamt zwei Patente an. Am deutschen Max Planck-Forschungsinstitut - mit 3200 wissenschaftlichen Mitarbeiterin - waren es allein im Jahr 2001 120 Anmeldungen.

Das soll sich mit dem neuen Scouting-Büro ändern. Die Scouts sind in den Unibetrieb integriert und „sprechen die Sprache der Forscher" (Hammerschmid). Ab 1. Mai werden sie mit den Wissenschaftlern auf die Suche nach verborgenen Schätzen gehen."

Mehr unter https://www.lifescienceaustria.at.

Quelle: Leonhartsberger (2003: 56)

Die reine Form der Grundlagenforschung, bei der der Untersuchungsgegenstand allein durch das Forschungsinteresse der Forscher bestimmt wird, unterscheidet sich von der zweckorientierten Grundlagenforschung, bei der der Untersuchungsgegenstand von der Organisation vorgegeben wird. IBM wendet beispielsweise einen kleinen Teil des F&E-Budgets für ‚freie' Forschung auf. Da der direkte Nutzen aus dieser Art der industriellen Forschung in vielen Fällen gering ist, liegt der dafür aufgewendete Anteil bei maximal 5 % des gesamten F&E-Budgets.[100] Kunden, Aktionären und potenziellen Geldgebern soll dadurch aber die technologische Kompetenz des Unternehmens vorgeführt werden,[101] wodurch der Grundlagenforschung meist auch eine Public-Relations-Funktion zukommt.[102]

2.4.2 Angewandte Forschung

Im Vergleich zur Grundlagenforschung geht es bei der angewandten Forschung *„um die Gewinnung neuer wissenschaftlicher oder technischer Erkenntnisse mit vornehmlich praktischer Zielsetzung.“*[103]

100 Vgl. Bürgel et al. (1996: 9f.).
101 Vgl. Quéré (1994: 414f.).
102 Vgl. Bürgel et al. (1996: 10).
103 Bürgel et al. (1996: 10)

So untersucht beispielsweise das Bosch-Forschungszentrum physikalische Systeme und Werkstoffe zum Zwecke der Produktentwicklung für die Kraftfahrzeugausrüstung, Kommunikationstechnik, Gebrauchsgüter und Produktionsgüter. Oftmals arbeitet die Industrie – wie bei der Grundlagenforschung – mit öffentlichen und privaten Instituten zusammen.[104]

2.4.3 Entwicklung

Die Erkenntnisse, die in der Forschung gewonnen worden sind, werden im Rahmen der Entwicklung in Produkte und Verfahren umgesetzt. Bei dem Begriff der Entwicklung kann zwischen Neu- und Weiterentwicklung sowie zwischen experimenteller und konstruktiver Entwicklung unterschieden werden. Auch die Erprobung stellt einen nicht zu vernachlässigenden Bereich der Entwicklung dar.

2.4.3.1 Neu- und Weiterentwicklung

Wenn eine erstmalige Konzeption von Bauteilen, Produkten oder Verfahren vorgenommen wird, handelt es sich um eine *Neuentwicklung*. Liegt der Fokus in der Verbesserung von bestehenden Produkten oder Verfahren, wird von einer *Weiterentwicklung* gesprochen. Erfolgt eine kundenbezogene Weiterentwicklung, wird diese oft Anwendungstechnik oder technischer Service genannt.[105]

2.4.3.2 Experimentelle und konstruktive Entwicklung

Bei der *experimentellen Entwicklung* werden wissenschaftliche und/oder technische Erkenntnisse genutzt, um neue Materialien, Produkte, Verfahren, Systeme oder Dienstleistungen zu erhalten. Im Rahmen der *konstruktiven Entwicklung* wird auf Basis neuer Kombinationen von bereits genutzten Realphänomenen (etwa in Ausgangsstoffen, Konstruktionsprinzipien, Fertigungsverfahren, Normung) versucht, technische Erzeugnisse zu realisieren. Es werden also bereits bekannte Prinzipien verwendet, um ein Muster, einen Prototyp oder ein Produkt zunächst zu ‚konstruieren', etwa unter Zuhilfenahme von Computersystemen (CAx-Systemen), und nach den so entworfenen Plänen fertigen zu können.[106]

---

[104] Vgl. Bürgel et al. (1996: 10).
[105] Vgl. Kupsch et al. (1991: 1075).
[106] Vgl. Bürgel et al. (1996: 11f.).

2.4.3.3 Erprobung

Die Erprobung stellt den letzten Schritt der Entwicklung dar. Sie ist besonders wichtig, da nur durch eine entsprechende Prüfung genaue Informationen über die tatsächliche Leistungsfähigkeit neu entwickelter oder verbesserter Produkte/Prozesse gewonnen werden können.[107]

Ziel der Erprobung ist zum einen, Mängel an Produkten oder Verfahren aufzudecken, zum anderen die Anwendbarkeit zu verifizieren, um zu vermeiden, dass das Produkt letztlich den Anforderungen der Kunden nicht entspricht. Die Bedeutung der Erprobung im Innovationsprozess[108] lässt sich nicht zuletzt daran ablesen, dass bei etwa 80 % aller Produktinnovationen Abweichungen von den Erwartungen der Kunden auftreten.[109] Hinzu kommt, dass die Qualitätsanforderungen immer stärker steigen. Aufgrund der immer weiter verschärften Produkthaftung (vgl. hierzu etwa die Änderung im österreichischen Gewährleistungsrecht seit 2002) nehmen außerdem die Unternehmensrisiken durch etwaig fehlerhafte Produkte zu.[110] Eine gründliche Erprobung kann hier mithelfen, Folgekosten (Nachbesserungen etc.) zu vermeiden oder zumindest deren Umfang zu reduzieren.[111]

Die im Zuge der Erprobung durchgeführten *Produkttests* werden sowohl an realen Produkten (Prototypen, Warenproben oder Muster) als auch durch virtuelle Erprobung (Virtual Reality Systeme – siehe Kapitel 5.2.2) durchgeführt. Die technische Erprobung kann mittels zweier unterschiedlicher Arten von Produkttests erfolgen: Partialtests und Volltests.[112]

Bei *Partialtests* werden einzelne Produktmerkmale isoliert voneinander untersucht (z. B. Motorgeräusch von Rasenmähern, Geruch von Reinigungsmitteln etc.). Ebenso können die Auswirkungen der Veränderung eines Produktmerkmals auf die Akzeptanz bei Kunden erforscht werden. *Volltests* hingegen überprüfen alle Eigenschaften eines Produkts als Ganzes (z. B. im Rahmen von Blindtests, wo ein Produkt in neutraler Verpackung Testpersonen zur Verwendung gegeben wird).[113]

Hinsichtlich des Zeitumfangs können *Kurzzeittests* oder *Langzeittests* vorgenommen werden.[114] Diese Langzeittests (oder Dauerversuche) können vor allem bei technischen Untersuchungen wertvoll sein, beispielsweise bei der Werkstoffprüfung.

---

107 Vgl. Kupsch et al. (1991: 1076).
108 Vgl. Kupsch et al. (1991: 1076).
109 Vgl. Vahs und Burmester (2002: 268).
110 Vgl. Kupsch et al. (1991: 1076).
111 Vgl. Vahs und Burmester (2002: 268).
112 Vgl. Seibert (1998: 199).
113 Vgl. Seibert (1998: 199).
114 Vgl. Seibert (1998: 199).

Nach der Erprobung wird schließlich entschieden, ob die Entwicklung erfolgreich war oder ob noch Änderungen vorzunehmen sind. Ein Produkt wird dann akzeptiert, wenn es

- die (technischen) Anforderungen erfüllt,
- bei vorschriftsmäßiger Verwendung gut und sicher funktioniert,
- von Kunden und Anwendern als gelungen angesehen wird und
- zu den vorgesehenen Herstellungskosten produziert werden kann.[115]

Eine Form der Produkterprobung und Bestandteil der Markteinführung ist die Erprobung bei kontrollierten Marktbedingungen unter Einsatz ausgewählter Marketingaktivitäten, um das Verhalten der Kunden und des Handels dem neuen Produkt gegenüber zu prüfen und daraus Schlüsse über die Produkteigenschaften und die Gestaltung des Markteinführungsprozesses zu ziehen. Art und Umfang der Markterprobungsmaßnahmen hängen u. a. davon ab, wie groß das Risiko der Markteinführung des neuen Produkts für das Unternehmen und wie hoch der Neuheitsgrad der Innovation ist.[116] Auf die Möglichkeiten der *Markterprobung* wird im Rahmen des 6. Kapitels (Markteinführung) näher eingegangen.

2.5 Managementprozesse

Nach der Diskussion der Grundbegriffe stellt sich nun die Frage, was unter Innovations-, Technologie- und F&E-Management verstanden wird. Ein systematischer Überblick sowie die Überschneidungen der Begrifflichkeiten werden in Abbildung 6 dargestellt.

Der Managementbegriff kann aus funktionaler und institutionaler Perspektive beleuchtet werden. Erstere konzentriert sich auf die klassischen Managementfunktionen Planung, Organisation, Führung und Kontrolle.[117] Es müssen demnach Strategien und Ziele definiert und verfolgt, Entscheidungen getroffen, Informationsflüsse bestimmt und beeinflusst, soziale Beziehungen hergestellt und gestaltet sowie auf die Partner in diesen sozialen Beziehungen eingewirkt werden, um die getroffenen Entscheidungen zu realisieren.[118] Die institutionale Perspektive legt hingegen das Hauptaugenmerk auf den Personenkreis, der mit den beschriebenen Aufgaben betraut wird.[119]

---

115 Vgl. Seibert (1998: 174).
116 Vgl. Pleschak und Sabisch (1996: 245).
117 Vgl. Schierenbeck (1993: 81ff.).
118 Hauschildt (1993: 23)
119 Vgl. Schierenbeck (1993: 81ff.).

Abbildung 6: Innovations- und Technologiemanagement

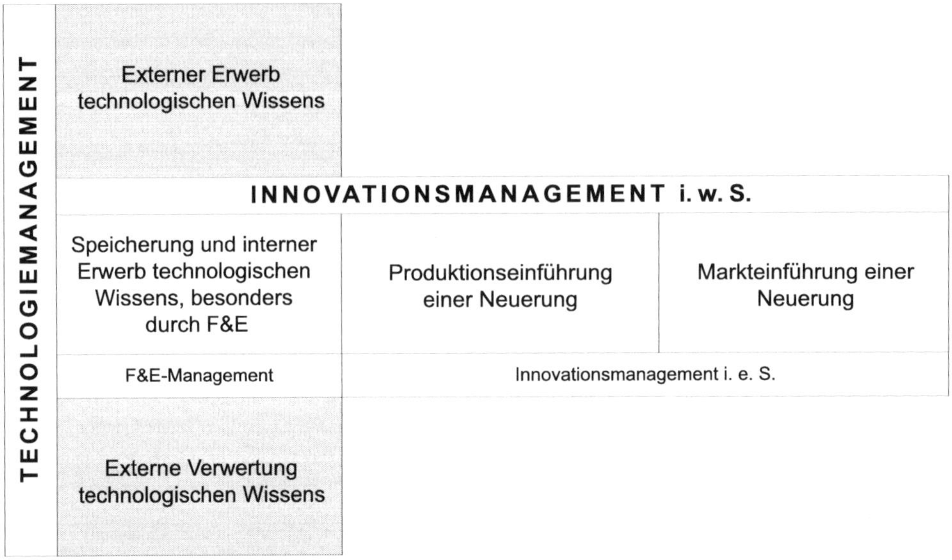

Quelle: Eigene Darstellung nach Brockhoff (1999a: 71)

Technologiemanagement bezeichnet die Entscheidungen zur Gewinnung, zum Aufbau und zum Einsatz naturwissenschaftlicher Kenntnisse und Fähigkeiten, die zur Lösung technischer Probleme notwendig sind[120], und umfasst die Bereiche Beschaffung, Speicherung und Verwertung neuen technologischen Wissens. Der Erwerb und die Verwertung dieses Wissens können sowohl intern als auch extern erfolgen, wobei die interne Beschaffung hauptsächlich durch Forschung und Entwicklung erreicht wird.[121]

Das Technologiemanagement gestaltet durch systematische Analyse, Planung, Steuerung und Kontrolle die technologische Kompetenz des Unternehmens[122] und stellt für jede Unternehmung einen essenziellen Teil zur *„Aufrechterhaltung der technologischen Wettbewerbsfähigkeit"*[123] dar. Die Aufgabe des Technologiemanagements ist der Aufbau und der Erhalt einer angestrebten Wettbewerbsposition.

Im Gegensatz zum Innovationsmanagement, das sich vornehmlich mit neuen Technologien befasst, geht es im Technologiemanagement auch um die strategische Erhaltung und Weiterführung von vorhandenen Technologien.[124]

---

120 Vgl. Specht et al. (2002: 17, 62).
121 Vgl. Brockhoff (1999a: 70).
122 Vgl. Specht et al. (2002: 62).
123 Grefermann und Röthlingshöfer (1974: 10)
124 Hauschildt (1993: 26)

Unter *Innovationsmanagement* versteht man alle Initiativen, die mit der *„Entwicklung, Einführung bzw. Umsetzung und Durchsetzung von technischen und sozialtechnischen, unternehmenssubjektiv neuen Produkten und Prozessen“*[125] verbunden sind.

Das Innovationsmanagement im weiteren Sinn umfasst das F&E-Management und das aus der Produktions- und Markteinführung einer Neuerung bestehende Innovationsmanagement im engeren Sinn. Im Gegensatz zum Technologiemanagement erstreckt sich das Innovationsmanagement auch auf andere, nicht-technische Innovationen.

Das *F&E-Management* umfasst alle Aktivitäten von der Grundlagenforschung bis zur Produkt- und Prozessentwicklung und ist somit integraler Bestandteil des Innovationsmanagements im weiteren Sinn. Gleichzeitig ist das F&E-Management auch Teil des Technologiemanagements, woraus sich eine gemeinsame Schnittmenge dieser Aufgabenfelder ergibt (vgl. Abbildung 6).

2.6 Open Innovation

Die Art, wie Unternehmen neue Ideen generieren und in Form von Innovationen auf den Markt bringen, ist einem grundlegenden Wandel unterworfen.[126] Lange Zeit dominierte ausschließlich das traditionell vertikal integrierte Modell der ‚Closed Innovations‘, bei dem durch interne (vorwiegend durch F&E-Abteilungen großer Unternehmen betriebene) Innovationsaktivitäten entwickelte Produkte und Dienstleistungen vermarktet werden.[127] Als Gegensatz dazu beschreibt der von Henry Chesbrough begründete Open Innovation Ansatz einen *„distributed innovation process based on purposively managed knowledge flows across organizational boundaries, using pecuniary and non-pecuniary mechanisms in line with the organization's business model.“*[128] Somit enden *„Innovationsprozesse [..] nicht an den Grenzen von Unternehmen oder deren Innovationsabteilungen [..], sondern [binden] Akteure unabhängig von deren institutioneller Zugehörigkeit als Ideengeber, Konzeptentwickler oder auch Innovationsumsetzer in die Gestaltung von Innovationen“* ein.[129] Solche externen Akteure können beispielsweise Kunden, Lead-User, Lieferanten, Interessensgruppen oder auch (Technologie-) Experten umfassen, wobei die Kooperations-

125 Trommsdorff (1990: 5)
126 Vgl. Chesbrough (2003: xx).
127 Vgl. u. a. Chesbrough (2003) oder Chesbrough (2017).
128 Chesbrough und Bogers (2014: 17)
129 Habicht et al. (2011a: 44)

und Koordinationsformen auf keine klassischen marktlichen/monetären Austauschbeziehungen und Kooperationen beschränkt sind.[130] Über die reine Zusammenarbeit einzelner Unternehmen hinaus geht es dabei um das Einbeziehen aller relevanter (externen) Wissensquellen.[131]

Open Innovation wird heute vielfach als ein neues Paradigma für das Management von Innovationen gesehen[132] und ist mit dem klaren Ziel des Vorankommens auf technologischer Ebene verbunden: *„firms can and should use external ideas as well as internal ideas, and internal and external paths to market, as the firms look to advance their technology."*[133] Dies impliziert sowohl das laufende Monitoring von Technologien und sich abzeichnender Trends als auch das Verständnis der Bedürfnisse der Kunden. Nur so ist ein ausgewogenes Verhältnis zwischen ‚market pull' und ‚technology push' möglich, das die Basis für erfolgreiche Innovationen darstellt.[134]

Innovationen entstehen demnach durch den Zugriff auf sowie die Nutzung und Absorption von Wissensflüssen über die Grenzen des Unternehmens hinweg.[135] Diese Wissensflüsse können in drei Kernprozesse zusammengefasst werden: Outside-in, Inside-out sowie der Coupled Prozess (vgl. dazu auch die schematische Darstellung als Trichtermodell entlang des Innovationsprozesses in Abbildung 7).

Der am häufigsten[136] verfolgte *Outside-in Prozess* internalisiert externes Wissen von Kunden, Lieferanten oder Partnern und umfasst auch den aktiven Transfer von Technologien aus anderen Unternehmen (etwa mittels IP-Lizenzen oder Start-Up-Wettbewerben) oder Universitäten. Der Ort der Entstehung von Wissen und Innovation kann somit sehr unterschiedlich sein.[137]

Die dabei hervorgebrachten Innovationen können über die geplanten und meist inkrementellen Neuerungen des Unternehmens hinausgehen. So führt die Integration von Nutzern (wie etwa im weiter unten beschriebenen Lead-User-Ansatz) vor allem zu funktional neuen Innovationen, die näher an den Bedürfnissen der Nutzer liegen, für das Unternehmen jedoch neu sind. Anders als bei klassischen Konsumentenbefragungen und Marktanalysen können durch diese Form der Interaktion auch radikale Innovationen hervorgebracht werden können.[138] Neben der Steigerung des wahrgenommenen Neuheitsgrades (‚new-to-market') wird jedenfalls die Steigerung der Marktakzeptanz (‚fit-to-market') erreicht, was auch zu einer höheren Zahlungsbereitschaft der Kunden führen kann, da sie jenes Angebot erhalten, dass sie sich wünschen. Neben diesen Effektivitätssteigerungen im Innovationsprozess wird durch eine potenzielle Verkürzung der Zeit von der Idee bis zur Verfügbarkeit der Innovation am

---

130 Vgl. Hilgers et al. (2011: 85).
131 Vgl. Gassmann und Enkel (2006: 134).
132 Vgl. Chesbrough (2017: 35), Chesbrough (2003: xxvi) oder van de Vrande et al. (2009: 423).
133 Chesbrough (2003: xxiv)
134 Vgl. dazu auch Kapitel 3.3.2.
135 Chesbrough (2017: 35)
136 Vgl. Gassmann et al. (2010: 214).
137 Vgl. Gassmann und Enkel (2006: 134f.) sowie nach Chesbrough und Brunswicker (2014: 20).
138 Vgl. Reichwald und Piller (2009: 176f.) und Riggs und von Hippel (1994: 465f.).

Markt (‚time-to-maket‘) sowie einer potenziellen Reduzierung der Kosten (‚cost-to-market‘) die Effizienz im Entwicklungsprozess gesteigert. Die Zeiteinsparung resultiert insbesondere aus den Vorteilen der Arbeitsteilung zwischen externen Partnern und Unternehmen sowie einem frühzeitigen und iterativen Trial-and-Error-Prozess, wodurch es zu einer schnelleren Adaptierung während des gesamten Innovationsprozesses kommt. Gleichzeitig wird die Integration von anderenfalls nicht verfügbaren Expertenwissens ermöglicht. Diesen potenziellen Wettbewerbsvorteilen stehen jedoch zusätzliche Kosten für den Aufbau der Interaktionskompetenz, die Durchsetzung, Umsetzung und Kontrolle dieser Interaktionen gegenüber.[139]

Im *Inside-out Prozess*, dem bislang sowohl in der Wissenschaft als auch in der unternehmerischen Praxis im Zuge des Open Innovation weniger Beachtung geschenkt wurde,[140] geht es um die Externalisierung von internem Wissen. Dies soll insbesondere die (externe) Kommerzialisierung unterstützen. So kann etwa mittels Lizensierungen eine schnellere Ausbeutung als durch eine rein interne Nutzung von (technologischen) Wissens erreicht werden. Ebenso kann das Setzen von (technologischen) Standards gefördert werden. Weitere Beispiele des Inside-out Prozesses sind Patentverkäufe und Spin-offs.[141]

Abbildung 7: Die Kernprozesse von Open Innovation

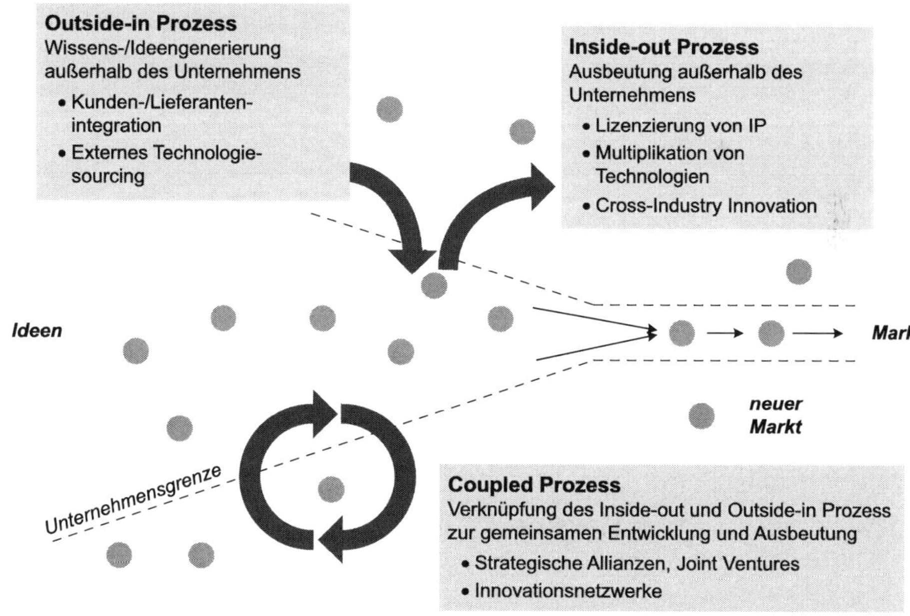

Quelle: Eigene Darstellung in Anlehnung an Gassmann und Enkel (2005), Gassmann und Enkel (2006: 134) und Reichwald und Piller (2009: 148)

---

[139] Vgl. Reichwald und Piller (2009: 172ff.).

[140] Vgl. Chesbrough (2017: 36).

[141] Vgl. Gassmann und Enkel (2006: 135f.) sowie nach Chesbrough und Brunswicker (2014: 20).

Auch beim *Coupled Prozess*, bei dem die beiden zuvor beschriebenen Prozesse miteinander verbunden werden, wird häufig das Setzen eines Standards (oder die Emergenz eines Dominant Designs) angestrebt. Im Vergleich zum vorher genannten Inside-out Prozess wird dies beim Coupled Prozess durch eine gemeinsame Entwicklung im Rahmen von Allianzen, Joint Ventures bzw. Innovationsnetzwerken erreicht oder durch den Austausch im Rahmen von Standardisierungsagenturen (z. B. der ‚International Organization for Standardization') vorangetrieben.[142]

Es gibt Indizien, dass diese drei Möglichkeiten der Öffnung einer Organisation (im Sinne von Open Innovation für die Umsetzung von Innovationsprojekten) zu einer höheren finanziellen Rendite, zu einer verbesserten Geschäftsleistung sowie zu besseren Innovationsergebnissen wie -leistungen führen kann.[143] In vielen Fällen werden Unternehmen, die auf Open Innovation setzen, von Konsumenten auch als innovativer wahrgenommen,[144] wobei etwa bei Luxusgütern auch ein gegenteiliger Effekt eintreten kann.[145]

Im Folgenden werden einige Werkzeugklassen bzw. Methoden des Outside-in Prozesses näher betrachtet, bei denen Nutzer, Kunden und Experten als Quelle und Co-Produzenten von Innovationen fungieren.[146] Diese Instrumente sind das Lead-User-Konzept, Innovationswettbewerbe/Broadcast Search/Innovationsmarktplätze, Innovations-Toolkits/Toolkits für User Innovation, Communities für Open Innovation/Innovations-Communities sowie spezielle Innovationstechnologien.[147]

Lead-User-Konzept

Bei Lead-Usern handelt es sich um Personen, die Bedürfnisse und sich durchsetzende Trends oftmals Monate oder Jahre vor der breiten Masse der Kunden erkennen. Da diese Bedürfnisse jedoch aufgrund der fehlenden Verfügbarkeit der entsprechenden Produkte und Dienstleistungen nicht befriedigt werden können, sind sie mit der aktuellen Situation unzufrieden. Dies motiviert Lead-User sich aktiv am Innovationsprozess zu beteiligen und dadurch selbst von den Neuerungen zu profitieren, da die eigenen Probleme gelöst bzw. die Bedürfnisse befriedigt werden können. Für diese Zusammenarbeit mit Unternehmen ist es von Vorteil, dass Lead-User eine hohe Innovationsbereitschaft mitbringen, über ein differenziertes Problembewusstsein verfügen und eine überdurchschnittliche Kooperationsbereitschaft aufweisen. Der Lead-User

142 Vgl. Gassmann und Enkel (2006: 136) sowie nach Chesbrough und Brunswicker (2014: 20).
143 Vgl. Chesbrough (2017: 36), Du et al. (2014) oder Sisodiya et al. (2013).
144 Vgl. Schreier et al. (2012).
145 Vgl. Fuchs et al. (2013).
146 Vgl. Reichwald und Piller (2009: 117).
147 Vgl. Habicht et al. (2011a: 45), Hilgers et al. (2011: 85) und Reichwald und Piller (2009: 179ff.).

wird somit zum Innovationspartner in den verschiedenen Phasen des Innovationsprozesses[148]. Eine große Herausforderung aus Unternehmenssicht liegt in der Identifikation der Lead-User, für die Methoden wie Screening[149], Pyramiding[150] oder Netnographie[151] angewandt werden. Entgegen der Phase der Identifikation von Lead-Usern, in der auf das Internet und soziale Medien zurückgegriffen wird, findet der weitere Austausch mit den so identifizierten Personen tendenziell ‚offline' statt (etwa durch Lead-User-Interviews oder Lead-User-Workshops).[152]

Sofern Lead-User jedoch keine Möglichkeiten vorfinden, sich in den Innovationsprozess einzubringen und somit ihre Unzufriedenheit zu beseitigen (was insbesondere bei sehr kleinen Nischen mit spezifischen Lösungen für kleine Nutzerzahlen, sogenannte ‚low-cost innovation niches', der Fall ist), kann dies dazu führen, dass Lead-User selbst aktiv werden und eigenständige Lösungen erarbeiten, die sie jedoch nicht verkaufen wollen. Auch wenn es sich meist um Modifikationen bestehender Produkte handelt, sind diese ‚(lead-)user-centered innovations' bzw. ‚user innovations' nicht nur auf inkrementelle Innovationen beschränkt. Im Gegensatz zu ‚normalen' Anwendern, die oftmals durch gewohnte Abläufe bzw. Produkte in der Problemlösung eingeschränkt sind (sogenannte funktionale Fixierung bzw. ‚functional fixedness'[153]), bleiben Lead-User nicht in ihren Anwendungserfahrungen mit gegenwärtigen Produkten und Services verhaftet. Für Unternehmen gilt es, auf diese Art hervorgebrachte Prototypen oder Innovationen zu identifizieren und gegebenenfalls davon zu profitieren.[154]

Beispiele solcher durch Nutzer entwickelten Innovationen sind das Mountainbike[155], Rodeo Kayaking[156] oder Tipp-Ex[157].

---

[148] Vgl. dazu auch Kapitel 6.3.2 und 6.3.3.

[149] Beim Screening wird eine große Anzahl potenzieller Produktanwender (Stichprobe oder Grundgesamtheit) auf zuvor festgelegte Lead-User-Indikatoren mittels eines (schriftlichen) Fragebogens überprüft. Dabei werden jedoch subjektive Selbsteinschätzungen der Betroffenen vorgenommen und die Methode gilt als ineffizient (vgl. Belz und Baumbach (2010: 305), Herstatt et al. (2007: 67)).

[150] Besonders wenn die Menge der potenziellen Lead-User sehr groß und/oder unbestimmt ist, kann die Suchtechnik des Pyramiding (auch sequenzielle Suche oder Networking-Ansatz) durchgeführt werden. Ausgehend von einigen wenigen Personen wird – einem Schneeballsystem folgend – gefragt, ob weitere Personen mit Lead User Eigenschaften bekannt sind, die aus Sicht der Befragten noch qualifizierter sind und daher empfohlen werden können. Diese bilden sodann den Ausgang für die nächste Iteration, um die Suche innerhalb des sozialen Netzwerks voranzutreiben und die ‚Spitze der Pyramide' zu identifizieren (vgl. Herstatt et al. (2007: 67f.), Reichwald und Piller (2009: 184f.), von Hippel et al. (1999)).

[151] Bei der Netnographie (eine Wortkreation aus Inter*net* und Eth*nographie*) werden online Communities systematisch analysiert, wodurch einerseits Bedürfnisse und Präferenzen gegenüber Produkten identifiziert werden können, andererseits die relevanten Akteure für die weitere Analyse festgestellt werden können (vgl. Belz und Baumbach (2010: 305f.)).

[152] Vgl. Herstatt et al. (2007: 63), Reichwald und Piller (2009: 159ff.), von Hippel (1986: 796f.).

[153] Siehe u.a. Duncker (1945), Adamson (1952).

[154] Vgl. Baldwin et al. (2006: 1296), Herstatt et al. (2007: 63f.), Reichwald und Piller (2009: 159ff.), von Hippel (2005: 21ff. und 72ff.).

[155] Vgl. Lüthje et al. (2005).

[156] Vgl. Baldwin et al. (2006: 1294ff.).

[157] Vgl. Reichwald und Piller (2009: 139f.).

Innovationswettbewerbe/Broadcast Search/ Innovationsmarktplätze

Innovationswettbewerbe haben die Lösung von konkreten Innovationsproblemen zum Ziel, wobei für diese Lösung etwa Preise ausgeschrieben sein können.[158] Sie sind auf die frühen Phasen des Innovationsprozesses ausgerichtet und fördern *„...innovative Ideen durch einen Wettbewerb zwischen verschiedenen Nutzern."*[159] Die Einsatzformen von Innovationswettbewerben sind vielseitig und umfassen etwa Ideen-, Design- oder Konzeptwettbewerbe. Um konkrete Lösungen zu erhalten und zur Mitwirkung zu motivieren, jedoch dadurch keine wettbewerbsstrategischen Informationen bekanntzugeben, müssen bei der Formulierung des Innovationsproblems diese Gegensätze mit Bedacht abgewogen werden.[160]

Bei *Broadcast Search*, das oftmals in Form eines Wettbewerbes durchgeführt wird, geht es um die offene Ausschreibung technischer Probleme aus den späteren Phasen des Innovationsprozesses.[161] Zielgruppe ist ein eher breites Feld an Ideenbringern aus anderen Branchen/Domänen, um so den Stand der Technik der eigenen Branche zu überwinden.[162] Damit handelt es sich um eine Form des Crowdsourcings, bei dem mittels kollektiver Intelligenz (‚swarm intelligence') die beste Lösung gefunden werden soll.

Innovationsmarktplätze fungieren als Vermittler zwischen Ideenbringern (Einzelpersonen oder Teams) und Innovationssuchenden. Derartige Marktplätze, typischerweise in Form einer online-Plattform, bieten beiden Parteien eine geeignete Infrastruktur sowie Unterstützungs-Werkzeuge für die Ideenfindung bzw. Kollaboration.[163]

Bei den Angeboten von Internetplattformen für Innovationswettbewerbe, Broadcast Search und Innovationsmarktplätze wie Neurovation aus Österreich (https://www.neurovation.net), HyveCrowd aus Deutschland (https://www.hyvecrowd.com) oder Innocentive aus den USA (https://www.innocentive.com) verlaufen die Grenzen zwischen den einzelnen Methoden fließend. Unternehmen führen solche Wettbewerbe jedoch auch selbstständig durch (z. B. Lego mit Wettbewerben zu neuen Bausätzen).

---

158 Vgl. Habicht et al. (2011a: 45).
159 Hilgers et al. (2011: 85)
160 Vgl. Habicht et al. (2011a: 45).
161 Vgl. Diener und Piller (2010: 77).
162 Vgl. Hilgers et al. (2011: 85).
163 Vgl. Habicht et al. (2011a: 45).

42.000 programmieren gegen das Virus

„Großveranstaltungen gibt es eigentlich keine mehr, alle sind der Corona-Krise zum Opfer gefallen. Eigentlich. Die Bundesregierung richtete am Wochenende indes eine solche aus – allerdings im Internet, und das nicht trotz, sondern wegen der Corona-Krise. 42.000 Menschen, also ein gut gefülltes Fußballstadion, hatten sich für den ‚#WirvsVirus'-Hackathon angemeldet, den die Bundesregierung gemeinsam mit einer Reihe von Digitalinitiativen und Kanzleramtsminister Helge Braun als Schirmherr veranstaltet hat. Ein Hackathon ist ein Design- und Programmierwettbewerb, bei dem Teilnehmer innerhalb weniger Tage versuchen, Aufgaben zu lösen. Laut Braun handelte es sich um den größten Hackathon der Geschichte.

In diesem Fall reichten die Teilnehmer selbst wie auch die Bundesregierung Probleme ein, die durch die Corona-Krise entstehen und für die Lösungen entwickelt werden sollten. Die Organisatoren identifizierten die vielversprechendsten Vorschläge und sortierten sie in Kategorien. Die Themen waren vielfältig: Es ging etwa um die Verteilung von Hilfsmitteln, Nachbarschaftsunterstützung, die Erfassung und Übermittlung neuer Infektionsfälle, die psychische Gesundheit der Menschen in der Krise oder die Digitalisierung der öffentlichen Verwaltung.

Zur Digitalisierung gezwungen

Der Hackathon ist ein gutes Beispiel dafür, wie das Land und wohl vor allem die Behörden durch die Corona-Krise zur Digitalisierung gezwungen werden und in kurzer Zeit Fortschritte machen, für die sie sonst Monate oder Jahre gebraucht hätten. Unternehmen entdecken das Homeoffice, Schulen und Universitäten sind ins Internet umgezogen. Auch der Hackathon wurde in wenigen Tagen auf die Beine gestellt. Die Idee kam aus Estland, wo am vergangenen Wochenende ein erster Hackathon stattfand, auf dem Konzepte gegen die Virus-Krise entwickelt wurden und der international Beachtung fand. ‚Tech4Germany', eine Innovations-Taskforce der Bundesregierung, und der Digitalrat, ein Beratungsgremium für die Regierung, schlugen dem Kanzleramt vor, das gleiche in Deutschland durchzuführen.

Die Erwartungen der Organisatoren wurden bei weitem übertroffen. ‚Die Zahl der Homepage-Aufrufe ist tatsächlich gigantisch hoch', sagte Minister Braun einem ARD-Blog schon zum Zwischenstand von 12.000 Anmeldungen. Die Organisatoren kämpften indes am Freitagabend noch mit der Technik. Der offizielle Start war für 18:30 Uhr angesetzt. Teilnehmer berichteten jedoch, dass die Kollaborationsplattform Slack nicht ganz rund gelaufen sei. Vom Twitter-Konto des Hackathons ging deshalb gegen 18 Uhr ein öffentlicher Hilferuf an Slack-Chef Stewart Butterfield heraus: ‚Wir müssen eine E-Mail mit dem Einladungslink an 42.000 Menschen schicken.' Die Systeme würden nur E-Mails an 2000 Menschen zulassen. Butterfield schrieb zehn Minuten später: ‚40.000 Menschen gleichzeitig hinzuzufügen sieht mir nach einer schlechten Idee aus' und schickte einen Smiley hinterher. Drei Stunden später war die Situation geklärt. Die Slack-Mitarbeiter hätten großartig geholfen, hieß es vom Twitter-Account des Hackathons. Die ganze Organisation erinnert damit eher an die eines Start-ups. Laut Veranstalter waren 17 Menschen, darunter Freiwillige, im Kern-Organisationsteam."

Quelle: Theil [Zugriff am 23.03.2020]

Innovations-Toolkits

Toolkits erlauben den Kunden innerhalb einer vorgegebenen Entwicklungsumgebung selbstständig verschiedene Problemlösungen und Designs in einem Trial-and-Error-Prozess (mit simuliertem Feedback) auszuprobieren und die fertige Lösung an das Unternehmen zu übermitteln. Bei diesen meist internetgestützten Instrumenten können drei verschiedene Arten unterschieden werden: Toolkits für User Innovation, für den Ideentransfer und für User Co-Design.[164] Abbildung 8 fasst die drei Arten von Toolkits, deren Ziele, Prinzipien sowie die jeweiligen Zielgruppen zusammen.

Abbildung 8: Arten von Toolkits

	Toolkits für User Innovation	Toolkits für User Co-Design (Mass Customization)	Toolkits zum Ideentransfer
Ziel	**Generierung** von Innovationsideen Generierung innovativer Leistungseigenschaften	**Leistungsindividualisierung** durch Produktkonfiguration (Verkaufstool)	**Transfer** vorhandener Innovationsideen aus der Nutzerdomäne (externes Vorschlagswesen)
Prinzip	• ‚Chemiekasten' • Sehr großer Lösungsraum • Hohe Nutzungskosten • Vollständiges Trial-and-Error	• ‚Lego-Baukasten' • Vordefinierter Lösungsraum durch technische Restriktionen des Herstellers • Geringe Nutzungskosten durch Standardmodule • Trial-and-Error nur teilweise möglich	• ‚Black Board' • Unbegrenzter Lösungsraum • Geringe Nutzungskosten • Kein Trial-and-Error (bzw. nur Feedback durch andere Nutzer)
Nutzer	Fortschrittliche Nutzer, Experten	Alle Kunden	Nutzer mit Lead-User-Eigenschaften
Beispiel	„Aromastoff-Baukasten" des Unternehmens IFF[165]	• NikeID • My Müsli	Vgl. Beispiele zu „Ideenwettbewerben" und „Communities für Open Innovation"

Quelle: Eigene Darstellung in Anlehnung an Reichwald und Piller (2009: 193).

Bei den *Toolkits für User Innovation* werden die Nutzer dabei (schrittweise) unterstützt, Innovationsideen bzw. innovative Leistungseigenschaften zu generieren. Der dafür notwendige Lösungsraum ist jedoch sehr groß, was zwar ein vollständiges

[164] Vgl. Reichwald und Piller (2009: 189ff.).

[165] Für eine kurze Ausführung siehe Beispielbox weiter unten.

Trial-and-Error-Vorgehen und freies Experimentieren erlaubt (und mit dem Prinzip eines Chemiekastens verglichen werden kann), dadurch aber auch nur für fortgeschrittene Nutzer und Experten zugänglich ist. Vielfach wird neben der Kreativität auch ein hohes Maß an technischen Kenntnissen vorausgesetzt. Zur Unterstützung können den Anwendern zusätzliche Informationen und Hilfestellungen über das Toolkit zur Verfügung gestellt werden (CAD-Daten, Funktionen etc.).[166]

'Aromastoff-Baukasten' des Unternehmens International Flavors & Fragrances Inc.

Das Unternehmen International Flavors & Fragrances Inc. (IFF), ein Hersteller von Nahrungsmittelaromen, entwickelte einen ‚Baukasten' an Aromastoffen, die dessen Kunden für ihre eigene Produktentwicklung nutzen können, anstatt IFF mit der Entwicklung eines Aromastoffs (z. B. fleischartiger Geschmack für ein Sojaprodukt) zu beauftragen. In dem Baukasten befindet sich eine Kollektion kleiner Tüten mit Aromastoffen. Der Kunde experimentiert selbst mit den Kombinationen der Aromastoffe und findet durch Trial-and-Error das für ihn passende Rezept. Dieses Rezept kann dann in den Fabriken von IFF genau reproduziert werden. Diese Vorgehensweise ermöglichte eine Reduktion der Entwicklungszeit von 26 auf drei Wochen, da zeit- und kostenintensive Abstimmungsprozesse zwischen IFF und dem jeweiligen Kunden nun wegfallen.

Quelle: Vgl. Reichwald und Piller (2009: 194f).

Toolkits für den Ideentransfer, die zweite Kategorienart von Toolkits, gewährleistet den Transfer bereits vorhandener Innovationsideen aus der Nutzerdomäne hin zum Unternehmen. Primär werden damit Personen mit Lead-User-Eigenschaften angesprochen, denen zwar ein unbegrenzter Lösungsraum zur Verfügung steht, jedoch – abgesehen vom Feedback anderer User – keine Möglichkeit des Ausprobierens haben.[167]

Toolkits für User Co-Design werden im Verkauf eingesetzt, wo sie zur Leistungsindividualisierung durch Produktkonfiguration dienen (insbesondere bei Mass Customization). Auch wenn das fertige Produkt für die Konsumenten wie eine Innovation wirken mag, so stellt dies für das Unternehmen kein Innovations-Toolkit im Sinne von Open Innovation dar.[168]

---

166 Vgl. Habicht et al. (2011a: 46), Hilgers et al. (2011: 85) und Reichwald und Piller (2009: 193f.).
167 Vgl. Reichwald und Piller (2009: 193).
168 Vgl. Reichwald und Piller (2009: 195).

Communities für Open Innovation

Im Vergleich zu den bisher diskutierten Methoden zielen Innovations-Communities auf die Vorteile der Zusammenarbeit vieler Interakteure ab.[169] Communities bilden den Rahmen, um mit Gleichgesinnten und in einer Gemeinschaft Ideen zu entwickeln, diese zu diskutieren, zu bewerten und schließlich deren Umsetzung voranzutreiben.[170] Nicht nur, aber besonders bei dieser Form der Interaktion kommt dem Internet bzw. den sozialen Medien eine entscheidende Bedeutung zu. So wird das Einbinden einer großen Anzahl an Akteuren sowie die Aktivierung der kollektiven Intelligenz (Schwarmintelligenz) erleichtert oder überhaupt erst ermöglicht. Diese kollektive Intelligenz soll dafür sorgen, dass zusätzlich zur Erstellung von Vorschlägen aus einer breiten Masse auch eine Bewertung und Selektion der besten Inhalte vorgenommen wird. Neben der Vernetzung von Inhalten wird so auch die Bildung von sozialen Netzwerken und einer Gemeinschaft (Community) gefördert.[171] Communities für Open Innovation tragen somit *„der Tatsache Rechnung, dass Innovation meist das Ergebnis eines kollaborativen Zusammenarbeitens mehrerer Akteure ist und zielen auf die Generierung oder Bewertung neuer Ideen (Bedürfnisinformation), aber auch von Lösungswissen in einer virtuellen Gemeinschaft ab.“*[172] Zu den Beispielen zählen Lego Mindstorms, die Community der Open-Source-Entwickler oder Boeing, die für das Design des neuen Flugzeugs Boeing 787 Dreamliner weltweit 120.000 Beiträge von Freiwilligen erhielten.

2.7 Aufgaben eines Innovationsmanagers

Innovationsmanager haben die Aufgabe, die *„dispositive Gestaltung von einzelnen Innovationsprozessen“* und die *„bewusste Gestaltung des Innovationssystems“*[173] vorzunehmen. Die konkreten Aufgabenbereiche können sich dabei allerdings je nach Unternehmensgröße unterscheiden. Sie sind in Klein- und Mittelbetrieben oftmals in einer Hand vereint, wohingegen in größeren Unternehmen eine stärkere Trennung der Aufgaben – etwa in strategische und operative Bereiche – zu beobachten ist. Aufgrund der Vielfältigkeit der am Innovationsprozess beteiligten Organisationseinheiten kommt dem Innovationsmanager aber immer eine Schnittstellen- und Verbindungsfunktion zu, bei der die entsprechende fachliche Kompetenz (etwa betriebswirtschaftliches und/oder technisches Wissen) notwendig ist. Er fungiert somit als Koordinator verschiedener Aktivitäten.[174]

Eine zentrale Aufgabe eines Innovationsmanagers ist die strategische und organisatorische Ausrichtung des Unternehmens in Bezug auf Innovationen. Dabei ist eine

[169] Vgl. Reichwald und Piller (2009: 206).
[170] Vgl. Habicht et al. (2011a: 46).
[171] Vgl. Köck et al. (2008: 32).
[172] Hilgers et al. (2011: 85)
[173] Vgl. Hauschildt (1997: 25f.).
[174] Vgl. Nebe (2000: 23f.).

enge Verzahnung mit der strategischen Unternehmensplanung notwendig, da Innovationen in hohem Maße den Unternehmenserfolg beeinflussen. Der Innovationsmanager übernimmt somit nicht nur eine Schnittstellenfunktion, sondern auch eine langfristig orientierte Planungsfunktion bei der Definition konkretisierter F&E-Ziele vor dem Hintergrund der Unternehmensvision. Hierfür sind umfassende Kenntnisse der jeweiligen Mechanismen und Abläufe der Marktbedürfnisse, der Wettbewerbsposition, des Technologieportfolios des Unternehmens etc. notwendig.

Die Aufgaben eines Innovationsmanagers im organisatorischen Bereich umfassen beispielsweise die Schaffung eines innovationsfreundlichen und -förderlichen Umfelds durch die Gestaltung von Anreizsystemen und der Unternehmensorganisation oder den Abbau bzw. die Vermeidung von Widerständen.

Innovationsmanager

„In hoch kompetitiven Märkten ist Innovation zentraler Hebel, um einen Wettbewerbsvorteil zu erringen. Das Unternehmen Duravit hat ein Kompetenz-Center installiert, das internes und marktgerichtetes Innovationsmanagement vorantreibt. Maxime für den Innovationsmanager dabei: weniger den kleinen Fortschritt als vielmehr den großen Fortsprung realisieren.

Siegfried Lettko, Innovationsmanager des Sanitärkeramik- und Badspezialisten Duravit AG, bringt eine Dreifach-Qualifikation mit in den aktuellen Job: fachliche Kompetenz als gelernter Sanitär-Großhandelskaufmann, konzeptionelles Wissen aus einem Studium der technischen Betriebswirtschaftslehre und Kreativität, bewiesen in der Arbeit für das Festival-Management eines großen Radiosenders. Seit Juli 1998 ist er nun der Katalysator für das Aufspüren interner und externer Produktideen.

Aufgabe

In hartumkämpften Märkten ist Innovation der zentrale Hebel, um zumindest einen temporären Wettbewerbsvorteil zu gewinnen.

Die Praxis zeigt, dass Ideen für Prozess- und Produktinnovationen im Unternehmen oft weit verstreut sind und im Tagesgeschäft verloren gehen. Aus dieser Erkenntnis heraus wurde bei Duravit ein Kompetenz-Center geschaffen, um die Innovationskultur weiter voranzutreiben. Konkret gibt es dabei zwei Stoßrichtungen:

- das interne Innovationsmanagement, das die Mitarbeiterimpulse sowohl aus dem produktiven als auch aus dem administrativen Bereich fördern und kanalisieren soll,
- das marktgerichtete Innovationsmanagement, das externe Informationsquellen für Produktverbesserungen und Durchbruchinnovationen »scannen« soll.

Die Informationsquellen des Innovationsmanagers sind dementsprechend facettenreich. Dazu gehört beispielsweise der Besuch von Messen und Erfinderbörsen wie der Iena (»Ideen-Erfindungen-Neuheiten«) in Nürnberg oder der »Internationalen Messe für Erfindungen, neue Technik und Produkte« in Paris. Auch vom Schreibtisch aus lassen sich durch Internetrecherchen der F&E-Ergebnisse innovativer Unternehmen und der Auswertung von Patentliteratur neue Ideen generieren. Natürlich sind auch Kunden-Workshops oder die Auswertung von Anwendervorschlägen potentielle Impulsgeber. Das Hauptziel dieser Aktivitäten ist das Aufspüren von Durchbruchinnovationen wie der »wasserlosen Badewanne«. Gefragt ist also weniger der kleine Fortschritt als vielmehr der große Fortsprung.

Qualifikation

Innovationsmanagement ist eine schillernde Funktion, die sich weitab von ausgetretenen Marketingpfaden bewegen muss. Daher ist eine Standardisierung des Qualifikationsprofils nicht möglich. Natürlich gehören Kreativität, Kommunikationsfähigkeit und Eigeninitiative zu den Bordmitteln. Weiterhin sind ein langer Atem und Überzeugungsfähigkeit für die interne Durchsetzung einer Idee erforderlich. Doch auch Branchenwissen steht der Arbeit eines Innovationsmanagers nicht im Wege, um die Marktfähigkeit einer Idee in frühem Stadium zu prüfen und im Gespräch mit den Forschern und Entwicklern Akzeptanz zu finden.

Organisation

In der Linienorganisation ist der Duravit-Innovationsmanager im Produkt-Management angesiedelt, dessen Leiter an den Vorstand berichtet. Während der klassische Produkt-Manager sich primär um Design-Innovationen und Produktverbesserungen kümmert, liegt die Aufgabe Lettkos bei echten Innovationsthemen.

Zur Flexibilisierung dieser Schnittstellenaufgabe ist der Innovationsmanager zudem in eine Projektstruktur eingebunden: Das interdisziplinäre Projektsteuerungs-Team legt u. a. die strategischen Suchfelder für Produktinnovationen fest. Gibt dieses Team grünes Licht, wird die Aufgabe im Innovations-Team strukturiert und vorangetrieben. Entscheidet man sich dann für die Umsetzung der Idee, wird das Projekt unter Einbeziehung von Lieferanten, Handelskunden und Konsumenten schnellstmöglich zur Marktreife gebracht.

Perspektiven

Innovationsmanager sind auch in anderen Unternehmen auf dem Vormarsch, z. B. bei Hailo, Lufthansa oder Siemens. Doch darf man sich bei der Abschätzung der Marktbedeutung dieses neuen Jobfeldes nicht zu eng an dem Titel auf der Visitenkarte orientieren. So kann eine entsprechende Funktion auch unter der Bezeichnung »Entwicklungs-Ingenieur« o.ä. segeln. In anderen Unternehmen werden entsprechende Aufgaben an Projekt-Teams delegiert, ohne dass es zu Spuren in der Linienorganisation kommt."

Quelle: Schütz (1999: 50)

3 Technologieentwicklung

Die *Technologieentwicklung* beschäftigt sich mit der Technologiedynamik und in weiterer Folge mit der Identifikation analyserelevanter Technologien. Letztere bilden eine Voraussetzung für die zweite Phase (*Vorentwicklung*), in der der Schwerpunkt in der Entwicklung funktionsfähiger Prototypen liegt (Kapitel 4). In der an die Vorentwicklung anschließenden Entwicklung findet einerseits die *Planung neuer Produkte und Prozesse*, andererseits deren *Realisierung* statt (Kapitel 5). Wurden alle drei Kernfelder des integrierten F&E-Managements durchlaufen, erfolgt im Rahmen des Innovations- und Technologiemanagements im engeren Sinn zunächst die *Produktionseinführung* (Kapitel 5.2.4) und anschließend die *Markteinführung* (Kapitel 6). Den Abschluss bildet die Frage des Erfolgs neuer Produkte, die unter besonderer Betrachtung der *innovationswirtschaftlichen Erfolgsfaktoren* diskutiert wird (Kapitel 7). Abbildung 9 zeigt den zeitlichen Ablauf der genannten Phasen, zwischen denen auch immer wieder Rückkoppelungen zu vorhergehenden Phasen möglich sind.

Abbildung 9: Einordnung der Technologieentwicklung

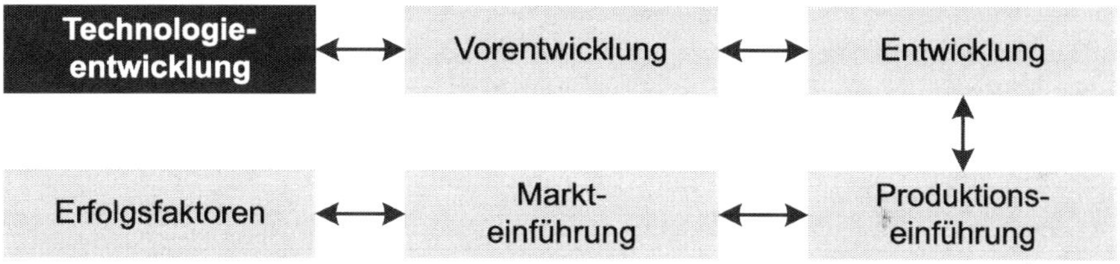

Quelle: Eigene Darstellung

Im Rahmen der ersten Phase, dem Management der Technologieentwicklung, stellen sich unter anderem folgende Kernfragen:

- Welche neuen Technologien zeichnen sich ab, in welche soll investiert werden und welche befinden sich bereits in der Reifephase? Wann bzw. wie ist daher ein Wechsel zu einer neuen Technologie durchzuführen? (siehe Kapitel 3.1)
- Welche Chancen und Risiken sind mit den technologischen Veränderungen verbunden? (siehe Kapitel 3.2)
- Welche technologischen Stärken/Schwächen besitzt das Unternehmen und welche strategischen Wettbewerbsvorteile (technologische Kernkompetenzen) soll das Unternehmen im Hinblick auf die Technologie aufbauen? Wie ist demnach die Technologiestrategie auszurichten? (siehe Kapitel 3.3)

- Wie soll das Technologiemanagement organisiert werden? (siehe Kapitel 8.1)
- Welche F&E-Leistungen werden selbst, welche in Kooperationen erstellt und welche werden fremdbezogen (Make-or-Buy)? (siehe Kapitel 8.2)[175]

Im Folgenden wird schwerpunktmäßig auf die *Technologiedynamik* (Kapitel 3.1), auf die *Identifikation analyserelevanter Technologien* (Kapitel 3.2) sowie auf die *Strategiegenerierung* (Kapitel 3.3) eingegangen.

3.1 Technologiedynamik

Das technologische Umfeld eines Unternehmens ist einem ständigen Wandel unterworfen, sodass die Beschreibung, Erklärung und Prognose technologiedynamischer Abläufe zu den Basisaufgaben des Technologiemanagements zählt. Nur mit Wissen über Technologieentwicklungsverläufe lassen sich nämlich Technologiepotentiale rechtzeitig auf- und abbauen.

3.1.1 Technologielebenszyklen

Das *Konzept der Technologielebenszyklen (TLZ)* ist aus Verallgemeinerungen von konkreten Beobachtungen abgeleitet. Die meisten realen Entwicklungsverläufe von Technologien zeigen keine linearen Entwicklungen, sondern Verlaufsmuster, die durch Sprünge und Phasen mehr oder weniger starken Wachstums bzw. Stagnation gekennzeichnet sind. So unterliegen Technologien dynamischen und zugleich hoch komplexen Veränderungen.

Der Technologielebenszyklus kann grafisch dargestellt werden, indem der Verlauf einer Technologie, gemessen anhand eines speziellen Leistungskennwerts P (etwa die Geschwindigkeit von Mikroprozessoren), über die Zeit aufgetragen wird. In der Regel ergibt sich dadurch ein *S-Kurven-förmiger Verlauf* (vgl. Abbildung 10). Setzt man hingegen die Anwendungshäufigkeit einer Technologie an, ist der typische Verlauf glockenförmig (vgl. Abbildung 11).

In beiden Modellen wird die Zeit auf der Abszisse aufgetragen, wodurch diese direkt in das Modell einfließt. Beispiele für diese Darstellungsform sind die Technologielebenszyklusmodelle von Ford/Ryan und Arthur D. Little (Kapitel 3.1.1.1). Eine Alternative bietet McKinsey mit seinem S-Kurven-Konzept, bei dem der Faktor Zeit eine indirekte Rolle spielt (Kapitel 3.1.1.2).

---

175 Vgl. Specht et al. (2002: 62) sowie Bürgel et al. (1996: 67).

Abbildung 10: Technologielebenszyklus: S-Kurve

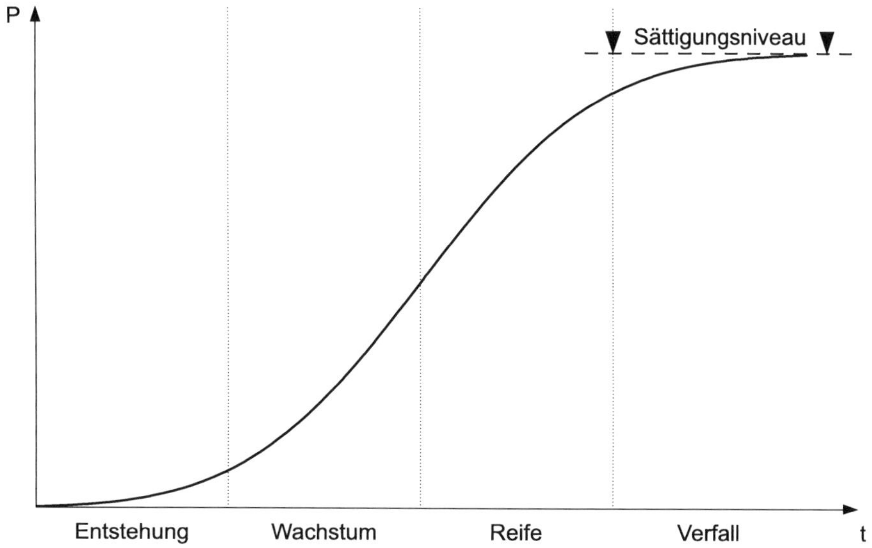

Quelle: Eigene Darstellung nach Specht et al. (2002: 64)

Abbildung 11: Technologielebenszyklus: Glockenkurve

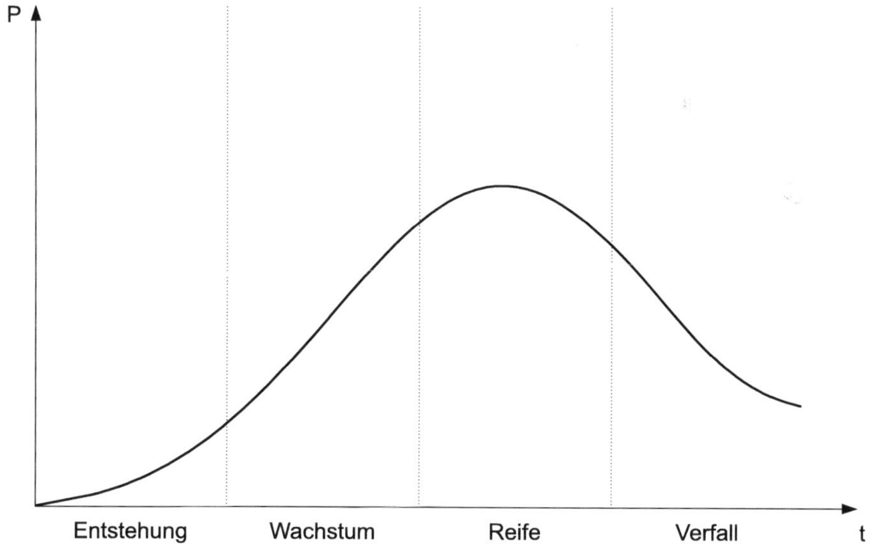

Quelle: Eigene Darstellung nach Specht et al. (2002: 64)

3.1.1.1 Technologielebenszyklusmodell von Arthur D. Little

Dieses Modell verdeutlicht insbesondere die Korrelation zwischen der Position einer Technologie auf der Lebenszykluskurve und ihrem wettbewerbsstrategischen Potential. In Anlehnung an die vier Phasen Entstehung, Wachstum, Reife und Verfall wird eine Klassifizierung in Schrittmacher-, Schlüssel- und Basistechnologie abgeleitet. In Abbildung 12 findet sich eine Beschreibung dieser drei Kategorien, die um die Zukunftstechnologie, die Killertechnologie und die verdrängte Technologie erweitert wurde. Durch diese bewusst einfach gehaltene Typisierung kann jede Technologie hinsichtlich ihres Wettbewerbspotentials schnell eingeordnet werden.

Abbildung 12: Erweiterte Technologietypisierung nach Arthur D. Little

Technologietyp	Eigenschaften
Zukunftstechnologie	Technologie, die sich noch im Forschungsstadium befindet; noch undefiniertes Anwendungsfeld
Schrittmachertechnologie	Großes Wettbewerbspotential mit der Kraft, Wettbewerbsstrukturen zu verändern; undefiniertes Anwendungsfeld hinsichtlich Breiten- und/oder Tiefenwirkung
Schlüsseltechnologie	Stark wettbewerbsbeeinflussend innerhalb einer Branche; branchenübergreifend wenig verbreitet; patentrechtlich geschützt mit relativ hohem Verbesserungspotential
Basistechnologie	Allgemein bekannte, tragende technische Prinzipien; nicht mehr ausschlaggebend für den Innovationswettbewerb; bedeutende Verbesserungen mit Impulsen für den Wettbewerb nicht mehr zu erwarten
Verdrängte Technologie	Technologien, die gerade von anderen Technologien verdrängt werden oder verdrängt wurden
Killertechnologie	Erfolgreiche Substitutionstechnologie; hat die Kraft, bestehende Kundenbedürfnisse zu verändern, zu reduzieren oder zu löschen; entwickelt sich meist außerhalb der technologischen Suchfelder des Unternehmens

Quelle: Bürgel et al. (1996: 93)

Das Technologielebenszykluskonzept von Arthur D. Little gibt im Gegensatz zu anderen Modellen – wie etwa jenem von Ford und Ryan – Kriterien für die Bestimmung der Lebenszyklusphase einer Technologie an. Diese Indikatoren (z. B. Einstiegsbarrieren, Anwendungsgebiete etc.) werden in Verbindung mit den verschiedenen Wachstumsstadien des Technologielebenszyklus in Abbildung 13 ausführlich dargestellt.[176]

[176] Vgl. Bürgel et al. (1996: 91ff.).

Abbildung 13: Phasen des Technologielebenszykluskonzeptes nach Arthur D. Little

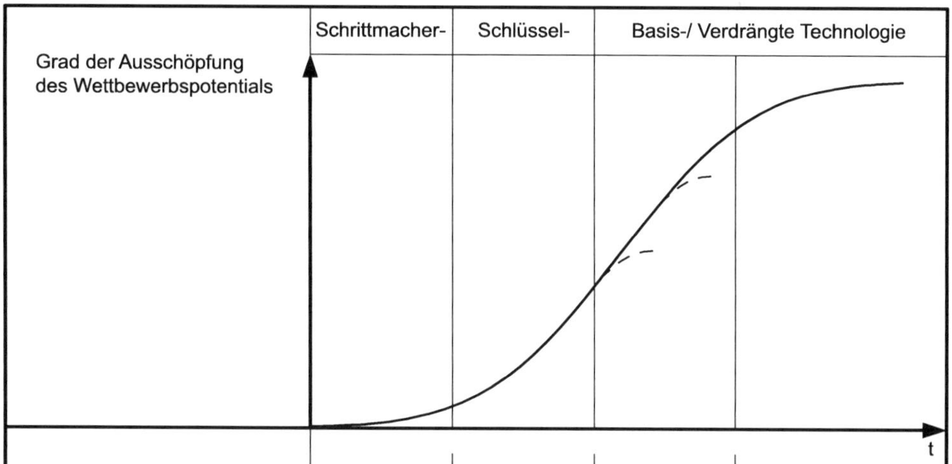

Indikatoren	Entstehung	Wachstum	Reife	Alter/Verfall
Unsicherheit über technische Leistungsfähigkeit	hoch	mittel	niedrig	sehr niedrig
Investitionen in Technologieentwicklung	niedrig	maximal	niedrig	vernachlässigbar
Breite der potenziellen Einsatzgebiete	unbekannt	groß	etabliert	abnehmend
Typ der Entwicklungsanforderungen	wissenschaftlich	anwendungsorientiert		kostenorientiert
Auswirkungen auf Kosten-Leistungs-Verhältnis der Produkte/Prozesse	sekundär	maximal	marginal	marginal
Zahl der Patentanmeldungen/ Typ der Patente	zunehmend/ Konzeptpatente	hoch/ verfahrensbezogen	abnehmend/ verfahrensbezogen	
Zugangsbarrieren	wissenschaftliche Fähigkeiten	Personal	Lizenzen	Know-how
Verfügbarkeit	sehr beschränkt	Restrukturierung	marktorientiert	hoch

Quelle: Specht et al. (2002: 67)

3.1.1.2 S-Kurven Konzept von McKinsey

Im Mittelpunkt des *Konzepts von McKinsey* steht das Verhältnis zwischen dem F&E-Aufwand, der in eine Technologie einfließt, und den Leistungssteigerungen, die durch diese Investitionen erzielt werden (F&E-Produktivität). Der Faktor Zeit geht dabei indirekt über den kumulierten Forschungsaufwand in das Modell ein.

Der Verlauf einer Technologie wird in eine Start-, Boom- und Reifephase eingeteilt. Zunächst weisen die Technologien in der meist langen Startphase relativ geringe, aber steigende Wachstumsraten der F&E-Produktivität auf, bevor in der Boomphase die Leistungsfähigkeit durch eine Reihe technologischer Durchbrüche sehr schnell ansteigt. Nach Erreichen des Wendepunkts der S-Kurve kommt es zu einem Abflachen und damit zu abnehmenden Grenzerträgen. Im zunehmend flacher werdenden Kurvenverlauf der Reifephase führt jeder zusätzliche F&E-Aufwand nur noch zu marginalen Leistungssteigerungen (Annäherung an die Leistungsgrenze einer Technologie).[177] Eine Abnahme einer bereits erreichten technologischen Leistungsfähigkeit ist jedoch nicht möglich.

Abbildung 14 zeigt einen idealtypischen Verlauf zweier Technologien in S-Kurvenform. Bei der Entscheidung, in die Substitutionstechnologie (Technologie 2) zu investieren, fällt in diesem Beispiel zunächst die Leistungsfähigkeit ab. Nach fortlaufenden Investitionen in die neue Technologie kann jedoch letztlich das maximale Potential der Reifetechnologie (Technologie 1) überschritten werden, da das Leistungspotential der neuen Technologie über dem der alten liegt.

Wird gleichzeitig sowohl in eine Reife- als auch in ihre Substitutionstechnologie investiert, ist ein etwaiger Kannibalisierungseffekt zu berücksichtigen. Darunter wird im Zusammenhang mit dem S-Kurven-Konzept der Absatzrückgang der Produkte aus Technologie 1 aufgrund der Einführung von Produkten aus Technologie 2 verstanden. Dieser Effekt ist bei der Wahl des Umstiegszeitpunkts zu berücksichtigen, um einen effizienten Einsatz des vorhandenen Budgets zu gewährleisten.

Abbildung 14: S-Kurven Konzept

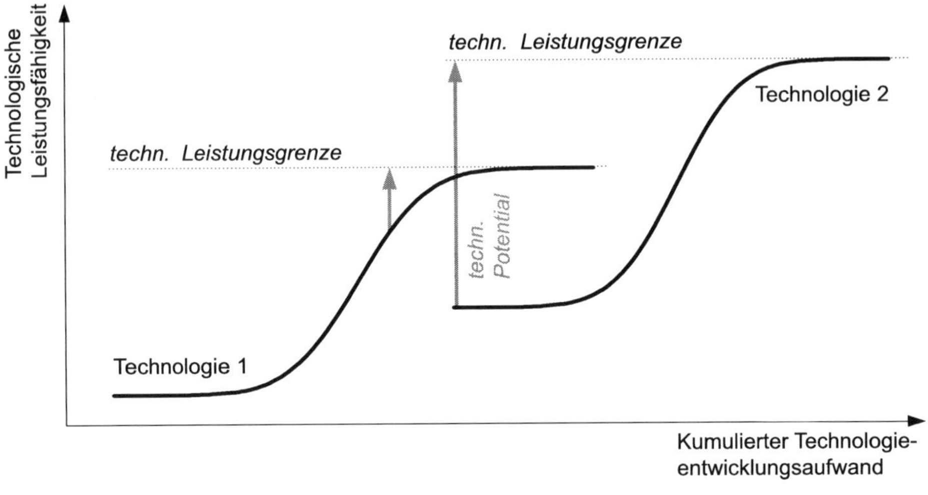

Quelle: Eigene Darstellung in Anlehnung an Krubasik (1982: 29)

---

177 Vgl. Krubasik (1982: 29) sowie Specht et al. (2002: 70f.).

3.1.2 Kritische Betrachtung der Technologielebenszyklen im Technologiemanagement

Durch die Berücksichtigung des wettbewerbsstrategischen Potentials einer Technologie mittels TLZ-Modellen können Fehlallokationen technologischer Ressourcen vermieden werden. Allerdings sind mit der Anwendung der TLZ-Modelle Probleme verbunden, die sich auf die Aussagefähigkeit dieser Modelle auswirken. Dazu zählen unter anderem

- die Definition und Abgrenzung der abzubildenden Technologie,
- das Auswählen geeigneter Parameter zur Erfassung der Technologieentwicklung,
- die Ermittlung des Kurvenverlaufs,
- die Phasenabgrenzung und Positionsbestimmung sowie
- die Analyse der Einflussfaktoren auf den Kurvenverlauf.

Strategische Schlussfolgerungen sollten daher nicht ausschließlich aus Verläufen eines TLZ abgeleitet werden. Die Analyse von TLZ leistet jedoch einen wesentlichen Beitrag zur Abschätzung der Technologieattraktivität und dabei insbesondere der Weiterentwicklungspotentiale. Daher spielen derartige Analysen im Zusammenhang mit Technologieportfolios eine wichtige Rolle.[178]

3.2 Identifikation analyserelevanter Technologien

Die *Identifikation analyserelevanter Technologien* zählt zu den kritischen Fragestellungen im Technologiemanagement. Gemäß dem Grundsatz, dass ‚nicht der Große den Kleinen frisst, sondern der Schnelle den Langsamen' sollten neue Technologien möglichst frühzeitig erkannt werden, um rechtzeitig auf neue Entwicklungen reagieren zu können. Dazu werden in diesem Kapitel einige in der Praxis verbreitete Instrumente zur Visualisierung analyserelevanter Technologien bzw. zur Erkennung von Technologieveränderungen vorgestellt.

3.2.1 Instrumente zur Visualisierung analyserelevanter Technologien

Von den Instrumenten zur Visualisierung bzw. visuellen Ermittlung relevanter Technologien haben sich insbesondere *Technologiebäume* sowie *Technologie-Roadmaps* bewährt[179], die im Folgenden näher vorgestellt werden.

[178] Vgl. Specht et al. (2002: 72f.).
[179] Vgl. Specht et al. (2002: 77ff.).

3.2.1.1 Technologiebäume

Für die oft notwendige Definition und Abgrenzung einzelner Technologien bietet sich das Arbeiten mit naturwissenschaftlich-technischen Baumdiagrammen, sogenannten Technologiebäumen, an.[180] Um eine solche hierarchische Darstellung von Technologien zu erhalten, werden diese unterschiedlichen Aggregationsniveaus zugeordnet (vgl. Abbildung 15). Die Strukturierung kann in Anlehnung an Sachgliederungen des Patentwesens, an Klassifikationen von Datenbanken oder an wissenschaftliche Fachbereiche erfolgen.[181]

Abbildung 15: Beispiel eines Technologiebaumes

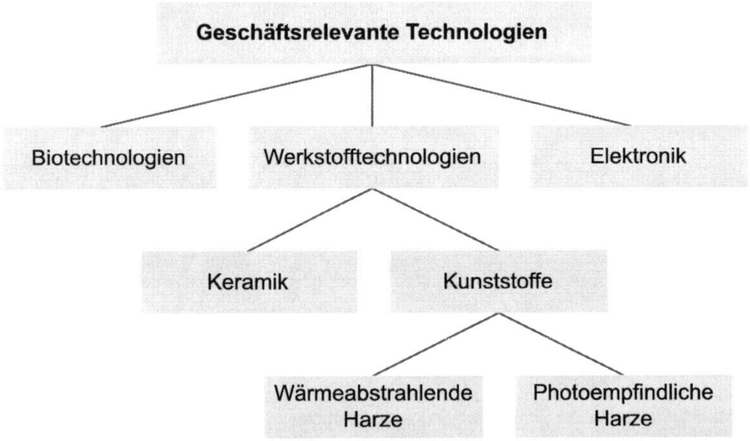

Quelle: Eigene Darstellung nach Specht et al. (2002: 78)

3.2.1.2 Technologie-Roadmaps

Zur Visualisierung von Technologieentwicklungen können Technologie-Roadmaps eingesetzt werden. Sie sollen eine Orientierung hinsichtlich möglicher Technologiepfade in die Zukunft bieten. Dargestellt werden Technologie-Roadmaps anhand der Dimensionen ‚Bezugsobjekte' (z. B. mehrere komplementäre oder konkurrierende Technologien) und ‚Zeit' (vgl. Abbildung 16).

Für ein definiertes Technologiefeld ermöglichen Technologie-Roadmaps demnach die Abbildung des *„sachliche[n] Zusammenhang[s] zwischen Einzeltechnologien, die zeitliche Entwicklungsabfolge, Leistungskennwerte von Technologien und/oder [den] Verbreitungsgrad von Einzeltechnologien"*[182]. Abhängig von der grafischen Darstellung der die jeweiligen Produkte und Technologien verbindenden Graphen können Technologie-Roadmaps auch für die Abbildung zwingend erforderlicher Vorobjekte, das Aufzeigen positiver oder negativer Konsequenzen für Folgeprojekte

---

180 Vgl. Specht et al. (2002: 72).
181 Vgl. Specht et al. (2002: 78).
182 Specht et al. (2002: 79)

oder das Abbilden kritischer Pfade (aufgrund ihrer Ähnlichkeiten mit Netzplänen) herangezogen werden.[183] Durch Technologie-Roadmaps kann des Weiteren eine Verbesserung des im Rahmen der Produktfindung erforderlichen funktionsübergreifenden Prozesses erreicht werden.[184]

Abbildung 16: Produkt-Technologie-Roadmap

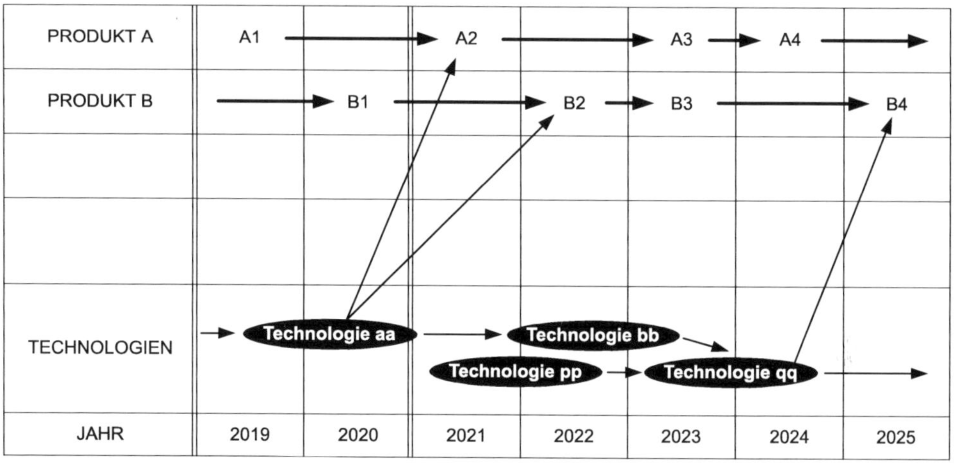

Quelle: Eigene Darstellung nach Groenveld (1997: 49)

3.2.2 Instrumente zur Erkennung von Technologieveränderungen

Um Technologieveränderungen bereits im Frühstadium zu erkennen, dadurch kurzfristige Monopoleffekte zu erzielen und in weiterer Folge nach Eintritt von Mitbewerbern über einen Technologievorsprung zu verfügen, stehen dem Unternehmer zukunftsorientierte Verfahren wie Technologiefrüherkennung oder Szenariotechniken zur Verfügung. Dabei ist ein steigender Bedarf an derartigen Prognoseverfahren mit einer höheren Veränderungsrate in der Umwelt, mit einer Verlängerung der F&E- und Marketingvorlaufzeiten und mit zunehmender Komplexität der Probleme festzustellen. Prognosen sollen Einflussfaktoren auf die Branchen- und Umfeldentwicklung zeigen, Anlässe für Reorganisationen sein und letztlich zu einer Verbesserung von Entscheidungen im Innovationsmanagement führen.[185]

„Ziel der Technologiefrüherkennung ist es, schneller als die Wettbewerber auf die Attraktivität neuer Technologien, den Niedergang alter Technologien und sich abzeichnende Brüche in der Technologieentwicklung (Diskontinuitäten) aufmerksam zu werden.“[186]

---

183 Vgl. Specht et al. (2002: 79).
184 Vgl. Groenveld (1997: 48).
185 Vgl. Specht et al. (2002: 85ff.).
186 Specht et al. (2002: 80)

Hierfür wird im Rahmen der Technologiefrüherkennung (strategische Frühaufklärung) versucht, aufgrund von *schwachen Signalen* (demografische Veränderungen etc.) künftige Entwicklungen frühzeitig zu erkennen und mögliche – durch diese Umweltveränderungen hervorgerufene – Handlungsspielräume eines Unternehmens aufzuzeigen. Um sinnvolles strategisches Handeln zu ermöglichen sind in diesem auf Ansoff[187] zurückgehenden ‚Ansatz der schwachen Signale' nur die für das Unternehmen relevanten Umweltinformationen herauszufiltern.[188]

Bei der Abschätzung zukünftiger Entwicklungen müssen jedoch auch mögliche Störquellen und deren wechselseitige Beziehungen miteinbezogen werden. Um diese alternativen zukünftigen Umweltsituationen und die zugehörigen Entwicklungspfade samt notwendiger Entscheidungen darzustellen, eignet sich die Szenariotechnik. Dieses Prinzip lässt sich schematisch wie in Abbildung 17 als Denkmodell in Form eines Trichters veranschaulichen.[189]

Abbildung 17: Der Trichter als Denkmodell für die Szenariotechnik

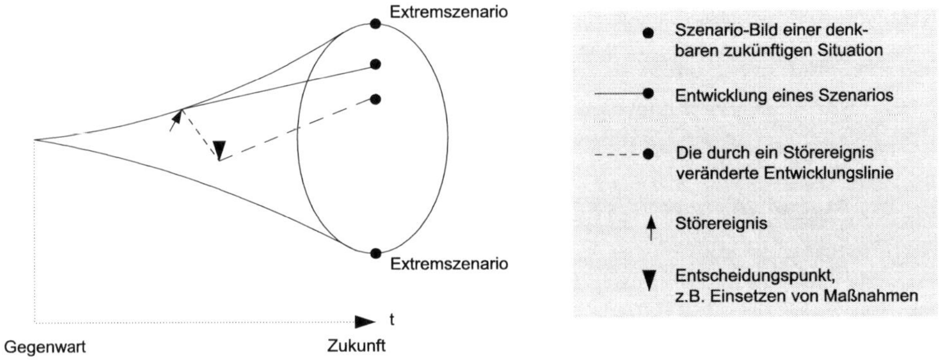

Quelle: Eigene Darstellung in Anlehnung an von Reibnitz (1992: 27)

Die Darstellung in Form eines Trichters lässt sich dadurch erklären, dass die Gegenwart durch festgeschriebene Strukturen geprägt ist, die sich kurzfristig nicht wesentlich verändern. Die nahe Zukunft ist ebenfalls durch existierende Strukturen gekennzeichnet, jedoch nicht vollkommen von diesen bestimmt. Die ferne Zukunft ist nicht genau determinierbar, weshalb Änderungen bestimmter Faktoren und deren Auswirkungen als sehr unsicher anzusehen sind. Daher vergrößert sich die Zahl der möglichen Alternativen (offener Trichter) mit der Länge des Planungshorizonts. Im

187 Vgl. Ansoff (1976).
188 Vgl. Bürgel et al. (1996: 71f.).
189 Vgl. Bürgel et al. (1996: 73).

Zusammenhang mit der strategischen Planung werden vor allem Technologieszenarien erstellt, deren Ziel die Entwicklung einer Technologie, die Identifikation von Störfaktoren und die Ermittlung ihrer Auswirkungen ist.[190]

Das Resultat einer Szenario-Methode sind mindestens *„zwei sich deutlich unterscheidende aber in sich konsistente Szenarien (Zukunftsbilder)“*[191]. Um diese zu erhalten, müssen folgende drei Phasen durchlaufen werden:[192]

1. Die *Analysephase* bezieht sich auf die unternehmensinterne Ausgangssituation und die ausgewählten strategischen Variablen. Sie beinhaltet auch den Zeithorizont des Szenarios. Hier werden vor allem Kreativitätstechniken wie Morphologie, Brainstorming oder Brainwriting (siehe Kapitel 5.1.1) eingesetzt. Danach erfolgt die Identifikation von Faktoren, die einen großen Einfluss auf den Unternehmensgegenstand haben. Diese werden mit Kenngrößen beschrieben und in ihrer Entwicklung abgeschätzt.

2. In der *Prognosephase* werden Alternativentwicklungen prognostiziert und auf Konsistenz und Logik überprüft. Das Ziel dieser Phase liegt in der Erlangung von Annahmebündeln, aus denen im Allgemeinen zwei in ihren Auswirkungen sehr unterschiedliche Szenarien (sogenannte Präszenarien) ausgewählt werden.

3. Im Zuge der *Synthesephase* werden die in Phase zwei ausgewählten Szenarien ausgestaltet, interpretiert und mit Eintrittswahrscheinlichkeiten versehen. Darauf basierend werden Chancen und Risiken für den Untersuchungsgegenstand abgeleitet, bewertet und entsprechende Maßnahmen formuliert. Nach der Analyse der Störereignisse, die die prognostizierten Entwicklungen positiv oder negativ beeinflussen können, wird die Analyse durch eine endgültige Formulierung eines Szenarios mit den dazugehörenden Alternativstrategien und der Implementierung eines Umfeldbeobachtungssystems beendet.

---

190 Vgl. Bürgel et al. (1996: 74).
191 von Reibnitz (1992: 14)
192 Vgl. Bürgel et al. (1996: 71ff.).

Siemens: „Picture of the Future"

„Der sicherste Weg, die Zukunft vorauszusagen, ist, sie selber zu erfinden und zu gestalten" formulierte einst Dr. Heinrich v. Pierer, ehemaliger Vorstandsvorsitzender von Siemens. Dementsprechend folgt Siemens dem Anspruch *„Inventing the future"* und versucht Trendsetter für Innovationen in möglichst vielen Geschäftsbereichen zu sein. Um dies gewährleisten zu können, müssen erfolgversprechende Ideen und neue Wege frühzeitig erkannt werden. Es gilt also, Technologien mit hohem Wachstumspotenzial zu identifizieren, technologische Durchbrüche zu erkennen sowie künftige Kundenbedürfnisse und neue Geschäftsmöglichkeiten aufzuspüren.

Mittels eines Bündels von Instrumenten, die von der Zentralabteilung Corporate Technology und den geschäftsführenden Bereichen von Siemens entwickelt wurden, werden die sogenannten „Pictures of the Future" erstellt, mit denen Siemens F&E-Strategien systematisch und nachhaltig optimiert werden sollen. Dabei werden zwei gegenläufige, sich jedoch ergänzende Sichtweisen zusammengeführt: Extrapolation (‚Welt von heute') und Retropolation (‚Welt von morgen'). Erstere entspricht einer Technologie-Roadmap (siehe auch Kapitel 3.2.1.2), mit dem derzeit bekannten Technologien und Produktfamilien in die Zukunft fortgeschrieben und als Generationenfolge dargestellt werden. Dadurch soll möglichst präzise abgeschätzt werden, zu welchem Zeitpunkt Technologien verfügbar sind bzw. gebraucht werden. Zwar ist der große Vorteil dieses Verfahrens seine sichere Ausgangsbasis (das ‚Heute'), jedoch können Diskontinuitäten und Entwicklungssprünge nicht vorhergesagt werden. Deshalb wird als komplementäres Verfahren die Szenariotechnik eingesetzt (Retropolation). Für einen gewählten Zeithorizont wird ein Szenario entworfen, das viele Einflussfaktoren berücksichtigen soll.

Durch die Kombination von Extra- und Retropolation sollen aussagekräftige Bilder der Zukunft entwickelt werden, die – aufgrund der beiden in Einklang gebrachten Betrachtungsweisen – möglichst konsistente Bilder der Zukunft für die verschiedenen Arbeitsgebiete ergeben. Die „Pictures of the Future" sollen jedoch nicht nur ‚Visionen' aufzeigen. Vielmehr dienen sie dazu mittels eines systematischen und fortdauernden Prozesses Zukunftsmärkte zu quantifizieren, Diskontinuitäten aufzuspüren, künftige Kundenanforderungen zu antizipieren und Technologien mit hohem Wachstumspotenzial und großer Breitenwirkung zu identifizieren. Daraus resultieren neue Geschäftsmöglichkeiten für Produkte, Systeme, Anlagen und Dienstleistungen der Bereiche sowie eine stimmige technologische Zukunftsvision des gesamten Unternehmens. Somit sind die „Pictures of the Future" ein Instrument zur Optimierung der F&E-Strategie, bei dem nicht nur ein konsistentes Bild der Zukunft entworfen wird, sondern auch der Weg dorthin aufgezeigt wird. Darin unterscheidet sich das *„Inventing the future"* vom reinen Versuch, die Zukunft ‚vorherzusagen'.

Quelle: Vgl. Eberl (2001: 4f.).

3.3 Strategiegenerierung

„Eine Technologiestrategie beschreibt, wie ein Unternehmen mit Technologien verfahren sollte, um Wettbewerbsvorteile zu erzielen. Sie definiert die technologischen Ziele und zeigt den grundsätzlichen Weg zur Zielerreichung auf. Eine Technologiestrategie gibt an, welche Technologien ein Unternehmen zu welchem Zweck einsetzt, welches technologische Leistungsniveau dabei jeweils erreicht oder angestrebt ist, zu welchem Zeitpunkt der Technologieeinsatz erfolgt und woher die jeweilige Technologie bezogen wird.“[193]

Im Folgenden werden die beiden grundlegenden Teilen der Strategieegenerierung näher beleuchtet. Begonnen wird mit einer *strategischen Analyse* der Technologien, des Marktes und des Unternehmens bzw. dessen Umfeldes (Kapitel 3.3.1). Die aus dieser Analyse gewonnenen Daten helfen sodann bei der *Formulierung der F&E-Strategie* und erlauben es, *strategische Optionen und Handlungsempfehlungen* für die einzelnen Technologien abzuleiten (Kapitel 3.3.2). Bei dieser Zusammenstellung der strategischen Optionen für Forschung und Entwicklung gilt es auch die Wettbewerbsstrategie des Unternehmens zu berücksichtigen. Letztendlich ist auch der strategische Fit der verschiedenen Teilstrategien zu gewährleisten.

3.3.1 Strategische Analyse

Aufgabe der strategischen Analyse ist es, die aus der strategischen Frühaufklärung gewonnenen Informationen weiter zu analysieren und zu konkretisieren. Im Rahmen der Technologieentwicklung dürfen aber nicht nur die derzeit oder in naher Zukunft wettbewerbsrelevanten Technologien berücksichtigt werden. Vielmehr müssen strategische Handlungsempfehlungen für Technologien und strategische Geschäftsfelder integriert betrachtet werden, da neben technologischen Entwicklungen auch gesellschaftliche und wirtschaftliche Entwicklungen sowie politische Entscheidungen Auswirkungen auf ein Unternehmen haben. Die strategische Analyse verknüpft daher Technologie-, Markt- und Unternehmensanalyse, um letztlich Optionen zur Generierung der F&E-Strategie einzugrenzen, auf die in der Technologieentwicklung Rücksicht genommen werden muss.[194] Grafisch dargestellt ist der Ablauf dieser Analyse in Abbildung 18.

[193] Schulte-Gehrmann et al. (2011: 56).
[194] Vgl. Bürgel et al. (1996: 76).

Abbildung 18: Strategische Analyse für Forschung und Entwicklung

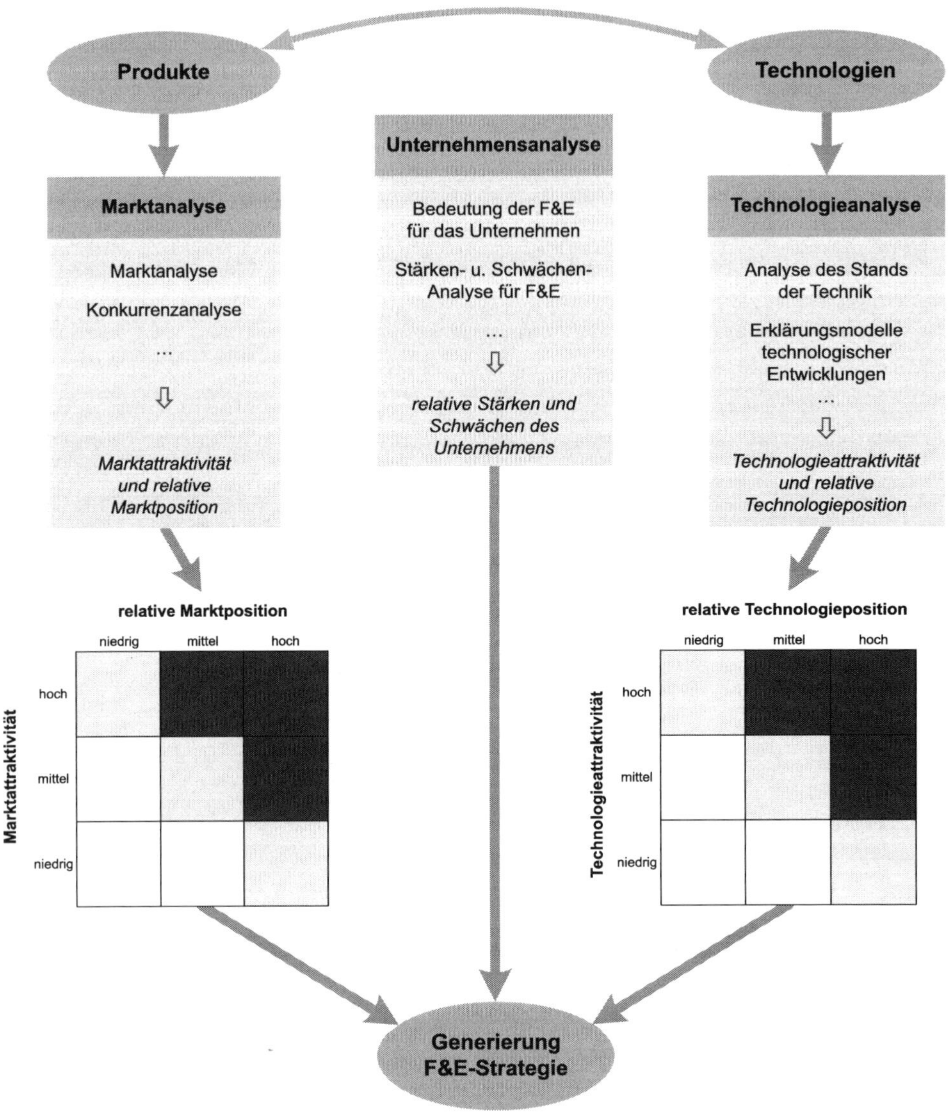

Quelle: Eigene Darstellung in Anlehnung an Bürgel et al. (1996: 77) und Krubasik (1982: 30)

3.3.1.1 Technologieanalyse

Die Analyse des aktuellen Standes der Technik dient dazu, die derzeit oder in naher Zukunft wettbewerbsrelevanten Technologien zu identifizieren. Mit der Technologieanalyse wird, ausgehend vom aktuellen Stand der Technik, das Weiterentwicklungspotential einer Technologie (und damit die Attraktivität einer Technologie im Wettbewerb) ermittelt. Hierfür wird unter anderem auf jene Methoden zurückgegriffen, die im vorhergegangenen Kapitel 3.2 vorgestellt wurden (z. B. Technologie-Roadmaps).

In diesem Zusammenhang sei noch einmal erwähnt, dass Technologien nicht mit Produkten gleichzusetzen sind. Technologien werden vom Endverbraucher indirekt über Produkte und Prozesse am Markt wahrgenommen, weshalb sie oftmals identisch scheinen. Unterschiede ergeben sich im Lebenszyklus einer Technologie (vgl. auch Kapitel 3.1.1), der nicht notwendigerweise dem eines bestimmten Produktes oder Prozesses entspricht, da Technologien in der Regel mehrere Produkte, Produktgruppen oder Prozesse bzw. ihre Leistungsmerkmale charakterisieren.[195]

3.3.1.2 Unternehmensanalyse

Wie aus Abbildung 18 ersichtlich, besteht die Unternehmensanalyse unter anderem aus der Ermittlung der Bedeutung von Forschung und Entwicklung für das Unternehmen und der Stärken/Schwächen-Analyse für Forschung und Entwicklung (im Vergleich zu den Mitbewerbern in der Branche). Das Ziel der Unternehmensanalyse ist es, die strategische Ausgangsposition des Unternehmens festzumachen.

Jedes Unternehmen verfolgt eine spezifische unternehmensbezogene Strategie, die insbesondere die Unternehmensorganisation (z. B. flache Strukturen, dezentralisierte Entscheidungen mit zentralisierter Kontrolle etc.)[196], aber auch die Wahl der Betätigungsfelder, die Unternehmensgröße etc. bestimmt. Dieses *‚Strukturverhalten'* kann im Zeitablauf auch Veränderungen unterliegen, wobei Unternehmen bezüglich ihrer grundsätzlichen Bereitschaft zur Anpassung unterschieden werden können.[197]
Die externe Innovationsstrategie eines Unternehmens bestimmt hingegen dessen strategisches Verhalten gegenüber Innovationen (*‚Strategieverhalten'*), also etwa ob ein Unternehmen selbst Innovationen hervorbringt oder hauptsächlich als Nachahmer agiert.[198]
Angesichts der Vielfalt an Unternehmensformen und Geschäftsfeldern, in denen ein Unternehmen tätig werden kann, sind zahlreiche Technologie-, Struktur-, und Prozessentscheidungen möglich, aus denen sich eine große Bandbreite möglicher Beziehungen aus Struktur- und Strategieverhalten eines Unternehmens ergibt. Aus dieser Vielzahl von denkbaren Kombinationen wurden von Miles/Snow vier Typen strategischer Grundhaltungen identifiziert: Reactor, Analyser, Defender und Prospector.[199] Während Reactor und Analyser eher eine konservative Einstellung aufweisen, zeigen die beiden anderen ein progressives, innovationsfreundlicheres Verhalten. Diese vier

---

[195] Vgl. Bürgel et al. (1996: 85).
[196] Vgl. hierzu auch die Abhandlung in Kapitel 8.1.
[197] Vgl. Kupsch et al. (1991: 1093f.).
[198] Vgl. Kupsch et al. (1991: 1093f.).
[199] Vgl. Miles und Snow (1978) sowie Miles und Snow (1986: 38f.).

Grundtypen lassen sich entsprechend ihres Struktur-/Strategieverhaltens in einer Strategie-/Strukturmatrix grafisch zusammenfassen (vgl. Abbildung 19).[200]

Abbildung 19: Strategie-/Struktur-Matrix des generellen (Innovations-) Verhaltens von Unternehmungen

		Strategieverhalten	
		aktiv	*passiv*
Strukturverhalten	*passiv*	**Prospector**	**Analyser**
	aktiv	**Defender**	**Reactor**

Quelle: Eigene Darstellung in Anlehnung an Kupsch et al. (1991: 1094)

Defender sind Unternehmen mit einem engen Produkt- bzw. Marktbereich, die keine Notwendigkeit sehen, außerhalb ihres Geschäftsbereiches tätig zu werden. Sie weisen dafür ein starkes Interesse an der Verbesserung der Effizienz der vorhandenen Verfahren auf und versuchen, Unternehmenswachstum durch Marktdurchdringung zu erreichen. Defender ignorieren Entwicklungen außerhalb ihrer Domäne und sind darauf bedacht, ihre Vormachtstellung innerhalb des gewählten Marktsegments aggressiv zu erhalten.[201]

Prospector-Unternehmen sind darauf ausgerichtet, nach neuen Produkten zu suchen sowie neue Märkte zu erschließen. Sie reagieren offen und experimentierfreudig auf Veränderungen in ihrem Umfeld und weisen eine hohe Rate an Produkt- und Marktinnovationen auf. Das Unternehmenswachstum wird somit durch die Erschließung neuer Märkte und Produkte erreicht, woraus sich ein breites Tätigkeitsfeld ergibt. Dies erfordert kontinuierliche Entwicklungstätigkeit. Prospector-Unternehmen sind vom Auffinden neuer Märkte/Produkte abhängig und häufig die Urheber von Veränderungen. Dies kann jedoch auch dazu führen, dass weniger Augenmerk auf die Profitabilität gelegt wird.[202]

Analyser beobachten die Konkurrenz, behalten dabei einen stabilen Produkt- und Kundenkern bei und übernehmen nur vielversprechende, bereits am Markt erprobte Ideen. Sie sind daher meist Nachahmer und versuchen durch eine Balance zwischen

200 Vgl. Kupsch et al. (1991: 1093f.).

201 Vgl. Kupsch et al. (1991: 1094), Miles und Snow (1978: 550ff.) sowie Miles und Snow (1986: 38ff.).

202 Vgl. Kupsch et al. (1991: 1094), Miles und Snow (1978: 551ff.) sowie Miles und Snow (1986: 38ff.).

stabilen und wechselnden Produkten/Märkten das Risiko zu minimieren und gleichzeitig profitsteigernde Chancen zu ergreifen. Analyser vereinen die Vorteile von Defender (Risikominimierung) und Prospector (offen für Expansion und imitiert erfolgreiche Prospector). Herausforderung ist dabei diese Balance zwischen Stabilität und Flexibilität zu erreichen und zu erhalten. Anderenfalls drohen Ineffizienz und Ineffektivität. Gleichzeitig birgt dieses strategische Vorgehen die Gefahr, dass bei grundlegenden bzw. raschen Veränderungen die Möglichkeiten der rechtzeitigen Anpassung der gesamten Organisation limitiert sind.[203] Ein Vertreter dieser strategischen Grundhaltung war das finnische Telekommunikationsunternehmen Nokia. So meinte der Chef von Nokias Multimedia-Division: *„Wir kopieren mit Stolz. Man schaut sich derzeit das Beste von anderen Herstellern ab und baut es einfach nach.“*[204]

Reactor-Unternehmen haben keine definierten Reaktionsmuster auf Umweltbedingungen und verhalten sich somit inkonsistent bei Veränderungen. Sie halten in der Regel an überholten Strategien fest, weshalb von solchen Unternehmen nur eine geringe Innovationskraft ausgeht. Sehr häufig führen (Management-) Fehler – wie das Festhalten an der bisherigen Strategie-Struktur-Beziehung trotz starker Veränderungen im Unternehmensumfeld oder die nicht zur Strategie passenden organisationale Strukturen und Prozesse – zu dieser strategischen Ausprägung.[205]

3.3.1.3 Marktanalyse

Das Ziel der Marktanalyse – dem letzten Teil der strategischen Analyse – liegt in der Identifikation der Attraktivität und somit des Weiterentwicklungspotentials eines Marktes bzw. einer Branche. Dadurch sollen die Chancen jener Geschäftsfelder ermittelt werden, die für Forschung und Entwicklung aktuell von Bedeutung sind bzw. sein werden. Daher wird im Zuge einer Marktanalyse unter anderem die Markt- bzw. Branchenattraktivität sowie die relative Marktposition bestimmt.

Bei der Ermittlung der *Markt- bzw. Branchenattraktivität* sind jene Märkte bzw. Branchen von Relevanz, in denen das Unternehmen gegenwärtig tätig ist bzw. plant, in Zukunft tätig zu werden. Berücksichtigt werden dabei ökonomische Größen (z. B. Marktwachstum und -umfang), die Wettbewerbsdynamik (Wettbewerbskonzentration, Möglichkeit der Produkt-/Marktnischenbildung, Dynamik der Produkt- und Technologielebenszyklen) aber auch mögliche Bedrohungen durch die Konkurrenz. Miteinzubeziehen sind darüber hinaus Verhandlungsstärke und -verhalten der Lieferanten, Verhandlungsstärke und Kaufverhalten der Abnehmer, die Entwicklung der

---

[203] Vgl. Kupsch et al. (1991: 1093f.), Miles und Snow (1978: 553ff.) sowie Miles und Snow (1986: 38ff.).

[204] Die Presse [Zugriff am 21.06.2004]

[205] Vgl. Kupsch et al. (1991: 1093f.), Miles und Snow (1978: 557f.) sowie Miles und Snow (1986: 38ff.).

Nachbarmärkte und -branchen (wegen der Bedrohung durch potenzielle Substitutionsprodukte) sowie Eintritts- und Austrittsbarrieren für Wettbewerber.[206]

Durch die Konkurrenzanalyse wird die Position des Unternehmens im Vergleich zum Wettbewerb derselben Branche festgestellt (*relative Markt- bzw. Wettbewerbsposition*). Betrachtet werden dabei vornehmlich Produkte und Prozesse des Unternehmens, da diese die Technologie des Unternehmens widerspiegeln. Neben den aktuellen Wettbewerbern werden auch potenzielle (zukünftige) Konkurrenten identifiziert und analysiert sowie Auswirkungen eigener Maßnahmen auf das Wettbewerbsverhalten der Konkurrenz untersucht.[207] Ebenfalls eine Rolle spielt das F&E-Potential der Konkurrenten, etwa in Bezug auf deren Position bei der Grundlagenforschung, der angewandten Forschung, der Entwicklung sowie des Innovationspotentials oder der Innovationskontinuität. Die Konkurrenzanalyse führt zu den sogenannten ‚branchenspezifischen Erfolgsfaktoren', die den Stärken und Schwächen – aus der im vorherigen Unterkapitel behandelten Unternehmensanalyse – gegenübergestellt werden. Durch diesen Vergleich ergibt sich die relative Position des Unternehmens in den relevanten Märkten bzw. Branchen.[208]

3.3.2 Strategische Optionen und Handlungsempfehlungen

Ausgehend von den strategischen Analysen werden in weiterer Folge verschiedene strategische Optionen aufgezeigt, aus denen sich strategische Handlungsempfehlungen ableiten lassen (z. B. aggressive, selektive, defensive F&E-Investitionen). Hierfür stehen verschiedene methodische Unterstützungen zur Verfügung, wobei im Folgenden das integrierte Markt- und Technologieportfolio nach McKinsey exemplarisch vorgestellt wird (vgl. Abbildung 20).

Durch das *integrierte Markt- und Technologieportfolio nach McKinsey* (auch Multifaktor-Portfolio-Methodik genannt) soll aufgrund der integrierten Betrachtung der Markt- wie der Technologieseite in einem gemeinsamen Portfolio eine einseitige (potenziell wichtige Indikatoren übersehende) Entscheidung vermieden werden. Hierfür wird zunächst für die identifizierten strategischen Geschäftsfelder und Technologien[209] aus den Daten der Marktanalyse ein *Marktportfolio* mit den Dimensionen ‚Marktattraktivität' (determiniert durch Indikatoren wie Marktgrößenentwicklung oder Wettbewerbsintensität) und ‚relative Marktposition' im Vergleich zum Wettbe-

---

206 Vgl. Bürgel et al. (1996: 81f.).
207 Vgl. Porter (1995: 78ff.).
208 Vgl. Bürgel et al. (1996: 83f.).
209 Krubasik (1982) verwendet die Begrifflichkeiten Technologie und Produktgebiet synonym, wohingegen Bürgel et al. (1996) zwischen strategischen Geschäftsfeldern im Marktportfolio und Technologien (bzw. Substitionstechnologien) im Technologieportfolio unterscheidet.

werb (determiniert durch Indikatoren wie nutzbare Marktposition oder Renditeaussichten) aufgestellt[210]. Ebenso wird auf Basis der Ergebnisse der Technologieanalyse ein *Technologieportfolio* mit den Achsen ‚Technologieattraktivität' und ‚relative Technologieposition'[211] erstellt. Die Attraktivität der Technologien wird nach McKinsey aus der Analyse des technologischen Potentials durch das S-Kurven-Konzept ermittelt.[212] Alternativ können auch Indikatoren für die Weiterentwickelbarkeit, den Zeitbedarf, den Anwendungsumfang bzw. den Diffusionsverlauf herangezogen werden. Die relative Technologieposition wird aus der eigenen technologischen Wettbewerbsposition im Vergleich zur Konkurrenz determiniert (etwa basierend auf dem eigenen Know-how oder der Finanzstärke).[213] In beiden Portfolios werden die zu betrachtenden Technologien (bzw. strategischen Geschäftsfelder) positioniert, wobei mit steigender Dimension (von links unten nach rechts oben) auch die Technologie- bzw. Marktpriorität zunimmt.[214] Ebenso können auch Substitutionstechnologien Berücksichtigung finden.[215]

Im nächsten Schritt wird durch das Zusammenführen dieser beiden Portfolios das *integrierte Markt- und Technologieportfolio* abgeleitet, das die Position der betrachteten Technologien bezüglich ihrer Markt- und Technologiepriorität wiedergibt. Dadurch können auch vielversprechende Technologien – selbst wenn sie aus einer reinen Marktbetrachtung nicht attraktiv wären – rechtzeitig erkannt und aufgebaut werden. Ebenso können F&E-Investitionen in ausgereizte Technologien verringert werden, obwohl sie aus Marktsicht weiterhin attraktiv sind. Somit kann es zu einer strategischen Empfehlung aufgrund eines hohen Markt- wie eines hohen Technologiepotentials kommen. Bei diesem Vorgehen wird ein eindeutiger Zusammenhang zwischen Geschäftsfeldern und eingesetzten Technologien angenommen. Technologien können jedoch in den verschiedenen Anwendungsfeldern unterschiedliche Eignungsgrade aufweisen, was zu unterschiedlichen Ergebnissen führen kann.[216]

---

[210] Alternativ auch als ‚Branchenattraktivität' und ‚relative Wettbewerbsposition' ausgeführt (vgl. Bürgel et al., 1996: 97).

[211] Alternativ auch als ‚technologische Ressourcenstärke' benannt (vgl. Bürgel et al, 1996: 97).

[212] Vgl. Bürgel et al. (1996: 96f.), Haag et al. (2011: 336f.) und Krubasik (1982: 30).

[213] Vgl. Pfeiffer et al. (1989: 88ff.).

[214] Vgl. Haag et al. (2011: 336).

[215] Vgl. Bürgel et al. (1996: 97).

[216] Vgl. Haag et al. (2011: 336f.) und Krubasik (1982: 30).

Abbildung 20: Beispiel eines integrierten Markt- und Technologieportfolios

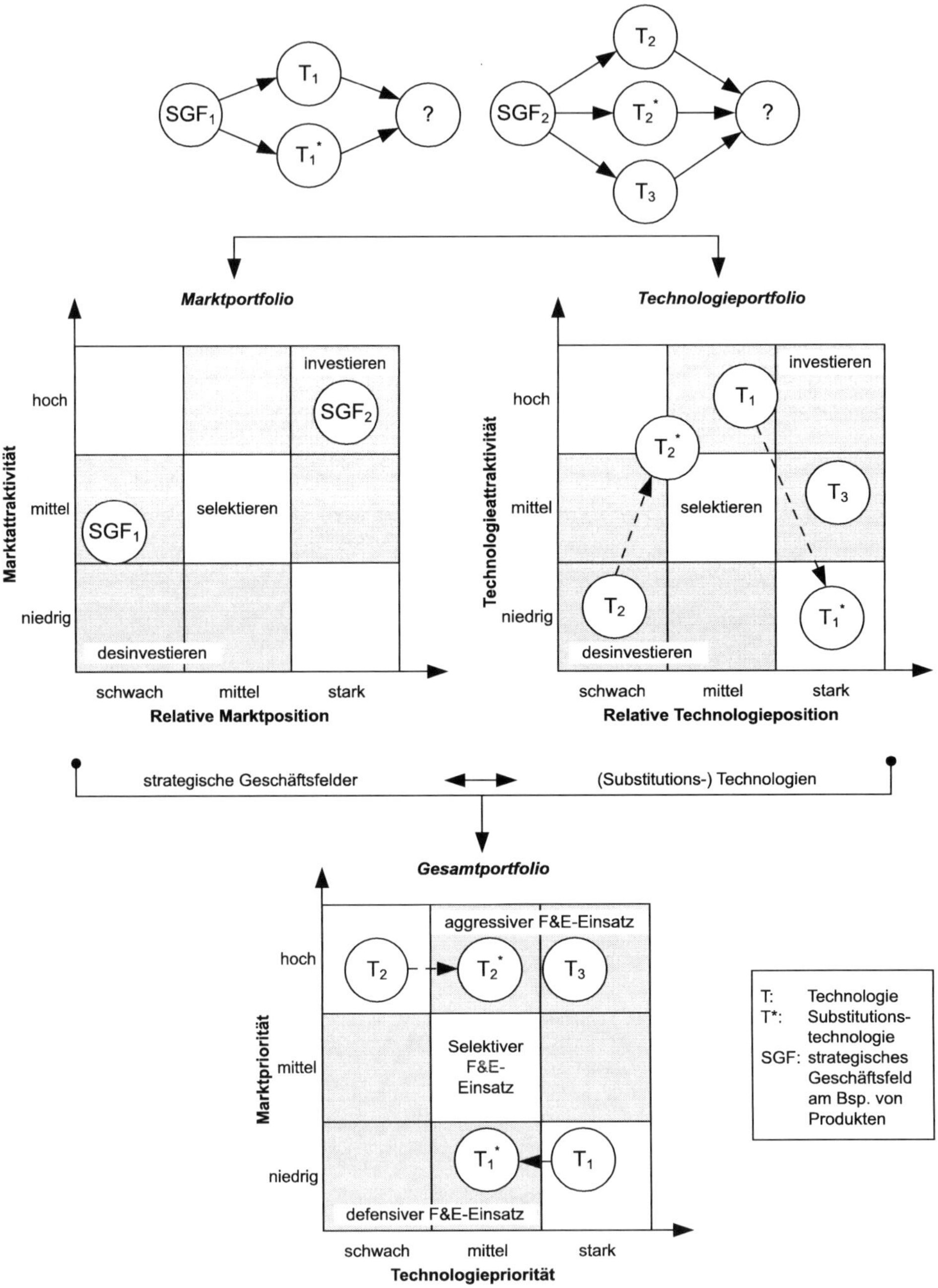

Quelle: Eigene Darstellung nach Bürgel et al. (1996: 97) und Krubasik (1982: 30)

Durch die Koppelung zwischen strategischen Geschäftsfeldern und eingesetzten Technologien im integrierten Markt- und Technologieportfolio lassen sich somit zielgerichtete *strategische Handlungsempfehlungen* für F&E-Ressourcen zusammenstellen:

- Aus den Marktprioritäten ist ableitbar, in welche strategischen Geschäftsfelder aus Sicht des Marktes bzw. der Branche investiert werden sollte (*Market Pull*).
- Mittels der Technologieprioritäten kann festgestellt werden, in welche Technologien aus technologischer Sicht investiert werden sollte (*Technology Push*).[217]

Die strategischen Handlungsempfehlungen geben jedoch nur eine grobe Richtung für den Ressourceneinsatz vor; jedes Feld der Matrix ist gesondert im Hinblick auf die Höhe des F&E-Aufwandes für die jeweilige Technologie zu untersuchen. Darüber hinaus ist festzulegen, wie die strategischen Optionen (aggressive, selektive, defensive F&E-Investitionen bzw. Investieren, Selektieren, Desinvestieren) hinsichtlich einer Technologieführer- oder Folgerrolle sowie Kooperations- bzw. Make-or-Buy-Entscheidungen auszugestalten sind.[218] In Abbildung 21 werden weiterführende strategische Handlungsempfehlungen für jeden der Quadranten des Gesamtportfolios aufgezeigt. Zwischen den beiden Extrema der Technologieführerschaft und dem Rückzug aus der Technologie werden Optionen wie der Aufbau bzw. die Akquisition von technologischen wie marktlichen Leistungspotentialen, Lizenznahmen bzw. -vergaben, F&E-Kooperation oder die Gründung von Spin-offs angeführt.[219]

Die Einordnung der Technologien (und damit die Bestimmung des F&E-Ressourceneinsatzes) erfolgt letztlich in einem intensiven Diskussionsprozess, für den diese Portfoliodarstellungen als Kommunikationsinstrument unterstützend eingesetzt werden können.

---

[217] Vgl. Bürgel et al. (1996: 96f.).
[218] Vgl. Bürgel et al. (1996: 98).
[219] Vgl. Ewald (1991: 177).

Abbildung 21: Weiterführende strategische Handlungsempfehlungen für den F&E-Ressourceneinsatz im integrierten Markt-Technologie-Portfolio

Marktpriorität \ Technologiepriorität	niedrig	mittel	hoch
hoch	**Selektieren** - Akquisition technologischer Leistungspotentiale z. B. Mitarbeiter - Lizenznahme - F&E-Kooperation	**Investieren** - Technologieführung - Technologiefolger	**Investieren** - Technologieführung
mittel	**Desinvestieren/ Selektieren** - Akquisition technologischer Leistungspotentiale z. B. Mitarbeiter - Rückzug aus der Technologie	**Selektieren** - Aufbau/Akquisition technologischer und marktlicher Leistungspotentiale - Technologiefolger	**Investieren** - Technologieführung - Technologiefolger
niedrig	**Desinvestieren** - Rückzug aus der Technologie	**Desinvestieren/ Selektieren** - Rückzug aus der Technologie - Spin-offs gründen - Lizenzen vergeben	**Selektieren** - Lizenzen vergeben - Aufbau einer neuen Geschäftseinheit (technology push) - Vertriebskooperation

Quelle: Eigene Darstellung nach Ewald (1991: 177)

4 Vorentwicklung

Die Vorentwicklung liegt zwischen der leistungspotentialorientierten Technologieentwicklung und der produktions- und verkaufsorientierten Produkt- und Prozessentwicklung (vgl. Abbildung 22).

Abbildung 22: Einordnung der Vorentwicklung

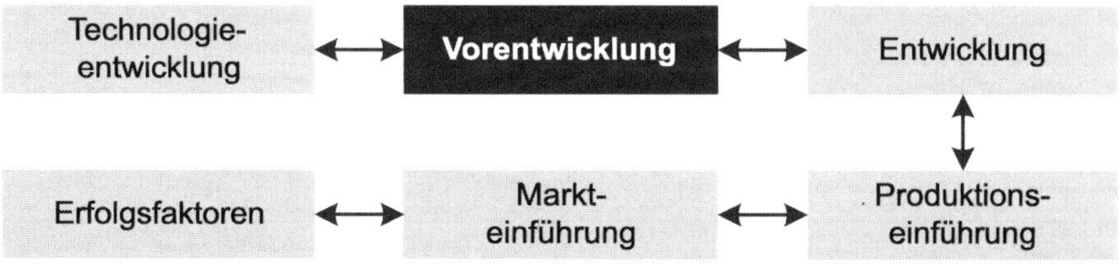

Quelle: Eigene Darstellung

In Unternehmen mit einer funktionsfähigen Technologieentwicklung und daraus resultierendem Technologiepool werden häufig neue Technologien in Vorentwicklungsprojekten umgesetzt. Welche Aufgabenstellungen es im Unterschied zur nachfolgenden Produkt- und Prozessentwicklung im Rahmen der Vorentwicklung gibt, illustriert das untenstehende Fallbeispiel.

Vorentwicklung bei der Mannesmann Pilotentwicklung

Im Jahre 1992 wurde die Mannesmann Pilotentwicklungsgesellschaft mbH (mpe) gegründet. Das Ziel dieser Gesellschaft war, in Zusammenarbeit mit den übrigen Unternehmen des Mannesmann-Konzerns durch den Einsatz innovativer Technologien Marktanteile zu sichern und neue Märkte zu erschließen. Somit zählten markt- und kundenorientierte Entwicklung und Umsetzung von Ideen für neue Produkte und neue Geschäftsfelder zu den Hauptaufgaben. Die Dauer bis zur Markteinführungsreife der Ideen lag durchschnittlich bei drei bis sieben Jahren. mpe bestand aus 25 Mitarbeitern (Ingenieure, Naturwissenschaftler, Informatiker und/oder Betriebswirte), die in der unternehmensübergreifenden Kooperation in interdisziplinär zusammengesetzten Teams zielorientiert zusammenarbeiteten. Die Teambildung erfolgte aufgrund interner Entwicklungsaufträge oder Kundenaufträge, wobei je nach Bedarf Spezialisten hinzugezogen wurden.

1992 wurde ein Projekt zur Verkehrstelematik gestartet. Grund dafür war die zunehmende Forderung nach einer Sicherung der Mobilität bei steigendem Verkehrsaufkommen und begrenztem Verkehrsraum. Da das Satellitennavigationssystem GPS und die Mobilfunktechnologie GSM als zukunftsfähige Technologien eingeschätzt wurden, entwickelte mpe in nur wenigen Wochen einen ersten Prototyp für ein neues Gebühreneinhebungssystem im Straßenverkehr. Daraus folgte das System zur infrastrukturlosen Autobahnmauterhebung, das 1994 auf seine Einsatzfähigkeit im Alltag getestet wurde. Viele weitere Systeme und Produkte von mpe und anderen Unternehmen des Mannesmann-Konzerns entstanden aus dem so gewonnenen Know-how.

Quelle: Vgl. Kainzbauer und Kaelber (1998: 467ff.).

Die Entwicklung funktionsfähiger Prototypen für ganze Produktkonzepte, Teilsysteme und komplexe Produktmodule steht im Mittelpunkt der Vorentwicklung. Die Unterschiede zwischen Vorentwicklung und Produkt- oder Prozessentwicklung liegen weniger in den eingesetzten Verfahren und Werkzeugen als vielmehr in der Art der Aufgabenstellung und der Ziele.

4.1 Ziele

Die *Ziele* der Vorentwicklung können in produkt- und unternehmensbezogene Ziele unterteilt werden. Dabei zählen zu ersteren

- eine *Beschleunigung* des Innovationsprozesses durch eine Entlastung der Produkt- und Prozessentwicklung von schwierigen Aufgaben,
- eine *Erhöhung der Qualität* der Entwicklung, mögliche Berücksichtigung im Frühstadium und weniger ungeplante Korrekturläufe (weniger ‚Kinderkrankheiten') sowie
- eine *Verminderung der Produkt- und Entwicklungskosten* durch Zielkostenmanagement und systematische, frühzeitige Make-or-Buy-Entscheidungen.

Zu den unternehmensbezogenen Zielen gehören

- eine generelle *Stärkung der Wettbewerbsfähigkeit* durch die oben genannten Bereiche und
- eine *Stärkung der Kundenbindung* durch strategische und innovative Zusammenarbeit.[220]

[220] Vgl. Specht et al. (2002: 115f.).

4.2 Voraussetzungen

Angesichts der Sonderstellung der Vorentwicklung im Innovationsprozess müssen unter anderem folgende Voraussetzungen gegeben sein:

- Eine große Bedeutung kommt der sorgfältigen Planung der notwendigen personellen Ressourcen zu, um einen Effektivitäts- und Effizienzverlust in der Vorentwicklung zu vermeiden. Tatsächlich wird in der Praxis häufig Personal zum *‚Troubleshooting'* für die Hauptentwicklung abgezogen.
- Der Bau eines Prototyps ist häufig mit hohen Kosten verbunden. Im Budget soll daher darauf geachtet werden, dass ausreichend *finanzielle Ressourcen* vorhanden sind.
- Für Innovationen im Vorentwicklungsstadium können Entwickler kaum auf vorhandene Lösungen zurückgreifen. Deswegen empfiehlt sich die Schaffung eines *‚Freiraums'* für unkonventionelle, revolutionäre Gedanken. Dies umfasst auch den geeigneten Umgang mit Fehlschlägen, um die Kreativität nicht einzudämmen.
- Es ist sicherzustellen, dass der *Wissenstransfer* der Ergebnisse aus der Vorentwicklung in die anschließende Produkt- und Prozessentwicklung gewährleistet wird. Dies gestaltet sich besonders dann schwierig, wenn verschiedene Organisationseinheiten mit diesen Aufgaben betraut sind.
- Ein gezieltes *Risikomanagement* ist angesichts des in Vorentwicklungsprojekten typischerweise erhöhten Risikos unabdingbar, um Kostenexplosionen zu vermeiden und das Gesamtrisiko im Unternehmen auf einem akzeptablen Niveau zu halten.[221]

[221] Vgl. Specht et al. (2002: 119f.).

5 Entwicklung

Der Entwicklungsphase (vgl. Abbildung 23) kommt eine zentrale Rolle im Innovationsprozess zu. Sie ist in der Regel arbeitsteilig organisiert, sodass das Management dieser Phase meist vergleichsweise komplex ist.

Abbildung 23: Einordnung der Entwicklung

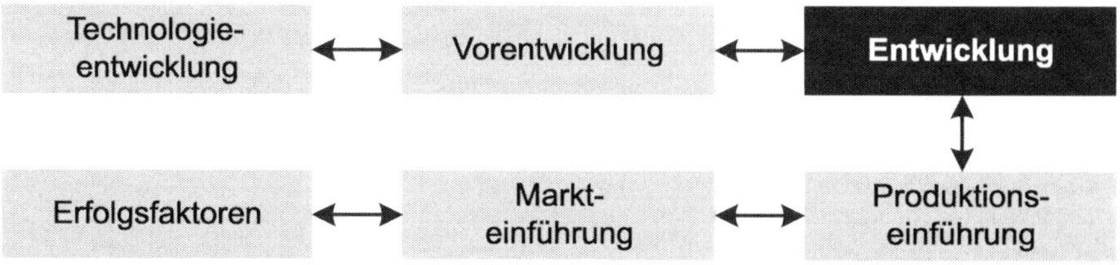

Quelle: Eigene Darstellung

Der Aufbau dieses Kapitels orientiert sich am Stufenmodell nach Specht et al. (vgl. Abbildung 24), das grob zwischen *Planungs-* und *Realisierungsphase* unterscheidet und deren Teilprozesse nachfolgend näher diskutiert werden.[222]

Abbildung 24: Stufenmodell der Entwicklung neuer Produkte und Prozesse

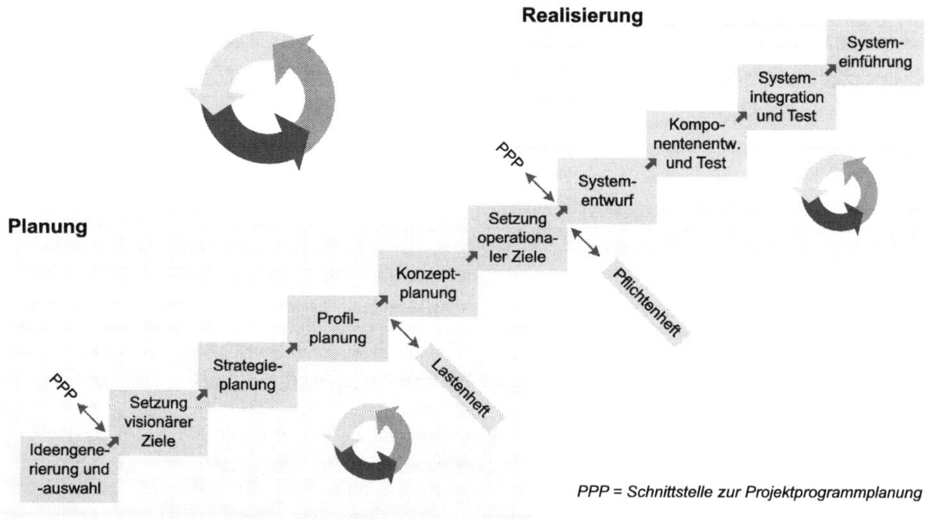

Quelle: Eigene Darstellung in Anlehnung an Specht et al. (2002: 148)

---

[222] Vgl. Specht et al. (2002: 143ff.).

5.1 Planungsphase

Die Planung neuer Produkte und Prozesse umfasst die Phasen der Ideengenerierung und -auswahl, Setzung visionärer Ziele, Strategieplanung, Profilplanung, Konzeptplanung und – überschneidend mit der Realisierungsphase – die Setzung operationaler Ziele (vgl. Abbildung 25).

Generell wird unter Planung ein *„systematisches, zukunftsbezogenes Durchdenken und Festlegen von Zielen, Maßnahmen, Mitteln und Wegen zur Zielerreichung"*[223] verstanden. Diese Definition beinhaltet die oben erwähnten Komponenten der Produkt- und Prozessplanung, auf die nun detailliert eingegangen wird.

Abbildung 25: Planungsphase der Produkt- und Prozessentwicklung

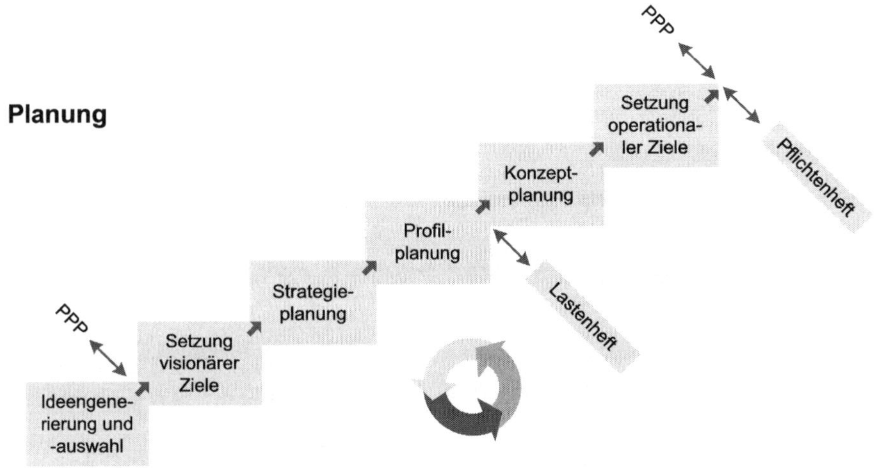

Quelle: Eigene Darstellung in Anlehnung an Specht et al. (2002: 148)

5.1.1 Ideengenerierung und -auswahl

Eine Initialidee gibt oft den Anstoß für ein Entwicklungsprojekt. Diese Idee kann aus einer der zahlreichen Ideengenerierungsmethoden stammen, aus dem eher zweckorientierten Nachfragesog der Kunden (*Demand Pull*) oder auch aus einem eher mittelorientierten Technologieschub der unternehmensinternen Leistungspotentiale (*Technology Push*) resultieren.

„Die Ideengenerierung ist ein kreativ-schöpferischer Akt der aktiven Suche oder des passiven Findens von neuen Ideen."[224] Zur systematischen Unterstützung der Ideengenerierung können Methoden der Kollektionsverfahren und Kreativitätstechniken herangezogen werden.

---

223 Wild (1981: 13)

224 Vgl. Specht et al. (2002: 136).

5.1.1.1 Kollektionsverfahren

Kollektionsverfahren werden angewendet, um sämtliche interne und externe Ideenquellen systematisch auszuschöpfen. Zu den internen zählen insbesondere Mitarbeiter und unternehmenseigene Unterlagen.[225] Externe Ideenquellen sind beispielsweise Fachliteratur, Patente und Schutzrechte, Konkurrenzanalysen, Lieferanten, Kunden, Messebesuche.[226] In welchem Ausmaß die jeweiligen externen Informationsquellen in kleineren und mittleren Betrieben genutzt werden, zeigt Abbildung 26.

Abbildung 26: Häufigkeit von genutzten Informationsquellen für Innovationsvorhaben kleiner und mittlerer Betriebe

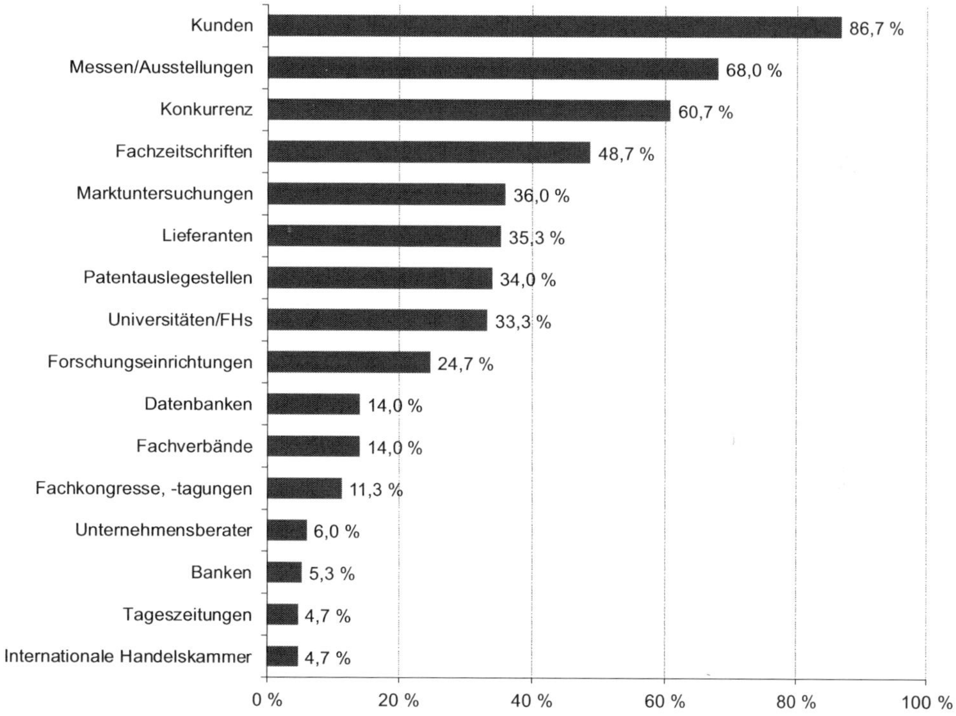

Quelle: Eigene Darstellung nach Staudt et al. (1992: 1001)

[225] Vgl. Vahs und Burmester (2002: 158ff.).

[226] Vgl. Kramer (1987: 308) sowie Vahs und Burmester (2002: 145ff.).

5.1.1.2 Kreativitätstechniken

Im Gegensatz zu Kollektionsverfahren beschäftigen sich die Kreativitätstechniken nicht mit der Sammlung von Informationen für neue Ideen, sondern *„unterstützen gezielt die heuristischen Prinzipien, die im menschlichen Denkprozess unterbewusst zur Ideengenerierung verwendet werden“*[227]. Mit einer Gruppengröße von fünf bis sieben Personen wird die größte Wirkung erreicht.[228] Offene Kommunikation bei der Entscheidung über Gruppengröße und -mitglieder soll eine kreativitätsfördernde Atmosphäre schaffen. Um ein möglichst breites Ideenspektrum abdecken zu können, empfiehlt sich eine interdisziplinäre Besetzung bestehend aus Moderator, Experten verschiedener Bereiche, Mitgliedern der Geschäftsführung, Kunden und Lieferanten sowie einem ‚besonders kreativen Querdenker'. Darüber hinaus ermöglicht der kombinierte Einsatz mehrerer Kreativitätstechniken, dass sich unterschiedliche methodische Ansätze gegenseitig ergänzen.[229]

Im Folgenden werden einige Kreativitätstechniken mit Verfahrensweise und Zielsetzung im Überblick vorgestellt: Brainwriting (Methode 635), Brainstorming, Brainwalking, Morphologische Kasten sowie Synektik (siehe Abbildungen 27 bis 32).

Abbildung 27: Brainwriting (Methode 635)

Vorbereitung:	- Bei sozial homogenen Gruppen: Teilnehmer analysieren und strukturieren das Problem in einer mündlichen Diskussion. - Bei sozial heterogenen Gruppen: Externe Vorgabe des Problems.
Ablauf:	- Jeder der 6 Teilnehmer schreibt auf ein vorbereitetes Formular 3 Ideen, die in einem 5-fachen Durchlauf von den anderen Teilnehmern im Detail weiterentwickelt oder mit einer Idee ergänzt werden.
Auswertung:	- Präzise Auswertung der Formulare notwendig.
Zielsetzung:	- Verbindung der Vorteile des Brainstormings mit der Leistungsfähigkeit konzentrierten individuellen Arbeitens. - Zwang zu präziser Dokumentation und zeitlicher Beschränkung.
Zielerreichung:	- Förderung eher inkrementeller Innovationen infolge mangelnder Unterstützung des Stretchings. - Frühes Ausfiltern von „schlechten Ideen“.

Quelle: Specht et al. (2002: 139)

227 Specht et al. (2002: 137)
228 Vgl. Geschka und Yildiz (1990: 37).
229 Specht et al. (2002: 138f.)

Abbildung 28: Brainstorming

Vorbereitung:	- Teilnehmer erhalten vor der Sitzung ein unstrukturiertes Problem. - Gruppenbildung fachlich heterogen und sozial homogen vollziehen. - Moderator benötigt keine sachliche, sondern methodische Kompetenz.
Ablauf:	- Die vier Grundregeln des Brainstormings: 1. Kritik und Bewertung während der Sitzung ist verboten. 2. Herumspinnen und Fantasieren ist ausdrücklich erwünscht. 3. Es soll eine möglichst große Anzahl von Ideen gesammelt werden. 4. Ideen sind wechselseitig aufzugreifen und weiterzuentwickeln. - Moderator fördert Ideenfluss durch die Einhaltung der Regeln.
Auswertung:	- Per Flipchart, Tonband oder Video werden Ideen festgehalten und anschließend systematisiert, ergänzt und bewertet.
Zielsetzung:	- Stärkung der Intuition in der Gruppe durch die Anregung zum wechselseitigen Aufgreifen von Ideen und assoziativer Weiterentwicklung. - Abdeckung eines breiten Ideenspektrums
Zielerreichung:	- Förderung der Qualität und Quantität der Ideengenerierung durch Gruppeninteraktion. - Stärkung der Ideendurchsetzung durch höhere Identifikation.

Quelle: Specht et al. (2002: 138)

Abbildung 29: Brainwalking

Vorbereitung:	- Aufteilung der Teilnehmer in kleine, heterogene Gruppen (ca. je 5-6 Personen). - Mehrere Flipcharts mit jeweils einer Frage zur Problemstellung werden im Raum verteilt.
Ablauf:	- Jeder Teilnehmer erhält einen Stift, „wandert" durch den Raum zu den verschiedenen Flipcharts und schreibt auf jedem Flipchart Lösungsmöglichkeiten bzw. Anmerkungen zur gestellten Frage auf. - Jeder Teilnehmer soll mindestens zwei Durchgänge machen (d.h. jeder soll an jedem Flipchart mindestens zweimal vorbeikommen). Dadurch können Ideen der anderen Teilnehmer „weitergesponnen" werden. - Regeln wie beim Brainstorming, es soll jedoch während des Brainwalking nicht diskutiert werden!
Auswertung:	- Nach der Phase der Ideengenerierung kommt es zur Bewertungsphase, in der jeder Teilnehmer die drei besten Ideen auf jedem Flipchart auswählt und markiert. - Die Flipcharts mit den Fragestellungen werden auf die Gruppen aufgeteilt. - Jede Gruppe diskutiert die drei bis fünf am häufigsten genannten Lösungsvorschläge der ihr zugeteilten Fragestellungen. - Nach der Diskussion in der Gruppe werden die Ergebnisse mittels Flipchart zusammengefasst und den anderen Gruppen präsentiert.
Zielsetzung:	- wie beim Brainstorming - gesteigerte Kreativität bei Bewegung (statistisch erwiesen)
Zielerreichung:	- wie beim Brainstorming

Quelle: Eigene Darstellung in Anlehnung an Kaan [Zugriff am 15.02.2006]

Abbildung 30: Morphologischer Kasten

Vorbereitung:	- Abgrenzung und sachliche Durchdringung des Problembereichs.
Ablauf:	- Entwicklung prinzipieller Lösungsdimensionen des Problems. • Bestimmung des vollständigen und überschneidungsfreien Parametersatzes (z. B. Antrieb, Fahrgestelle, Karosserie etc.). • Ableitung von alternativen und konkreten Ausprägungen der Parameter (z. B. Otto-Motor, Diesel-Motor etc. für den Antrieb) - Erzeugung von alternativen Lösungsvektoren durch Kombination von Ausprägungen (Alternativenanzahl = Produkt der Ausprägungen). Siehe auch Beispiel in Abbildung 31.
Auswertung:	- Beherrschung der Komplexität mithilfe von Negativ-Katalogen, k.o.-Regeln, Gewichtung der Parameter mit ihrer relativen Bedeutung etc. - Ermittlung des Zielerreichungsgrads jeder Lösungsalternative.
Zielsetzung:	- Entwicklung kreativer Parameter und Ausprägungen. - Systematische und analytische Ableitung von Lösungsprinzipien für ein Problem.
Zielerreichung:	- Besonders geeignet für die konzeptionelle Gestaltung von Produkten und Prozessen. - Gefahr hoher Komplexität durch prozedurale Trennung von Alternativengenerierung und -bewertung.

Quelle: Specht et al. (2002: 139)

Abbildung 31: Beispiel eines Morphologischen Kastens: Waschmittelverpackung

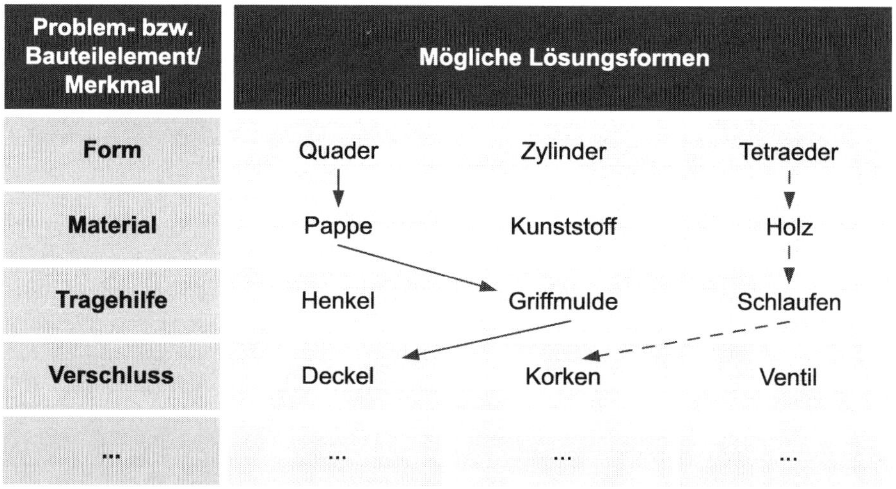

Quelle: Eigene Darstellung nach Becker (2018: 97) und Kupsch et al. (1991: 1112)

Abbildung 32: Synektik

Vorbereitung:	- Gruppenbildung synektisch geschulter Mitglieder. - Definition, Analyse und Strukturierung des Problems in einer Gruppendiskussion.
Ablauf:	- Verfremdung (Inkubation) durch örtliche, zeitliche und sachliche Entfernung von dem Problem (Analogie zur Natur, zu persönlichen Erlebnissen etc.). - Analyse der Analogie mit dem Ziel, aus deren Strukturmerkmalen und Prinzipien Lösungsideen für das Problem abzuleiten; Verknüpfung von Analogie und Problem (intuitive Konfrontation) per Assoziation und Strukturübertragung.
Auswertung:	- Überprüfung und Detaillierung der Lösungsidee.
Zielsetzung:	- Verstärkung der intuitiven Konfrontation durch gezielte Verfremdung des Problems. - Nachahmung des Kreativitätsprozesses von Geistesblitzen, die durch die Beschäftigung mit problemfremden Objekten hervorgerufen werden.
Zielerreichung:	- Besondere Eignung für sehr innovative Problemlösungen. - Akzeptanzprobleme durch die Verfremdung mit persönlichen Analogien.

Quelle: Specht et al. (2002: 139)

Weitere in der Praxis angewandte Kreativitätstechniken sind die Methode der ‚Sechs Denkhüte' und TRIZ (Theorie des erfinderischen Problemlösens).

Die von Edward de Bono entwickelte Methode des *6-Hut-Denkens* stellt eine Technik zum Perspektivenwechsel dar. Sie ermöglicht dem Teilnehmer durch ‚Aufsetzen' einer der sechs Hüte, die verschiedene Perspektiven (‚Denk-Rollen') repräsentieren (z. B. pessimistische oder optimistische Einstellung, emotionale oder Fakten bezogene Sichtweise), sich auf eine Denkweise zu konzentrieren.[230]

TRIZ wurde mit dem Ziel konzipiert, Lösungen systematisch zu entwickeln, ohne dabei Kompromisse eingehen zu müssen. Die vom russischen Wissenschaftler Genrich Altschuller erfundene Methode basiert auf der Erkenntnis, dass der Weg zu einer Erfindung gewissen Gesetzmäßigkeiten und Regeln folgt. Es werden systematisch Zielkonflikte gesucht, um diese mithilfe der TRIZ-Werkzeuge zu überwinden und unerwartete Lösungen zu finden.[231]

---

230 Vgl. de Bono (1987: 199ff.).

231 Vgl. TRIZ Zentrum Österreich [Zugriff am 15.02.2006].

5.1.1.3 Bionik – Ideen aus der Natur

Eine interessante und noch junge Wissenschaftsdisziplin, die sich in der Ideenfindung, an Lösungen aus der Natur orientiert, ist die Bionik, eine Wortschöpfung aus den Begriffen **Bio**logie und Tech**nik**. Diese befasst sich „*...systematisch mit der technischen Umsetzung und Anwendung von Konstruktionen, Verfahren und Entwicklungsprinzipien biologischer Systeme*"[232], zielt also auf die Übernahme von Lösungen aus der Natur für die Technik ab. Der Vorteil liegt unter anderem darin, dass die Natur im Laufe von drei Milliarden Jahren Problemlösungen gefunden hat, die häufig besser optimiert sind als die Erfindungen des Menschen. Umweltfreundlichkeit und der effizientere Einsatz von Material sind die Kennzeichen solcher bionischer Lösungen.[233]

Die technologische Entwicklung hat entscheidend zu unserem heutigen Wohlstand beigetragen und konnte die Menschheit vor vielen Naturkatastrophen und Krankheiten bewahren. Kehrseite dieser Leistungen der Technik sind die damit einhergehenden Umweltbelastungen. Auch hier kann die Natur als Vorbild dienen, denn sie schafft durch wechselseitige Anpassung ihrer Systeme ein stabiles Gleichgewicht.[234] Erfolgreiche biologische Funktionsprinzipien können einen wichtigen Beitrag zur Nachhaltigkeit der Wirtschaft leisten, besonders hinsichtlich der Entwicklung umweltschonender Technologien. Dabei geht es bei der Bionik nicht um das bloße Kopieren der Natur, sondern vielmehr um das Übertragen einer Lösung der Natur in die Technik.[235] Bioniker lernen somit von den natürlichen Bauplänen und nehmen entsprechende Anregungen auf.

Voraussetzung dafür ist jedoch eine interdisziplinäre Zusammenarbeit von Biologen und Technikern. Ein gegenseitiges ‚Öffnen der Disziplinen' ist gefragt und impliziert, dass sich alle Beteiligten auf die ‚Sprache' der jeweils anderen Disziplin einlassen. Dass dies möglich ist, belegen die bisherigen Ausbildungserfolge im Bereich Bionik. Die größte Vielfalt an Ausbildungsmöglichkeiten gibt es in Deutschland und Großbritannien, aber auch in der Schweiz und in Österreich (TU Wien) gibt es vereinzelt Vorlesungen zur Bionik.[236] Die Möglichkeiten, sich in dieser Wissenschaftsdisziplin weiterzubilden, sind in den vergangenen Jahren stark angestiegen und es wird prognostiziert, „*...dass sich das Lehrangebot im Bereich Bionik in den nächsten Jahren noch ausweiten wird.*"[237]

Eine wichtige Frage in der Wissenschaftsdisziplin Bionik ist die der konkreten wirtschaftlichen und nachhaltigen Anwendung – insbesondere im Hinblick auf den Innovationstransfer der Lösungen aus der Natur. Hierfür kann beispielsweise eine Ähnlichkeitsmatrix angewendet werden. Dabei werden das biologische Vorbild und

---

232 Neumann (1993: 10)
233 Vgl. Marguerre (1991: 11).
234 Vgl. Rechenberg [Zugriff am 15.02.2006].
235 Vgl. Nachtigall [Zugriff am 15.02.2006].
236 Vgl. Nachtigall und Braun (2004: 325f.).
237 Nachtigall und Braun (2004: 326)

das technische Abbild nach bestimmten Kriterien (z. B. Güte, Funktion, Randbedingung, Wirtschaftlichkeit, Nachhaltigkeit und Durchsetzbarkeit im Biotop/Marktakzeptanz) auf ihre Ähnlichkeit überprüft.[238]

„Die Natur optimiert aus dem Wirkungsnetz des betrachteten Organismus heraus, während die Technik in der Regel den kausalen Weg additiver Fortschritte geht. Sollen neu entwickelte Bionik-Produkte aber die technischen Leistungen ihrer biologischen Vorbilder widerspiegeln, dann müssen in strengem Sinn die aufgestellten Ähnlichkeitskriterien erfüllt sein."[239]

Einzuschränken ist jedoch, dass diese strenge Erfüllung der Ähnlichkeitskriterien selten der Fall ist, weshalb punktuelle, teilanaloge Vergleiche mit der Hoffnung auf nachfolgende Analogie-Ergänzung durch technische Fortschritte angewendet werden.[240]

Durchgeführte Interviews mit Entwicklern bionischer Produkte (betrachtet wurden drei Kategorien) zeigen, dass es in der Regel bis zu fünf Jahre bis zum Vorliegen des ersten Prototyps dauert. Weitere fünf Jahre werden im Durchschnitt für die Anwendungsentwicklung aufgewendet, bis die Marktreife erreicht ist. Für den im Folgenden beschriebenen Lotus-Effekt wurde sogar ein- bis eineinhalb Jahrzehnte an der Erforschung pflanzlicher Oberflächen gearbeitet, bis die bionische Entwicklung Anfang der 1990er-Jahre beginnen konnte. Küppers argumentiert jedoch, dass Kooperationen zwischen Bionikern und Unternehmen in frühen Phasen der Entwicklung die Zeitspanne zwischen Idee und (marktfähigem) Produkt vermutlich deutlich reduzieren könnten. Die bionischen Produkte aus allen drei Kategorien haben – so die generelle Aussage aus den Interviews – sowohl ökonomische als auch ökologische Vorteile gegenüber marktgängigen Konkurrenzprodukten. Darüber hinaus sind aus dem Großteil der Bionik-Produkte erweiterte Anwendungen absehbar. Einschränkend ist jedoch anzumerken, dass der nachhaltige Wert bionischer Produkte noch zu wenig erkannt wird; nicht selten ist es auch Unwissenheit über das Innovationspotenzial von Bionik.[241]

Im Folgenden werden Beispiele dargestellt, die die Bedeutung der Bionik im Produktentwicklungsprozess und deren Innovationspotenzial unterstreichen sollen.

---

238 Vgl. Küppers (2004: 319).
239 Küppers (2004: 319)
240 Vgl. Küppers (2004: 319).
241 Vgl. Küppers (2004: 320ff.).

Der Lotus-Effekt

Das natürliche Vorbild für den sogenannten „Lotus-Effekt" ist die Lotusblüte. Diese Blüte verfügt über einen Selbstreinigungsmechanismus, der es ihr ermöglicht, sich gegen den allgegenwärtigen Schmutz anorganischer Natur (verschiedene Stäube, Ruß) oder biologischen Ursprungs (Pilzsporen, Konidien, Honigtau, Algen) zu schützen. Durch die detaillierte Untersuchung dieses Prinzips und die Übertragung dieser Eigenschaft auf technische Oberflächen können fast alle im Freiland befindlichen Materialien durch Regen gereinigt werden.

Schon Mitte der 1970er-Jahre wurde an der Universität Bonn beobachtet, dass die Oberflächen bestimmter Pflanzen kaum verschmutzen. Dieses Phänomen ist immer mit einer Mikrostrukturierung der Oberfläche und aufgelagerten, Wasser abstoßenden Wachskristallen verbunden. Daher wurde vermutet, dass die wichtigste Funktion dieser Strukturierung der Schutz vor dauerhafter Kontamination ist. Der dabei entdeckte Zusammenhang zwischen Chemie, Ultrastruktur, Benetzbarkeit und Verschmutzbarkeit von Oberflächen wurde als „Lotus-Effekt" bezeichnet. Dieser Effekt wurde auch bei anderen Gewächsen (Kohl, Schilf, Tulpen etc.) und bei Tieren (Libellen- und Schmetterlingsflügeln) beobachtet. Erst in den letzten Jahren haben Forschung und Industrie intensive Anstrengungen zur Entwicklung derartiger Oberflächen unternommen, da bis vor kurzem die Tatsache, dass eine raue Oberfläche Grundlage für eine saubere Oberfläche sein kann, übersehen wurde. Derzeit wird auch an der Umsetzung von sogenannten ultraphoben (d.h. weder von Wasser noch von Öl benetzten) Oberflächen gearbeitet. Mögliche Anwendungsgebiete dafür wären die Beschichtung von Fassaden, Dächern und Textilien sowie die Lackindustrie.

Quelle: Vgl. Universität Bonn [Zugriff am 15.02.2006].

Während der oben beschriebene Lotus-Effekt in den Bereich Strukturbionik einzuordnen ist, zählen die im Folgenden angeführten Bemühungen, den Reibungswiderstand zu verringern, zum Teilbereich Bewegungsbionik.

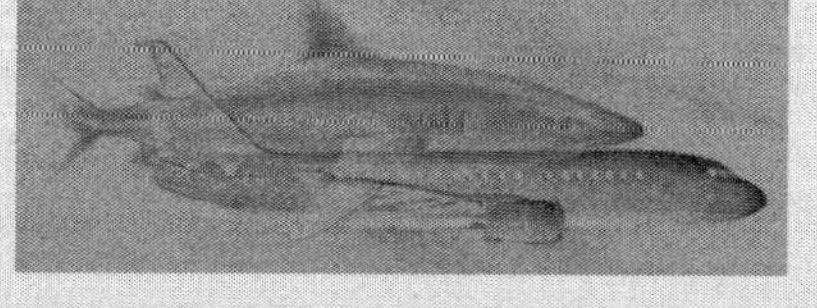

Reibungswiderstand verringern

Untersuchungen des Paläontologischen Instituts der Universität Tübingen zum Strömungsverhalten von Haifisch-Schuppen (Struktur der Haifischhaut) führten zur Entwicklung einer speziellen Klebefolie durch das Unternehmen 3M. Tests der Deutschen Forschungsgesellschaft für Luft- und Raumfahrt Berlin im Strömungskanal ergaben, dass diese Spezialfolie eine Verringerung des Reibungswiderstandes von bis zu acht Prozent ermöglicht. Dies entspräche einer Treibstoffeinsparung von 2,4 Tonnen pro Langstreckenflug und Flugzeug.

Der Flugzeughersteller Airbus stellte fest, dass die Reduktion des Widerstands von mit derartigen Folien beklebten Flugzeugen (Airbus 320) bei 1,5 bis drei Prozent liegt.

In der Praxis konnte sich diese bionische Innovation jedoch nicht durchsetzen. Die Gründe dafür waren einerseits das Gewicht der Folien, das den Kerosinverbrauch wieder ansteigen ließ, andererseits die Abnutzung der Folien sowie die Schwierigkeiten, diese zu reinigen und zu enteisen.

Inzwischen gibt es weitere Forschungsanstrengungen auf diesem Gebiet. So zum Beispiel von Jens Fransson und seinem Team vom Königlichen Institut für Technologie in Stockholm. In Versuchen im Windkanal konnte festgestellt werden, dass die Bildung von Turbulenzen durch die Anbringung kleiner zylindrischer Noppen von ca. 1,4 Millimetern Höhe an einer glatten Oberfläche (z. B. an Jethüllen) vermutlich gesenkt werden kann und somit der Treibstoffverbrauch reduziert wird.

Die Noppen bewirken einen verzögerten Übergang der Strömung zu einer Turbulenz, denn direkt hinter der Anströmungskante bilden sich für gewöhnlich Turbulenzen, die zu einem erheblichen Ansteigen des Luftwiderstandes führen können. Durch die zylindrischen Erhebungen im vorderen Teil der Oberfläche kann die Luftströmung in kleine Strömungsfäden aufgespaltet werden. Unklar ist bis dato jedoch noch, wie hoch der durch die Noppen verursachte Luftwiderstand zu beziffern ist.

Quelle: Vgl. Kainzbauer und Kaelber (1998: 467ff.), Kugler [Zugriff am 12.04.2006] sowie Fransson et al. (2006: 1ff.).

Ein weiteres Beispiel für die Bionik kommt aus der Automobilindustrie. Die BMW Group unternimmt große Anstrengungen mit dem Ziel, das Gewicht von Automobilen deutlich zu senken, und orientiert sich dabei an den Problemlösungen der Natur.

Das Bessere suchen, von der Natur lernen

„Manchmal bedeutet Vorreiterschaft, ganz weit zurückzugehen. Ideen aufzunehmen, die mit dem eigenen Geschäft scheinbar nichts zu tun haben. Prinzipien umzusetzen, die revolutionär wirken, aber evolutionär über Hunderttausende von Jahren optimiert wurden.

Die Ingenieure der BMW Group tun dies, indem sie sich unter anderem von Vogelfedern, den Strömungsprinzipien von Flüssen, Elefantenschädeln oder dem Körperbau eines Pferdes inspirieren lassen. Denn Automobilentwickler stehen bei ihrer Arbeit häufig vor genau denselben Problemen, die auch die Natur bewältigen muss. Genauer gesagt: die diese auf geniale Weise bereits bewältigt hat. Eine zentrale Herausforderung besteht beispielsweise darin, mobile Organismen mit einer Vielzahl von Fähigkeiten und Eigenschaften auszustatten, ohne sie deshalb übermäßig zu belasten. Denn mehr Masse bedeutet immer höheren Energieverbrauch und geringere Mobilität – auf der Straße genauso wie in der Natur. [...]

> [Die Evolution hat] die Kunst des ‚intelligenten Leichtbaus' im Laufe der Jahrmillionen immer weiter perfektioniert. Vogelfedern beispielsweise sind wahre Muster an Robustheit, Flexibilität und Leichtigkeit – und damit ideale Vorbilder für die Funktionsprofile von Hinterachsen, die ebenfalls eine hohe Belastung aushalten müssen, ohne deshalb zu viel Gewicht auf die Straße zu bringen. Auch die Schädel von Elefanten, die Lasten von mehreren hundert Kilogramm spielend verschieben können, sind erstaunlich filigran konstruiert und gleichzeitig nur ein paar Kilogramm schwer. Pferde wiederum verfügen dank einer ausgeklügelten Knochenstruktur über ein äußerst günstiges Verhältnis ihrer ‚tragenden Teile' zum Gesamtgewicht (ein Umstand, der die Ingenieure unter anderem bei der Konstruktion des Armaturenbretts für den neuen BMW 3er inspiriert hat).
>
> Vorbilder wie diese lassen sich in der Natur unzählbar viele finden. Dabei erreichen Pflanzen und Tiere mit weitaus geringerem Materialeinsatz häufig höhere Wirkungsgrade als selbst die ausgefeiltesten technischen Innovationen. Das mag überraschend klingen, wird aber verständlich angesichts der Tatsache, dass natürliche Konstruktionsprinzipien mitunter Millionen von Jahren der Erprobung und kontinuierlichen Verbesserung hinter sich haben. [...]
>
> [Die Bionik ist für] Entwickler der BMW Group ein etablierter Teil ihres Alltags. Die extrem belastbare Aluminiumfelgenstruktur des Motorrads BMW K1200 S beispielsweise ist dem Aufbau von Säugetierknochen nachempfunden. Die ‚Air Intake Pipe', über die der Dieselmotor Verbrennungsluft ansaugt, wurde analog der Strömungslinien von Flüssen optimiert. Und bei den BMW Limousinen der aktuellen BMW 3er und 5er Reihe ist es den Ingenieuren auch dank bionischer Prinzipien gelungen, das Gesamtgewicht trotz deutlich erhöhter Komfort- und Sicherheitsausstattung konstant zu halten beziehungsweise sogar zu senken. Weniger Gewicht bedeutet aber auch geringeren Treibstoffverbrauch und damit einen verminderten Ausstoß an Schadstoffen. Auf diese Weise haben die Konstrukteure der Natur nicht nur ein Erfolgsprinzip entlehnt, sondern ihr gleich auch etwas zurückgeben können."
>
> *Quelle: Auszüge aus BMW Group (2005: 18).*

Die Wissenschaftsdisziplin Bionik lässt sich in elf verschiedene Gebiete gliedern. In den Beispielen bereits erwähnt wurden die Bewegungs-, Struktur- und Konstruktionsbionik. Daneben findet sich nach Nachtigall[242] noch die Baubionik, Klimabionik, Gerätebionik, Anthropobionik, Sensorbionik, Neurobionik, Verfahrensbionik und die Evolutionsbionik. Informationen zu diesen Teilbereichen, aktuelle Forschungsprojekte und -ergebnisse um die Bionik sowie Informationen zu Ausbildungsmöglichkeiten in dieser Disziplin stellt die in Deutschland gegründete Institution BioKon (Forschungsgemeinschaft Bionik-Kompetenznetz e.V.) zur Verfügung. Mitglieder dieses Netzwerks sind großteils deutsche Hochschulen und Universitäten sowie Forschungsinstitute und Kooperationspartner aus der Wirtschaft.[243]

---

242 Vgl. Nachtigall (2002: 10f.).

243 Weiterführende Informationen zum BioKon sind unter https://www.biokon.de [Zugriff am 28.02.2020] abrufbar.

5.1.1.4 Ideenauswahl

Die in der Phase der Ideengenerierung gewonnenen Initialideen können aus einer Fülle von Quellen stammen und somit sehr vielfältig sein.[244] Diese Initialideen werden im nächsten Schritt zu groben Projektentwürfen verdichtet, bevor entschieden wird, welche davon realisiert werden.[245] Dafür wird zunächst die *Bewertung* der Ideen und darauf aufbauend die *Ideenauswahl* in einem möglichst effizienten und übersichtlichen Verfahren durchgeführt.[246]

Bei der Bewertung der Ideen können etwa die technische Realisierbarkeit, der potenzielle Markterfolg oder der Beitrag zu Unternehmenszielen als Kriterien herangezogen und der Beitrag der Ideen zur Umsetzung der Innovationsstrategie beurteilt werden.[247] Von Stufe zu Stufe des Auswahlprozesses steigt dann die Anzahl und Differenziertheit der Kriterien, die zur Anwendung gelangen, die anfangs oft vagen Ideen der Ideengenerierung werden konkretisiert und die Vorschläge für ein besseres Verständnis detaillierter ausgestaltet.[248]

Da in der Phase der Ideenauswahl der Informationsgrad noch relativ gering ist, werden vor allem *qualitative Verfahren* (verbale Einschätzungen, Checklisten, Auswahl nach Muss-/Sollkriterien, duale Bewertungsverfahren, ganzheitliche Präferenzbildung wie der paarweise Vergleich etc.) herangezogen. Auf *quantitative Verfahren* (Nutzwertanalyse sowie statische und dynamische Wirtschaftlichkeitsrechnung) wird dann in der Projektprogrammplanung zurückgegriffen.[249]

Der Entscheidungsprozess läuft üblicherweise von den unteren zu den oberen Entscheidungsebenen ab. Nach einer Vorauswahl empfiehlt es sich, die Ideen einem interdisziplinären Gremium vorzulegen, das beispielsweise aus Mitgliedern der Bereiche Forschung und Entwicklung, Vertrieb, Marketing, Controlling etc. besteht.[250] Die endgültige Entscheidung obliegt meist der Geschäftsführung (dem Topmanagement), die letztendlich für den wirtschaftlichen Erfolg oder Misserfolg verantwortlich ist.[251]

Nicht gewählte Ideen sollten in einer *Ideendatenbank* aufbewahrt werden, da sie vielleicht später umgesetzt werden oder als Anstoß für neue Ideen dienen können.[252]

---

244 Vgl. Geschka und Schwarz-Geschka (2000: 106).
245 Vgl. Specht et al. (2002: 151).
246 Vgl. Geschka und Schwarz-Geschka (2000: 106).
247 Vgl. Vahs und Burmester (2002: 185).
248 Vgl. Geschka und Schwarz-Geschka (2000: 106).
249 Vgl. Kupsch et al. (1991: 1116f.) sowie Vahs und Burmester (2002: 193).
250 Vgl. Vahs und Burmester (2002: 92).
251 Vgl. Vahs und Burmester (2002: 92) sowie Geschka und Schwarz-Geschka (2000: 106).
252 Vgl. Vahs und Burmester (2002: 223).

Die Verfahren zur Ideenbewertung und -auswahl sind jedoch auch mit Problemen verbunden. Ursachen dafür können[253]

- die *mangelhafte Formulierung* von Innovationszielen,
- die schlechte Modellierbarkeit von Märkte, da es sich dabei um *hochkomplexe Systeme* handelt,
- die praktisch nicht gegebene Abschätzbarkeit *zukünftiger Entwicklungen* (spontane Änderungen etc.), oder
- der *Zeitaufwand* bei der Bewertung einer großen Zahl von Ideen sein.

Im Rahmen der Projektauswahl werden in Abstimmung mit der aggregierten Projektprogrammplanung (Kapitel 5.1.7) die attraktivsten Projekte identifiziert und in der Produkt- und Prozessentwicklung weiter verfolgt.

Schnellster Computer der Welt kämpft jetzt gegen Corona

„Der OLCF-4 wurde gebaut, um die Probleme der Welt zu lösen. Er sagt Wirbelstürme voraus und berechnet, wie sich im menschlichen Körper Krebs ausbreitet. Einmal simulierte er sogar, was geschieht, wenn im Weltall Milliarden Sterne kollidieren.

Das Gerät des amerikanischen Unternehmens IBM gilt als schnellster Computer der Welt. Jetzt hat es eine neue Aufgabe bekommen: das neuartige Coronavirus zu stoppen. Und was OLCF-4 bisher gelang, ist ermutigend. [...]

Die Lage ist dramatisch, der Erreger verbreitet sich rasant. Deshalb greifen die Forscher nun auf den OLCF-4 im Oak Ridge National Laboratory im Bundesstaat Tennessee zurück: weil vielleicht kein Experte schneller auf eine Lösung kommt als der Supercomputer.

Der OLCF-4, auch Summit genannt, ist seit zwei Jahren im Einsatz. Er besitzt rund 10.000 IBM-Prozessoren und fast 30.000 Nvidia-Grafikkarten. Alles ist in Dutzenden schwarzen Schränken untergebracht.

Der Apparat benötigt den Platz zweier Tennisplätze und die Energie eines ganzen Dorfes. Um den OLCF-4 und einen etwas langsameren Schwestercomputer zu bauen, gab die US-Regierung 325 Millionen Dollar aus.

Smith und seine Kollegen nutzten den Summit nun, um zu berechnen, welche Arzneimittelverbindungen das neuartige Coronavirus daran hindern könnten, in menschliche Zellen einzudringen. Laut dem Oak Ridge National Laboratory wurden mehr als 8000 Verbindungen untersucht. 77 stufte der Computer als vielversprechend ein.

Seine Kalkulation könnte ein wichtiger Schritt auf dem Weg zu einem Impfstoff sein. ‚Unsere Ergebnisse bedeuten aber nicht, dass wir ein Heilmittel gefunden haben', erklärt der Forscher Jeremy Smith in einer Mitteilung

[253] Vgl. Vahs und Burmester (2002: 220).

des Labors. Erst experimentelle Studien würden zeigen, was tatsächlich gegen das Virus hilft.

Summit brauchte zwei Tage, um die Ergebnisse zu liefern. ‚Mit einem herkömmlichen Computer', sagt Smith, ‚hätte es Monate gedauert.'

Das Gerät arbeitet mit einem Tempo von 200 Petaflops – das bedeutet, es kann 200 Billiarden Berechnungen pro Sekunde anstellen. Oder anders formuliert: Der OLCF-4 ist eine Millionen mal schneller als der beste Laptop. Mit ihm, meinen Experten, könnte künstliche Intelligenz eines Tages ein ganz neues Level erreichen."

Quelle: Beutelsbacher [Zugriff am 23.03.2020].

5.1.2 Festlegung visionärer Ziele

Um über verschiedene Projekte hinweg eine generationsübergreifende Kontinuität zu gewährleisten, ist die Formulierung einer Zielvision notwendig, die bei der Zielplanung eine klare Aufgabe und Richtung vorgibt. *„Gegenstand der visionären Zielsetzung können alle Komponenten des Zielsystems, der Produkt- und Prozessentwicklung sein, also das Potential, der Prozess, das Objekt und das Ergebnis der Entwicklung.“*[254]

Visionen spielen bei der Bündelung und gemeinsamen Ausrichtung der Ressourcen des Unternehmens eine tragende Rolle, denn sie vermitteln weitreichende Gedankenbilder, die Mitarbeiter als Know-how-Träger des Unternehmens motivieren, begeistern und zu Höchstleistungen anspornen können. Eine Vision beschreibt etwas Neuartiges, weist Richtungen. Sie beschreibt eine subjektive Vorstellung der Welt von morgen, in die das Unternehmen eingeordnet wird. Zur Umsetzung von Visionen müssen diese den Mitarbeitern vermittelt und von ihnen erfasst werden, denn nur durch das „gemeinsame Tragen“ bilden Visionen den Nährboden für Innovationen.[255] Ein Antoine de Saint-Exupéry zugeschriebenes Zitat beschreibt die Bedeutung einer Vision wie folgt: *„Wenn du ein Schiff bauen willst, so trommle nicht die Männer zusammen, um Holz zu beschaffen, Werkzeuge vorzubereiten und Aufgaben zu vergeben, sondern lehre die Männer die Sehnsucht nach dem endlosen Meer!“*

Beispielhaft für eine solche Zielsetzung ist das amerikanische Apollo-Programm der NASA. Präsident J.F. Kennedy sprach von der Vision, dass der erste Mann am Mond ein Amerikaner sein wird. Trotz der technischen Überlegenheit der sowjetischen Raumfahrt gelang es den Amerikanern, dieses Vorhaben – unter großen Anstrengungen geleitet von der Vision – letztlich erfolgreich umzusetzen.

---

[254] Specht et al. (2002: 152)
[255] Vgl. Bürgel et al. (1996: 70f.).

5.1.3 Strategieplanung

Zur Erreichung der visionären Ziele dient die Strategieplanung mit der Entwicklung integrierter und konsistenter Produkt- und Prozessstrategien. Dabei werden verschiedene Teilstrategien zu einem konsistenten Strategie-Mix der Produkt- und Prozessentwicklung zusammengefasst. Dieser setzt sich zusammen aus[256]

- *Produktstrategie* (Gestaltung des Produktprofils, Verwendung von Produktmaterialien, Produktarchitektur etc.),
- *Produktionsstrategie* (Fertigungsverfahren, Datenverarbeitungssysteme, Produktionsanlagen etc.),
- *Beschaffungsstrategie* (Werkstoffe etc.),
- *Vermarktungsstrategie* (Marktanalyse, Segmentierung des Marktes, Identifikation der Zielgruppen etc.),
- *Wartungs- und Reparaturstrategie* (modulare Bauweise etc.) sowie
- *Kollektions-, Recycling- und Entsorgungsstrategie.*

5.1.4 Profilplanung

Die Aufgabe der Profilplanung besteht in der Zusammenstellung von *Anforderungen an Produkt- und Prozesseigenschaften.* In ihrem Produktmodell unterscheiden dazu Myers und Shocker (1981) *objektive* und *subjektive Produktmerkmale* bzw. -eigenschaften und verstehen unter ersteren produzentenbestimmte Gestaltungsparameter eines Produkts, wie beispielsweise die Art der Radaufhängung an einem Auto. Subjektive Merkmale werden demgegenüber als Ergebnis individueller Produktwahrnehmung und Produktbeurteilung des Kunden definiert. Dazu gehören der wahrgenommene Gebrauchsnutzen des Produkts sowie das mit seinem Besitz oder seiner Nutzung verbundene Geltungsgefühl. Für die Produkt- und Prozessentwicklung bedeutet dies, dass die subjektiv wahrgenommenen Kombinationen von Nutzenwerten Ausgangspunkt der Entwicklung sein sollten.[257]

Im Rahmen der Profilplanung geht es demnach um die Identifikation von Kundenanforderungen aus dem Produktleben und deren Gewichtung nach der relativen Bedeutung für den Kunden. Hierzu kann etwa auf die im Anschluss kurz vorgestellte Methode der Conjoint-Analyse zurückgegriffen werden. Nach der Identifikation der Kundenanforderungen erfolgt eine Stärken-Schwächen-Analyse, indem die vom Kunden empfundene derzeitige Erfüllung der Anforderungen durch eigene und konkurrierende Produkte bestimmt wird.

Das Ergebnis der Profilplanung ist die Erstellung eines *Lastenhefts*, das eine zumeist noch inkonsistente und deskriptiv formulierte Sammlung von Anforderungen an Produkt- und Prozesseigenschaften enthält.[258]

---

[256] Vgl. Specht et al. (2002: 152ff.).
[257] Vgl. Myers und Shocker (1981: 213).
[258] Vgl. Specht et al. (2002: 154f.).

Eine der wichtigsten Voraussetzungen für ein erfolgreiches Produkt oder Service ist die Nähe zum Kunden. Marktanalysen sind unerlässlich, um die Bedürfnisse der ausgewählten Zielgruppen erkennen zu können und mit dem richtigen Angebot entsprechend darauf zu reagieren. Rund 75 % der Innovationen gründen auf dem Erkennen eines Bedarfs, hingegen nur 20 % auf der Verwertung neuer technischer Möglichkeiten.[259]

Die *Conjoint-Analyse* ist eine kundenorientierte Methode die im Rahmen der Neuproduktentwicklung und -bewertung ermöglicht, Kundenpräferenzen bezüglich der einzelnen Merkmale eines Produktes und deren Einfluss auf die Kaufentscheidung zu untersuchen.[260]

Der Nutzen für das Management einer solchen Analysemethode liegt darin, dass es ermöglicht,

- jenes Produkt mit der optimalen Merkmalskombination zu ermitteln,
- die relative Bedeutung jedes Merkmals und jeder Ausprägung für die Gesamtbeurteilung des Produktes durch den Konsumenten festzulegen,
- die Konsumenten zu segmentieren, je nachdem, welche Bedeutung sie gewissen Produktmerkmalen zuordnen, und
- das Marktpotential für neue Kombinationen aufzudecken.[261]

Zur Durchführung der Conjoint-Analyse wird wie folgt vorgegangen:[262]

1. Festlegung von *Produktmerkmalen* und *Merkmalsausprägungen*
2. Erstellung der *Produktprofile* (Kombination der ausgewählten Anzahl an Merkmalen und Merkmalsausprägungen, z. B. drei verschiedene Merkmale mit je zwei verschiedenen Ausprägungen: 2 x 2 x 2 = 8 verschiedene Produktprofile)
3. Festlegung einer *Präferenzmessung* (Rangordnung oder Rating)
4. Berechnung der *Teilnutzenwerte* und der *relativen Wichtigkeit*
5. *Prüfung* der Güte des Modells (Korrelationsanalyse)
6. *Ökonomische Überlegungen* (Matrixerstellung zur Identifikation eines kundennutzenmaximierenden und kostenminimierenden Produktdesigns)

---

259 Vgl. Miller-Aichholz und Wagner (2003: 13).
260 Vgl. Hair et al. (1998: 392).
261 Vgl. Hair et al. (1998: 398).
262 Für eine weiterführende Beschreibung der Conjoint-Analyse vgl. u. a. Hair et al. (1998).

5.1.5 Konzeptplanung

Die nächste Komponente im Stufenmodell der Produkt- und Prozessentwicklung stellt die Konzeptplanung dar. Sie geht von den Ergebnissen des im Rahmen der Profilplanung erstellten Lastenheftes aus.

Konkret richtet sich die Konzeptplanung auf die Erstellung eines prinzipiellen Lösungskonzepts in Form eines ersten groben *Systementwurfs* mit *Material-* und *Designvorschlägen*. Dieser Entwurf muss die unter Umständen konkurrierenden Anforderungen in eine erste Gesamtlösung der Produkt- und Prozessgestaltung integrieren. Die prinzipiellen Verfahrensschritte der Konzeptplanung sind in Abbildung 33 zusammengefasst, wobei das fertige Konzept erst im Rahmen der nächsten Phase im Pflichtenheft operationalisiert wird.[263]

Abbildung 33: Verfahrensschritte der Konzeptplanung

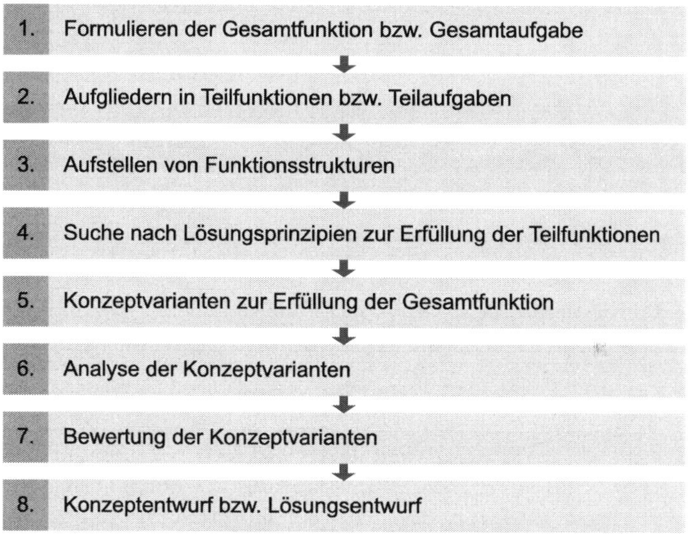

Quelle: Eigene Darstellung nach Specht et al. (2002: 156)

5.1.6 Festlegung operationaler Ziele

Die Festlegung operationaler Ziele markiert den Übergang zur Realisierungsphase, im Zuge derer iterative Optimierungsschleifen so lange wiederholt werden, bis es zu einer *projektübergreifenden Kongruenz* mit den in den vorhergegangenen Stufen der Produkt- und Prozessentwicklung definierten visionären Zielen und Strategien kommt.

---

[263] Vgl. Specht et al. (2002: 156f.).

Es werden also die anfangs visionären und zum Teil noch inkonsistenten Zielsysteme zunehmend in einem Konzept konkretisiert. Das dadurch entstehende Pflichtenheft enthält die operationalen Ziele für die Realisierung, wie etwa wesentliche Eigenschaften des geplanten Produkts, Schätzungen des Zeitbedarfs und der Kosten, Vorstellungen über zeitliche Abfolgen (Meilensteine), Zielvorgaben etc. Dabei ist darauf zu achten, dass das *Pflichtenheft* im Gegensatz zum Lastenheft ein widerspruchsfreies, quantitatives Zielsystem beschreibt.[264]

5.1.7 Projektprogrammplanung

Bevor die Realisierungsphase in der Produkt- und Prozessentwicklung (die auch als operative Phase bezeichnet werden kann) beginnt, müssen die Entscheidungsträger des Unternehmens im Rahmen einer aggregierten Projektprogrammplanung auf Basis der Pflichtenhefte und unter Berücksichtigung der verfügbaren und festgelegten Ressourcen auswählen, welche Projekte nun tatsächlich realisiert werden können.

Erfahrungsgemäß ‚verdienen' es nur bis zu 15% aller Innovationsideen, am Markt eingeführt zu werden. Von diesen erweist sich in weiterer Folge nur die Hälfte bis zwei Drittel als Markterfolg.[265] Deshalb ist es wichtig, im Zuge der Bewertung, Auswahl und Priorisierung von F&E-Programmen bzw. -Projekten für das Unternehmen ungeeignete oder unbrauchbare Vorschläge frühzeitig zu erkennen, um weitere Analysen, Prüfungen und Realisierungsmaßnahmen, die hohe Kosten mit sich bringen würden, zu vermeiden. Dadurch soll eine effektive und effiziente Gestaltung der Forschungs- und Entwicklungsaktivitäten eines Unternehmens erreicht werden, wobei unter Effektivität die richtige Projektauswahl und unter Effizienz das Verhältnis von Resultaten (Output) zum Budget- und Ressourceneinsatz (Input) verstanden wird.

Die F&E-Projektprogrammplanung spielt daher als zentrales Koordinierungsinstrument eine wesentliche Rolle für die Durchsetzung von Strategien im Unternehmen bei gleichzeitig möglichst effizienter Nutzung der knappen Mittel. Sie verteilt Ressourcen und setzt damit Prioritäten, die das zukünftige Produktprogramm wesentlich vorherbestimmen. Unvorteilhafte Entscheidungen können dann auch durch hohe Effizienz bei der Projektrealisierung nicht mehr ausgeglichen werden und treffen das Unternehmen in zweierlei Hinsicht: Einerseits sind die für die letztlich erfolglosen Projekte aufgewendeten Mittel verschwendet (‚sunk costs'), andererseits entstehen darüber hinausgehende Opportunitätskosten in Form nicht erzielbarer Gewinne oder Deckungsbeiträge, die als ungenutztes Potential von Projekten, die mit den fehlgeleiteten Ressourcen hätten durchgeführt werden können, verloren gehen.[266]

Die zugrundeliegende F&E-Projektprogrammplanung ist allerdings keineswegs trivial. Dafür verantwortlich sind zum Beispiel Abhängigkeiten zwischen einzelnen Projekten oder Gruppen von Projekten bzw. die Vielzahl an möglichen rentabilitäts-, markt- und zeitbezogenen sowie technischen Kriterien.

---

264 Vgl. Specht et al. (2002: 157) sowie Brockhoff (1999a: 328).

265 Vgl. Little (1988: 111).

266 Vgl. Martino (1995: 1).

5.1.7.1 Bewertungskriterien

Da die Projektalternativen regelmäßig vor (d.h. ex ante) der Projektauswahl bzw. -durchführung zu bewerten sind, kommt der Festsetzung der Bewertungskriterien entscheidende Bedeutung zu. Der Kriterienkatalog muss dazu folgenden Anforderungen genügen:[267]

- Orientierung an den Unternehmens- und F&E-*Zielen* (inhaltliche Abstimmung der Kriterien mit den F&E-Zielen und der F&E-Strategie),
- *Vollständigkeit* des Kriterienkatalogs in Bezug auf die Repräsentativität der als relevant erachteten Ziele,
- eindeutige, präzise und verständliche *Formulierung der Kriterien*,
- *Messbarkeit* der Kriterien (der Zielerreichungsgrad muss eindeutig feststellbar sein),
- *Redundanzfreiheit* der Kriterien und
- *Nutzenunabhängigkeit* der Kriterien (die Erfüllung der Kriterien darf nicht wechselseitig voneinander abhängig sein).

Gackstatter[268] fasst Kriterienkataloge für die F&E-Projektprogrammplanung zusammen. Sie enthalten beispielsweise folgende Bewertungskriterien:

- *Finanzen* (z. B. Projekt- und Herstellungskosten, Ertrag)
- *Zeit* (z. B. Entwicklungsdauer, Dringlichkeit)
- *Markt* (z. B. Attraktivität, Volumen, Wachstum, Konkurrenz, Kundeninteresse, eigener Bedarf)
- *Risiko* (z. B. technisches und wirtschaftliches Risiko)
- *Technologie* (z. B. bestehendes Know-how, Know-how-Aufbau, Technologieattraktivität, Produzierbarkeit)
- *Projektumfeld* (z. B. Promotoren, Teammotivation, staatliche Eingriffe, Patentsituation, ökologische Folgen, Imageverträglichkeit)
- *Programmorientierte Kriterien* (z. B. Kapazitätsbedarf und -angebot, Budget, Interdependenzen, Ausgewogenheit).

---

[267] Vgl. Thoma (1989: 68).

[268] Vgl. Gackstatter (1997: 42).

5.1.7.2 Bewertungsverfahren

Spätestens seit Mitte der 1950er-Jahre haben Wissenschaftler konkrete Verfahren zur Unterstützung von F&E-Managern vorgeschlagen.[269] Dazu zählen neben unstrukturierten Gutachten auch die verbreitete[270], in der Anwendung recht simple Nutzwertanalyse, klassische Rentabilitätsansätze aus der Finanzwirtschaft wie die Kapitalwertmethode bis hin zu komplexeren Modellen der mathematischen Programmierung.

Beispielhaft sei kurz die *Nutzwertanalyse* vorgestellt, bei der zunächst mehrere Kriterien definiert werden (z. B. ROI, Kapitaleinsatz, erforderliche Sachinvestition, technologische Synergieeffekte, Amortisationszeit etc.[271]), deren zu erwartende Erfüllung danach durch die Vergabe von Punkten prognostiziert wird (Skalenwerte). Des Weiteren erfolgt eine Gewichtung gemäß der unterschiedlichen Bedeutung der Kriterien (z. B. durch Vergabe eines Faktors von 2 für besonders wichtige und 0,5 für weniger wichtige Kriterien). Die Summe der gewichteten Punkte wird als Nutzwert bezeichnet und bildet die Basis für die eigentliche Projektauswahl (je höher der Nutzwert, desto ‚besser' das Projekt).[272]

---

[269] Vgl. etwa Henriksen und Traynor (1999: 158).
[270] Vgl. etwa Stummer und Günther (2002: 293).
[271] Vgl. Vahs und Burmester (2002: 188).
[272] Vgl. Stummer (2003: 291ff.) sowie Geschka und Schwarz-Geschka (2000: 107).

5.2 Realisierungsphase

Die Realisierung neuer Produkte und Prozesse bildet den zweiten Teil des Stufenmodells (vgl. Abbildung 25) und schließt an die oben beschriebene Projektprogrammplanung der Planungsphase an. Sie beschäftigt sich mit Fragen der Konstruktion des Produkts, der Arbeitsplanung, der Beschaffungsplanung sowie der Markteinführungsplanung, wobei diese Aufgaben nicht notwendigerweise streng sequenziell, sondern auch iterativ durchgeführt werden.

Die *Realisierungsphase* setzt sich konkret aus den Bereichen Systementwurf, Komponentenentwicklung und Test, Systemintegration und Test sowie der tatsächlichen Systemeinführung zusammen (vgl. Abbildung 34), die in den folgenden Unterkapiteln näher behandelt werden.

Abbildung 34: Realisierungsphase der Produkt- und Prozessentwicklung

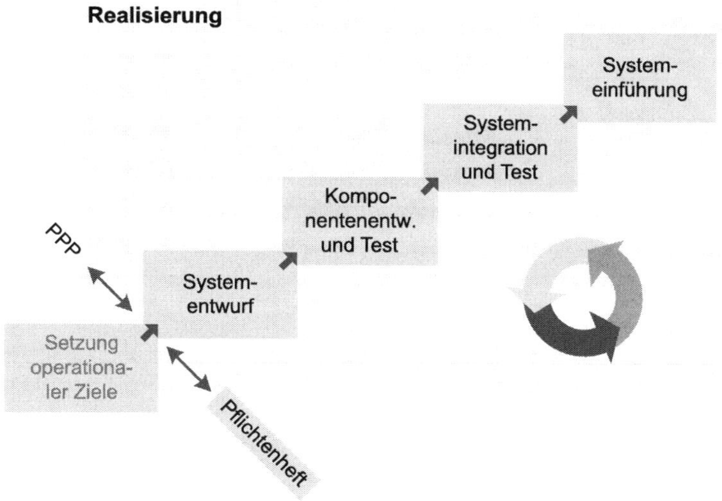

Quelle: Eigene Darstellung in Anlehnung an Specht et al. (2002: 148)

5.2.1 Systementwurf

Aufbauend auf dem Lösungsentwurf der Konzeptplanung kommt es in der Phase des Systementwurfs zur *konstruktiven Gestaltung* des neuen Produkts bzw. des Produktionsprozesses. Parallel dazu ist es für einen integrierten Systementwurf notwendig, Arbeitsvorbereitungen zu treffen sowie die Beschaffungs- und Markteinführungsplanung vorzubereiten.

Die Arbeitsvorbereitung, die als Bindeglied zwischen Entwicklungsprozess und Produktionsprozess gesehen werden kann, umfasst die Arbeitsplanung und die Arbeitssteuerung.

Die Aufgabe der *Arbeitsplanung* ist der Entwurf eines wirtschaftlichen Herstellungsprozesses. Grundlage für diesen Gestaltungsprozess sind die Zeichnungen und Stücklisten des technisch-konstruktiven Systementwurfs.[273] Abbildung 35 gibt beispielhaft die im Zuge der Arbeitsplanung anfallenden Aufgaben wieder.

Abbildung 35: Aufgaben der Arbeitsplanung

Kurzfristige Planungsaufgaben	Mittelfristige Planungsaufgaben	Langfristige Planungsaufgaben
① Stücklistenverarbeitung • Montagestücklisten • Fertigungsstücklisten ② Arbeitsplanerstellung • Arbeitsvorgangsfolgeermittlung • Vorgabezeitbestimmung ③ NC-Programmierung • Erstellung der Teileprogramme • Ablochen ④ Fertigungsmittelplanung • Entwicklung von Fertigungsmitteln für spezielle Bearbeitungsaufgaben	① Planungsvorbereitung • Beratung der Konstruktion • Suche von Planungsunterlagen ② Kostenplanung • Vorkalkulation • Wirtschaftlichkeitsrechnung ③ Qualitätssicherung • Prüfplanung • Qualitätsplanung	① Investitionsplanung • Planung von Fertigungsmitteln • Planung von Anlagen ② Methodenplanung • Entwicklung von Fertigungsmethoden • Entwicklung von Planungsmethoden ③ Materialplanung • Lagersortenplanung • Lagerortplanung

Quelle: Specht et al. (2002: 159)

Mithilfe der *Arbeitssteuerung* soll die Arbeitsplanung in eine entsprechende Auftragsabwicklung umgesetzt werden.[274] Demnach zählen beispielsweise die Bedarfsermittlung für Baugruppen und Einzelteile, die Materialdisposition oder auch die Maschinenbelegung zu den Aufgaben der Arbeitssteuerung.[275]

In der *Beschaffungsplanung* erfolgt meist zu einem relativ frühen Zeitpunkt eine enge Zusammenarbeit zwischen dem Entwicklungsteam und den zukünftigen Lieferanten. So können etwa durch Single-Sourcing und Modular- bzw. System-Sourcing die Entwicklung, Fertigung und Montage ganzer Baugruppen an einzelne Lieferanten vergeben werden. Um die Kompatibilität gewährleisten zu können, ist besonders in diesen Fällen eine enge Kooperation notwendig.

---

273 Vgl. Eversheim (1997: 1ff.).
274 Vgl. Eversheim (1997: 13).
275 Vgl. Specht et al. (2002: 158).

Modules and System Sourcing in the Automotive Industry: More Cons than Pros

Pros

- Sourcing systems and modules outside allow the automaker to use technology without investing in it. Better technology might be available from suppliers who specialize.
- Outsourcing provides an opportunity to bring technical innovations to market faster.
- Suppliers can ensure that all the interior trim panel finishes match perfectly.
- Suppliers say they would be best at making common all the parts that can't be seen.
- Module or system sourcing might work best for OEMs (Original Equipment Manufacturer) that serve small niches in a few regions, e.g. BMW.

Cons

- Finger-pointing: when something doesn't work, who's at fault?
- Unions see modules as another word for outsourcing; they stand in opposition.
- By outsourcing key technologies, OEMs could give up too much clout to suppliers and capabilities could migrate from OEMs to suppliers.
- It is difficult to objectify the economic advantages of modular or system sourcing. Suppliers will have trouble quoting the total cost of modules and systems, since so much is unknown before the project starts.
- If OEMs defer key component sourcing to suppliers, then the number of different component parts could go way up, yielding the opposite effect of making parts common.
- The supplier may not have the economies of scale the OEM would have, so component costs could go up.
- Purchasing systems and modules unbundled tends to reduce costs for carmakers.
- Carmakers are organized around functional systems, not modules.

Quelle: Auszug aus o.V. (2002: 1).

Ziel der Markteinführungsplanung[276] ist die Erstellung eines schlüssigen Einführungsmarketingkonzepts für das neue Produkt.[277]

[276] Auf die Planung der Markeinführung unter besonderer Berücksichtigung des Innovationsmarketings wird in Kapitel 6 näher eingegangen.

[277] Vgl. Specht et al. (2002: 158f.).

5.2.2 Komponentenentwicklung und Test

In dieser Phase geht es um die anforderungs-, funktions- und produktionsgerechte Gestaltung von einzelnen Bauteilen bzw. Komponenten. Auf Basis des aktuellen Wissens- und Entscheidungsstandes der Entwicklung werden im *Prototyping* Modelle und Prototypen von Teilen der zu entwickelnden Produkte oder Prozesse konstruiert. Diese werden im Rahmen von *Design-Build-Test-Zyklen* erprobt, um wertvolle Informationen über Produktfunktionen und -eigenschaften (Dauerhaftigkeit, Zuverlässigkeit etc.) zu erhalten.[278] Entspricht diese Erprobung nicht den definierten Anforderungen, so muss das Design überarbeitet (Anpassung von Parametern der Produkt- und Prozessgestaltung) und in weiterer Folge ein neuer Prototyp angefertigt und getestet werden. Der Design-Build-Test-Zyklus muss demnach wiederholt werden. Bei der Komponentenentwicklung wird nicht das gesamte Produkt dem Design-Build-Test-Zyklus unterzogen, sondern nur einzelne Bauteile. So wird beispielsweise nur der Motor eines Autos getestet und nicht das komplette Kraftfahrzeug.

Eine spezielle Form, die sich in den letzten Jahren neben dem konventionellen Prototypenbau in zunehmendem Maße etabliert hat, ist das *Rapid Prototyping*, das auf Basis von *CAx-Techniken* eine deutlich verkürzte Herstellungszeit ermöglicht.[279] Unter dem Begriff Rapid-Prototyping werden mehrere Verfahren zusammengefasst, die es ermöglichen, innerhalb kürzester Zeit direkt aus den Daten der Konstruktionsrechner (CAD-Daten) dreidimensionale Modelle eines Gegenstandes erzeugen zu können. Welches Potential von Rapid Prototyping ausgeht, zeigte das Unternehmen Pratt & Whitney's Mitte der 1990er-Jahre: Es konnten Verkürzungen in der Herstellungszeit von 70 bis 90 Prozent bzw. Einsparungen bis zu 90 Prozent im Vergleich zu herkömmlichen Herstellungsmethoden erreicht werden.[280]

Die neueste Entwicklung auf diesem Sektor ist das *Virtual Prototyping*. Hier handelt es sich um den Einsatz von Simulations- und Virtual Reality Systemen, die physische Prototypen zusehends überflüssig machen und das Analysieren, Präsentieren und Testen der einzelnen Komponenten in virtuellen Umgebungen erlauben.

Virtuelle Realität im Automobilbau

„Leistungsstarke Computer ermöglichen es heute, viele Entwicklungsschritte schon im Vorfeld wirklichkeitsnah auf dem Bildschirm zu simulieren – ohne den aufwändigen Bau von Modellen und ohne teure Prüfstände. Die Möglichkeiten, computergenerierte Simulationen darzustellen, sind nicht auf den herkömmlichen Bildschirm beschränkt. Eine effiziente und innovative Technologie ist „Virtual Reality", die bei der BMW Group von der Designentwicklung über Simulation bis hin zur Planung von Produktionsprozessen Verwendung findet.

278 Vgl. Specht et al. (2002: 141).
279 Vgl. Specht et al. (2002: 278).
280 Vgl. Ashley (1995: 63).

Im deutschen Sprachgebrauch bezeichnet man Virtuelle Realität – kurz VR – auch gerne als eine „vom Computer simulierte Wirklichkeit" oder eine „künstliche Welt". Um diese zu erzeugen, verwandeln leistungsstarke Computer riesige Datenmengen in räumliche Bilder. Beim Betrachter werden so die gleichen sinnlichen Empfindungen hervorgerufen wie in der Realität – die virtuelle Welt wirkt „echt". In vielen Anwendungsbereichen kann eine solche virtuelle Welt die reale Umgebung ersetzen – insbesondere dann, wenn nur ein genau definierter Ausschnitt aus der Realität simuliert werden soll.

Die virtuelle Zukunft des Automobils hat bereits begonnen.

Längst hat sich die Welt im Cyberspace von einer Spielerei zu einem ernst zu nehmenden industriellen Werkzeug entwickelt. In den virtuellen Umgebungen kann sich der Anwender bewegen, mit ihnen interagieren und sie letztlich auch umgestalten. Moderne VR-Studios besitzen eine sogenannte CAVE (Cave Automated Virtual Environment). In dieser „elektronischen Höhle" ist der Betrachter von bis zu sechs Wänden umgeben, auf die in Echtzeit bewegte Bilder projiziert werden. Diese vermitteln ihm über eine Spezialbrille den räumlichen Eindruck einer virtuellen Umgebung.

Von der ersten Idee bis zum Serienprodukt – schneller und effizienter. Virtuelle Simulationen sind heute auch in der Automobilindustrie unverzichtbar. Mussten früher mehrere Prototypen angefertigt werden, um Bauteile im Vorfeld zu testen, so arbeiten Planer, Konstrukteure und Ingenieure heute an ein und demselben digitalen Modell und optimieren dieses auf dem Bildschirm – wenn es sein muss, sogar via Datenleitung gleichzeitig an verschiedenen Orten der Welt. Das reduziert die Kosten und vor allem die Entwicklungszeit – „time to market" genannt. Gleichzeitig ermöglicht VR die extrem frühe Beurteilung unterschiedlicher Varianten – bereits der erste Datensatz eines neuen Designs kann optisch dargestellt werden und bietet damit eine Grundlage für virtuelle Tests. Bei der BMW Group war der konsequente Einsatz der rechnergestützten Simulation eine der technischen Voraussetzungen, die es ermöglichten, die Entwicklungszeit für ein neues Modell von früher sechs Jahren auf heute zweieinhalb Jahre zu verkürzen.

Ein Auto nimmt virtuelle Gestalt an.

Um neue Fahrzeugdesigns zu testen, übernehmen VR-Ingenieure die im Computer gespeicherten Daten und errechnen daraus ein erstes 3D-Modell. Der Computer teilt dabei das Fahrzeug in viele Dreiecke – sogenannte Polygone. Der Rechner legt also ein virtuelles Netz, das die Geometrie des Fahrzeugs beschreibt, über die Konstruktion. Danach werden den Bauteilen entsprechend ihrer realen Merkmale Farben und Oberflächeneigenschaften zugewiesen. Im letzten Schritt wird das realitätsnahe Ergebnis für den Betrachter in Abhängigkeit von seinem Blickwinkel in Echtzeit dargestellt.

Die hohe Schule der virtuellen Simulation.

Das komplizierte Vorgehen bei der Generierung der virtuellen Welten dient einem Ziel: Die ansonsten unüberschaubare Menge von Daten übersichtlich zu machen und sie in eine Form zu kleiden, die den menschlichen Sinnen zugänglich ist. Würde man die Daten als Zahlenkolonne auf Papier ausdrucken, könnte sich kein Mensch etwas darunter vorstellen. Erst die Umwandlung in eine räumliche Darstellung ermöglicht es, die immer noch unübertroffenen Fähigkeiten des menschlichen Gehirns zur intuitiven Bildverarbeitung mit der Rechenleistung von Großcomputern zu kombinieren.

In vielen Anwendungsbereichen reicht eine rein optische Darstellung oftmals nicht aus – etwa bei der Beurteilung der Akustik, der Bedienbarkeit und Sicherheit eines Fahrzeugs oder einzelner Komponenten. In diesen Fällen hängt alles vom Material des entsprechenden Bauteils und seinen Eigenschaften ab. Nach einer gründlichen Analyse verwaltet der Rechner riesige Mengen an Informationen, die das zukünftige Auto schon recht genau beschreiben. In der virtuellen Welt kann der Ingenieur das Fahrzeug nun betrachten, es an jeder beliebigen Stelle durchschneiden, vermessen, sich darin bewegen, es vergrößern oder verkleinern. Mit der entsprechenden Software ist es sogar möglich, das Auto virtuell fahren zu lassen, um die Geräuschkulisse zu überprüfen, die dabei entsteht. Zusätzlich – und dies ist die hohe Schule der VR – kann das virtuelle Auto beispielsweise als Fahrsimulator direkt in einer ebenso virtuellen Umgebung bewegt werden. So lässt sich etwa die Tauglichkeit bestimmter technischer Komponenten im Verkehr testen, ohne dabei Verkehrsteilnehmer zu gefährden. Im virtuellen Raum kann man heute bereits an kompletten Autos einen Crash-Test durchführen.

Supercomputer und Co.

Um all diese Möglichkeiten ausschöpfen zu können, ist eine aufwändige und hoch spezialisierte Hardware nötig. Hinter der tonnenschweren Spezialscheibe der sogenannten Powerwall im Virtual Reality Center (VRC) des BMW Forschungs- und Innovationszentrums steht geballte Computerkraft: Ein Rechner mit mehreren Prozessoren verarbeitet die gigantische Datenflut. Großprojektoren werfen die Pixel millimetergenau abgestimmt von hinten auf die Projektionswände.

Der Anwender taucht mit einer speziellen Brille in die projizierte Umgebung ein. Mit dieser sogenannten Shutterbrille sieht das rechte Auge nur das rechte und das linke Auge nur das linke Stereobild. Diese Bilder verändern sich sofort entsprechend, wenn der Betrachter seine Position oder seinen Blickwinkel ändert. Mit einer 3D-Maus oder einem 3D-Joystick kann der Anwender in der virtuellen Welt agieren. Sensoren verfolgen jede seiner Bewegungen und setzen sie augenblicklich in die richtige Perspektive um. Dies bezeichnet man als „Echtzeit". Die Leistungsfähigkeit der Rechner ermöglicht es, dass der Nutzer interaktiv mit dem Bild in Beziehung treten und intuitiv reagieren kann.

Außen schön, innen praktisch.

Das Virtual Reality Center bei BMW dient – ebenso wie eine ganze Reihe von kleineren VR-Studios in den Fachabteilungen – einer Vielzahl von Aufgaben: Konstrukteure bewerten die Geometrie der Bauteile, die Ingenieure der Package-Abteilung untersuchen vor der Powerwall, wie sich noch der letzte Millimeter Platz im Automobil ausnutzen lässt und ergonomische Aspekte stehen im Vordergrund bei der Simulation des Innenraums. Reale Personen testen im virtuellen Auto beispielsweise, ob die Anordnung der Cockpitelemente optimal ist und ob sie sich bei unterschiedlicher Beleuchtung noch gut ablesen lassen und nicht spiegeln. Motorentwickler können Schwachpunkte des Aggregats im Zusammenspiel der simulierten Teile schon in einem Stadium untersuchen, in dem der Motor erst als Datensatz existiert. Akustiker bringen das Daten-Auto zum Schwingen und Aerodynamiker testen es im rechnerischen Windkanal und optimieren seine Form so, dass der Luftwiderstand möglichst gering wird.

Virtuelle Dummies helfen Leben retten.

Eine besonders wichtige Rolle spielt VR in der Sicherheitsforschung, eröffnet sie doch die Möglichkeit, Vorgänge zu simulieren, deren Erprobung in der Realität zu teuer oder zu gefährlich wäre. Noch bevor bei BMW ein neues Auto zum ersten Mal gebaut wird, wurde es virtuell schon mindestens 100 Mal auf die verschiedensten Arten zu Schrott gefahren. Für die Simulation eines Frontalcrashs gegen die Wand braucht der Rechner zwei bis vier Tage.

Er arbeitet in dieser Zeit Tag und Nacht und zerlegt die Zehntelsekunde des Aufpralls in Tausendstel-Sekunden-Schritte. Auf diese Weise entsteht ein lautloser Film, in dem sich das Fahrzeug millimeterweise gegen die Wand schiebt und dort so sanft verformt wird, als sei es aus Knetmasse.

Dieses Vorgehen erspart viel Geld. Ein realer Auto-Prototyp kostet bis zu einer dreiviertel Million Euro. Im Computer hingegen beläuft sich ein Crash trotz der langen Rechenzeit auf rund 400 Euro. Zwar benötigen Entwickler eines neuen Modells mehr als 1000 virtuelle Testläufe, doch ist diese Vorgehensweise noch immer um einiges billiger als ein einziger realer Test. Gleichzeitig ermöglichen simulierte Tests, unterschiedliche Varianten zu erproben, ohne dass dabei Mensch oder Material zu Schaden kommen. Gesetzliche Vorgaben verlangen im Sicherheitsbereich stets auch reale Tests, um die Zuverlässigkeit der Computerberechnungen mit der Wirklichkeit abzugleichen.

Die virtuelle Fabrik.

Nicht nur das einzelne Fahrzeug eignet sich als Objekt für den Cyberspace. Fertigungsleute entwerfen heute bei BMW ganze Presswerke und Lackierereien im virtuellen Raum. Sie können beispielsweise jedes Blechteil und die zu seiner Herstellung nötigen Werkzeuge in Originalgröße darstellen und bewerten. Die Ingenieure aus Planung, Entwicklung und Fertigung benutzen Virtual Reality, um zu beobachten, wie das Blech über das virtuelle Werkzeug gezogen und verformt wird. Derartige Ziehsimulationen sind ein hervorragendes Mittel, um in die Analyse zu gehen und das Blechteil zu verbessern, ohne dass man aufwändige Modelle bauen muss. Zur Charakterisierung der Blechstärke verwendet man unterschiedliche Farben; Schritt für Schritt können die Ingenieure so eventuell kritische Stellen optimieren.

Der Stau findet im Computer statt.

Computer-Simulationen ersparen heute sogar vielfach die reale Erprobung von Verkehrsszenarien und ermöglichen die Prüfung von Gegenmaßnahmen, bevor man sie auf der Straße einsetzt. Mit möglichst realen Simulationsmodellen lassen sich Systeme untersuchen, die in der Realität gar nicht oder nur mit immensem Aufwand ermittelt werden können. BMW nutzt die Möglichkeiten dieser Werkzeuge für viele Zwecke – von der Untersuchung der Wirkung von Fahrerassistenzsystemen bis hin zur Verkehrstelematik.

Vom Sehen zum Tasten.

Die optische Darstellung der virtuellen Realität steht heute bei allen VR-Techniken im Vordergrund. In manchen Anwendungsbereichen ist diese aber nicht ausreichend. In Zukunft könnten Computer und Datenhandschuh auch taktile Reize erzeugen und dem VR-Anwender als Tast-Erlebnis zuspielen. Damit ließe sich beispielsweise die Bedienung einzelner Fahrzeugkomponenten realitätsnah simulieren, ebenso wie der Einbau und die Zugänglichkeit einzelner Bauteile in der Produktion.

Schon bald wird im virtuellen Raum auch konstruiert. Die Ergebnisse können dann sofort in den Datensatz im Computer zurückgespielt werden, womit sich viele neue Anwendungen eröffnen. War es bisher nur möglich, bestimmte Eigenschaften und Funktionalitäten des Fahrzeugs abzusichern, wird es dann auch möglich sein, gestaltend tätig zu werden. Auf diese Weise wird eine noch engere Verzahnung aller Abläufe – vom Design bis hin zur Fertigung – möglich.

Erweiterte Realität.

Eine neuere Entwicklungsstufe ist die „Augmented Reality" (erweiterte Realität). Bei dieser Form der Mensch-Maschine-Interaktion werden dem Benutzer kontextabhängige Informationen – abgeleitet vom betrachteten Objekt – in sein Sichtfeld eingeblendet. Über eine spezielle Brille sieht beispielsweise ein Mechaniker Informationen, die ihn bei der Durchführung seiner Tätigkeit unterstützen. Dies können sowohl Instruktionen zur Wartung / Reparatur, als auch die Darstellung der Ist- und ein Vergleich mit den Soll-Werten sein. Soll der Mechaniker eine Schraube eindrehen, so beginnen Pfeile vor seinen Augen zu rotieren, und zwar genau an der richtigen Stelle. Gesteuert wird das Ganze per Mikrofon und Spracherkennung; eine kleine Videokamera am Brillenbügel verfolgt die richtige Position der Bauteile beim Einbauen. Das Bild der Videokamera kann auch einem Remote-Experten zugespielt werden. Dieser kann, obwohl räumlich weit entfernt, dem Mitarbeiter vor Ort die nötigen Informationen für die Arbeit liefern.

Augmented und Virtual Reality sind zukunftsweisende Technologien, an deren Entwicklung BMW auch im Rahmen von Forschungs- und Kooperationsprojekten entscheidend beteiligt ist."

Quelle: BMW Group (2003)

5.2.3 Systemintegration und Test

Im nächsten Schritt, der Systemintegration, werden die einzelnen Komponenten zu einem Prototyp des *Gesamtsystems* zusammengeführt. Auch wenn alle Tests der Komponentenentwicklung erfolgreich verlaufen sind, ist dies noch keine Garantie für ein fehlerfreies System. Gründe dafür können mangelnde Präzision der Einzelkomponenten, ungenaue Definition der Modulschnittstellen oder im Vorhinein nicht erkannte Sekundäreffekte (beispielsweise elektromagnetische Störungen) sein.

Ist die Ursache des Fehlers festgestellt, kann dies nicht nur die Überarbeitung des Komponentenentwurfs zur Folge haben, sondern sogar die Wiederholung der Verfahrensschritte des Systementwurfs bedeuten.

Funktioniert der Prototyp des Gesamtsystems dem Pflichtenheft entsprechend, so werden die Ergebnisse der Konstruktion in Form von Konstruktionsplänen, Stücklisten, Prototypen oder Testprotokollen sowie die Ergebnisse der Arbeitsvorbereitung, Beschaffungsplanung und Markteinführungsplanung zur Systemeinführung freigegeben.[281]

5.2.4 Systemeinführung

Am Ende der Produkt- und Prozessentwicklung steht die Systemeinführung, die sich in die Produktions- und die Markteinführung gliedert (vgl. Abbildung 36).

Bei Ersterer werden zunächst die Fertigungs- und Montagesysteme im Rahmen der *Probe-* oder *Nullserie* hochgefahren, um dadurch die sogenannten Kinderkrankheiten der neuen Produkte bzw. Produktionsabläufe feststellen zu können. In diesem

281 Vgl. Specht et al. (2002: 161).

Prozess fallen mitunter erhebliche Anlaufkosten an. Ursachen dafür können Versuchsläufe zwecks Erprobung der Fertigungstechnik bei neuen Produkten und neuen Fertigungsverfahren, mehr Verbrauch an Material, überdurchschnittlicher Ausschuss, Anlernen und Umschulen von Arbeitskräften im Zusammenhang mit neuen Fertigungsläufen etc. sein.

Wurden alle Phasen der Produkt- und Prozessentwicklung durchlaufen, kommt es nach Durchführung der mit der Produktionseinführung verbundenen Tätigkeiten zur *Serienfertigung*.[282]

Abbildung 36: Einordnung der Produktionseinführung

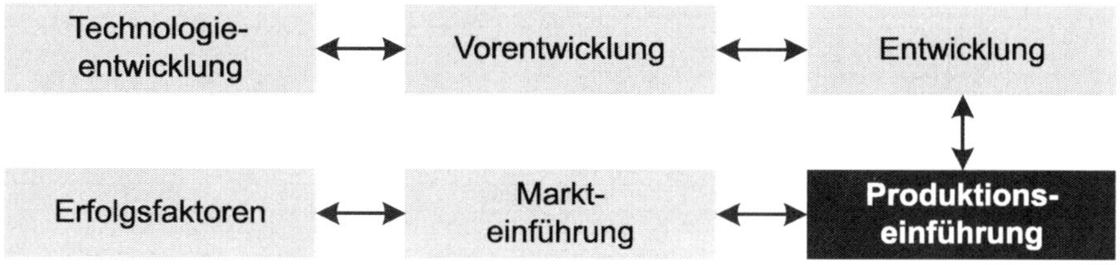

Quelle: Eigene Darstellung

Auf die Bestandteile und Besonderheiten des Innovationsmarketings im Rahmen der Markteinführung wird im folgenden Kapitel 6 näher eingegangen.

[282] Vgl. Specht et al. (2002: 161f.).

6 Markteinführung

Nach der Produktionseinführung folgt die Phase der Markteinführung (vgl. Abbildung 37), die Bestandteil der Innovation im engeren Sinne (vgl. Abbildung 3, S. 13) ist.[283] Sie behandelt den Zeitraum zwischen den vorbereitenden Maßnahmen – die bereits während der Entwicklung erfolgen – und der erfolgreichen Etablierung der Innovation auf dem Markt. Als zeitlicher Endpunkt wird dazu meist das Erreichen eines stabilen Umsatzwachstums oder der Gewinnschwelle angesehen.[284] Die während der Markteinführung getätigten Marketingmaßnahmen steuern die Diffusion des Produkts am Markt und tragen wesentlich zu dessen Erfolg bei.[285]

Abbildung 37: Einordnung der Markteinführung

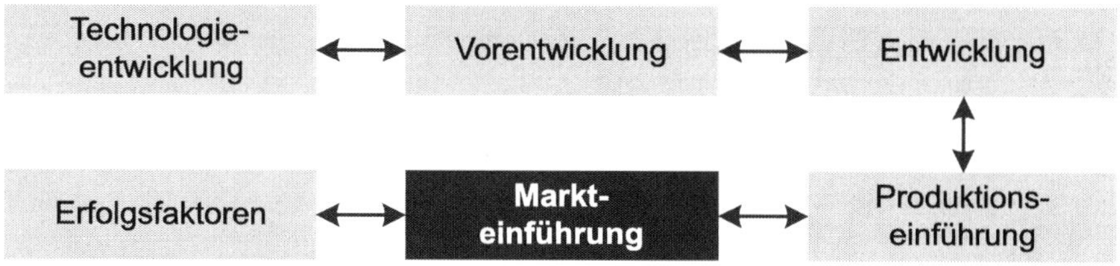

Quelle: Eigene Darstellung

6.1 Markteinführungsstrategien

Bei der Markteinführung neuer Produkte spielt die *Markteintrittsrangfolge* gegenüber der Konkurrenz eine entscheidende Rolle. Im Falle von etablierten Konsumgütermärkten (im Gegensatz etwa zu Industriegütermärkten) gibt es Untersuchungen, die von einer Gesetzmäßigkeit ausgehen, wonach die Marktanteilsverhältnisse der Folger zu denen des Pioniers am Markt den Wert $1/\sqrt{r}$ annehmen mit r als Rangziffer des Markteintritts. Diese Marktanteilsvorteile der Pionierunternehmen führen jedoch nicht notwendigerweise auch zu Renditevorteilen.[286]

Bei der Markteinführung einer Innovation kann zwischen der Pionierstrategie, der Strategie des frühen Folgers und der Strategie des späten Folgers unterschieden werden.

[283] Vgl. Specht et al. (2002: 13).
[284] Vgl. Meffert (2000: 340).
[285] Vgl. Pleschak und Sabisch (1996: 241).
[286] Vgl. Brockhoff (1999b: 274).

Die *Pionierstrategie* zeichnet sich durch die damit übernommene Vorreiterrolle aus und profitiert vor allem von der zeitweiligen Monopolstellung am Markt. Das Unternehmen kann auf diese Weise innovationsfreudige Kunden für das Produkt gewinnen sowie einen Erfahrungsvorsprung gegenüber der Konkurrenz aufbauen.[287] Des Weiteren können Markteintrittsbarrieren für nachfolgende Unternehmen, wie etwa rechtliche Barrieren mittels Schutzrechten, aufgebaut werden. Aber auch das vorhandene Image von Unternehmen, bereits erfolgte Marktaufteilungen, eine etwaige Niedrigpreisstrategie oder eine starke Kundenbindung zum etablierten Unternehmen zählen zu möglichen Hindernissen[288] für Folger.[289]

Der *frühe Folger* tritt kurze Zeit nach dem Pionier auf den Markt und kann dadurch bereits aus den Fehlern der bereits am Markt agierenden Konkurrenten lernen und dementsprechend die Risiken der Markteinführung reduzieren. Allerdings birgt diese Strategie gegenüber dem Pionier-Unternehmen eben die zuvor beschriebenen Nachteile.[290]

Um Risiken beim Markteintritt überhaupt weitgehend auszuschließen, tritt der *späte Folger* erst nach Stabilisierung des Konsumentenverhaltens in den Markt ein. Dadurch werden zwar tatsächlich Risiken wie Produktmängel (‚Kinderkrankheiten') minimiert, gleichzeitig wird aber auch ein starker Wettbewerb in Kauf genommen. Diese Strategie wird in vielen Fällen im Rahmen von Imitationen umgesetzt, wobei neue oder wechselwillige Konsumenten aber zumindest mit – angesichts des eigenen Kostenvorteils – attraktiver Preisgestaltung angesprochen werden können. Allerdings sehen sich solche Unternehmen eben häufig mit hohen Markteintrittsbarrieren konfrontiert.[291]

Trotz der angeführten Risiken scheint eine Pionierstrategie in vielen Fällen die attraktivste Variante zu sein. Dies liegt vor allem daran, dass der Follower wertvolle Zeit verliert, da er etwa noch komplexe Systemlernprozesse bewältigen muss, die intensive Vorbereitungsmaßnahmen in Forschung und Entwicklung sowie in Management und Organisation mit sich bringen. Ebenso sind gegebenenfalls Innovationsnetzwerke aufzubauen, was eine nicht zu unterschätzende Zeit in Anspruch nehmen kann.[292]

Dennoch muss eine Pionier-Strategie nicht zwingend erfolgreich sein. Fehlen etwa begleitende Marketingmaßnahmen, können die Vorteile nicht oder nur teilweise

---

[287] Vgl. Vahs und Burmester (2002: 109).

[288] Zu weiteren Marktwiderständen, die nicht vom Pionier beeinflusst werden können, zählen unter anderem der hohe Kapitalbedarf bei Markteinführung sowie die Knappheit an Rohstoffen, Spezialisten oder Standorten. Für den Erfolg der Innovation ist es essenziell, die Eintrittsbarrieren bereits im Vorfeld zu erkennen und in der Markteinführung zu berücksichtigen (vgl. Pleschak und Sabisch, 1996: 224).

[289] Vgl. Pleschak und Sabisch (1996: 224).

[290] Vgl. Vahs und Burmester (2002: 109f.).

[291] Vgl. Vahs und Burmester (2002: 110).

[292] Vgl. Billerbeck (2003: 104ff.).

genutzt werden, wie dies etwa zwischen den beiden Konkurrenten Apple und Microsoft im Bereich der grafischen Benutzeroberflächen der Fall war. Obwohl Apple der Pionier war, konnte Microsoft durch intensiv geführte Werbekampagnen und Kooperationen mit Hardwareherstellern als früher Folger letztlich einen Großteil der Marktanteile für sich gewinnen.[293]

Neben den strategischen spielen auch taktische Überlegungen eine Rolle hinsichtlich des Eintrittszeitpunkts am Markt. Dazu zählen etwa saisonale Zyklen, die Dispositionszeiten des Handels oder die Termine von wichtigen Messen und Ausstellungen.[294] Diesbezüglich sind im Unternehmen rechtzeitig entsprechende Vorkehrungen zu treffen, damit der geplante Einführungszeitpunkt auch eingehalten werden kann.[295]

6.2 Innovationsmarketing

Da die Markteinführung von Innovationen häufig mit Unsicherheiten und Risiken verbunden ist, sind die Analyse des Marktes, die Kontakte mit potenziellen Kunden, die genaue Planung des Marketing-Konzepts sowie eine gezielte Durchführung der Marketingmaßnahmen von großer Relevanz für den Produkterfolg. Daher kommt dem Innovationsmarketing in der Phase der Markteinführung eine besondere Bedeutung zu. Es umfasst alle Aktivitäten, die zu einer marktgerichteten Orientierung des Innovationsprozesses führen. Dabei wird mithilfe eines ausgewogenen Marketing-Mix und aufeinander abgestimmter Maßnahmen das Ziel verfolgt, *„den Markt auf das neue Produkt und das neue Produkt auf den Markt vorzubereiten.“*[296] Zudem hat das Innovationsmarketing auch unternehmensintern Einfluss zur Schaffung von Mitarbeiterakzeptanz gegenüber dem Neuprodukt.[297]

6.2.1 Bedeutung und Positionierung des Innovationsmarketings

Die Bedeutung des Innovationsmarketings illustriert eine Studie von Kleinschmidt et al. (1996), in der festgestellt wurde, dass bei Produkten mit ausreichenden Marketingaktivitäten im Vergleich zu Innovationen mit mangelnden Maßnahmen eine doppelt so hohe Erfolgsquote erzielt wurde. Jedoch weisen Innovationsprojekte, die mit mäßiger Qualität der Marketingmaßnahmen über jenen mit mangelnden Maßnahmen liegen, ähnliche Erfolgsquoten wie solche mit hoher Qualität auf. Dementsprechend scheint bereits ein mäßiger Marketingaufwand die Erfolgswahrscheinlichkeit am Markt beträchtlich zu erhöhen (vgl. Abbildung 38).[298]

---

[293] Vgl. Vahs und Burmester (2002: 111).
[294] Vgl. Brockhoff (1999b: 270).
[295] Vgl. Vahs und Burmester (2002: 267).
[296] Vahs und Burmester (2002: 263)
[297] Vgl. Vahs und Burmester (2002: 266).
[298] Vgl. Kleinschmidt et al. (1996: 23f.).

Positive Auswirkungen zeigte ein effektives Innovationsmarketing auch auf die Höhe des Marktanteils sowie die Absatzmenge, den Gewinn und die Rentabilität der untersuchten Innovationen.[299]

Abbildung 38: Der Einfluss der Qualität von Marketingaktivitäten auf den Innovationserfolg

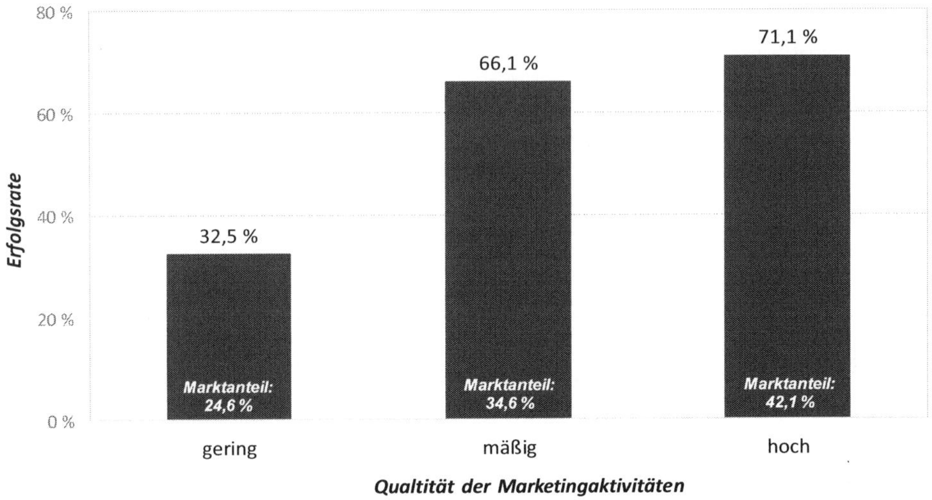

Quelle: Eigene Darstellung nach Kleinschmidt et al. (1996: 22)

Das Innovationsmarketing beginnt mit der im folgenden Kapitel näher beschriebenen Marketing-Analyse bereits nach der Phase der Ideengenerierung und -auswahl und ermöglicht dadurch ein den gesamten Innovationsprozess begleitendes Marketing-Konzept (vgl. Abbildung 39). Die geplante Marketingstrategie kann hierzu in iterativen Schleifen an sich ändernde technologie- und marktgetriebene Faktoren angepasst werden. Der Neuproduktentwicklungsprozess ist dementsprechend kein strikt sequenzieller Prozess, sondern weist Elemente auf, die sich zeitlich parallel und voneinander abhängig gestalten.

[299] Vgl. Kleinschmidt et al. (1996: 23.).

Abbildung 39: Die Stellung des Marketing-Konzepts im Neuproduktentwicklungsprozess

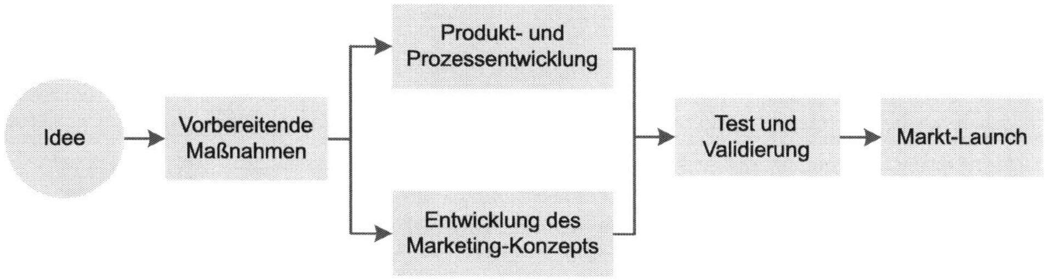

Quelle: Eigene Darstellung

Durch die frühe Einbindung des Marketing-Konzepts im Rahmen der Produkt- und Prozessentwicklung können die Bedürfnisse der Abnehmer bereits früh berücksichtigt werden. Oft gestaltet sich die Innovationsdynamik jedoch sehr technologiegesteuert und vernachlässigt so häufig die Bedürfnisse der Nachfrager,[300] obwohl insbesondere eine frühe Marktorientierung wesentlich zum Erfolg einer Innovation beitragen würde.[301]

Gerade in wettbewerbsintensiven Märkten ist die Planung einer effektiven Marketingstrategie von enormer Bedeutung für eine erfolgreiche Markteinführung. Diese Tatsache wird jedoch besonders in mittelständischen und technikorientierten Unternehmen häufig unterschätzt.[302]

6.2.2 Marketing-Analyse

In der Marketing-Analyse werden die verfügbaren Marktinformationen gesammelt und ausgewertet. Diese in mehrere Teilgebiete gegliederte Analyse (vgl. Abbildung 40) bildet in weiterer Folge die Basis für die Konzeption einer erfolgreichen Markteinführung.[303]

So erfasst die *Marktvolumen-Analyse* Daten zu Umsätzen und Absatzmengen, die sowohl den Gesamtmarkt als auch den nach Produkten, Konsumentengruppen, Absatzkanälen oder Regionen aufgeteilten Markt beschreiben.

---

300 Vgl. Backhaus und Voeth (1995: 396f.).
301 Vgl. Salavou (2002: 164f.).
302 Vgl. Witt (1996: 44).
303 Vgl. Witt (1996: 45).

Abbildung 40: Marketing-Analyse

Marktvolumenanalyse mit Absatzprognose	Anbieter-Analyse	Media-Analyse
• Umsätze und Absatzmengen (Menge und Wert), gesamt und aufgeteilt nach Produkten/Marken, Kundengruppen, Absatzkanälen und Regionen • Saisonverteilung	• Wettbewerbsumfeld (einschließlich Substitutionsbeziehungen) • Wettbewerber • angebotene Produkte/Marken • Marktanteile • Produktpolitik • Marktverhalten • Firmenprofile • Werbebotschaften	• Werbeaufwendungen für einzelne Marken und für den Gesamtmarkt • Eignung der vorhandenen Medien

Verbraucher-Analyse	Händler-Analyse
• Anzahl der Verbraucher (Personen, Haushalte) • Segmentierung (z. B. soziodemografische Struktur, Typologien) • Verwendungsverhalten • Verbrauchsintensität • Einkaufsverhalten (z. B. Einkaufsperiode, -mengen, Markentreue) • Informationsverhalten • Kaufmotivationen	*nach Vertriebstypen und Kooperationsformen* • Anzahl und Betriebsgrößen (z. B. Verkaufsfläche) • Sortimentspolitik • Preisstrategien • Verkaufsmethoden • Absatzförderung • Einkaufsorganisation (z. B. Einkaufsgremien) und -politik • logistische Anforderungen

Quelle: Eigene Darstellung nach Witt (1996: 45f.)

Die *Anbieter-Analyse* gibt Aufschluss über das Wettbewerbsumfeld und dessen Charakteristika.[304] Dabei kann beispielsweise auf die Analyse der ‚Fünf Kräfte des Wettbewerbs' von Porter (1995) zurückgegriffen werden, um Informationen zum Einfluss von Abnehmern, Lieferanten, Substitutionsprodukten, bestehenden sowie zukünftigen Wettbewerbern zu untersuchen (vgl. Abbildung 41).[305]

---

[304] Vgl. Witt (1996: 45).
[305] Vgl. Porter (1995: 27f.).

Abbildung 41: Die fünf Kräfte des Wettbewerbs

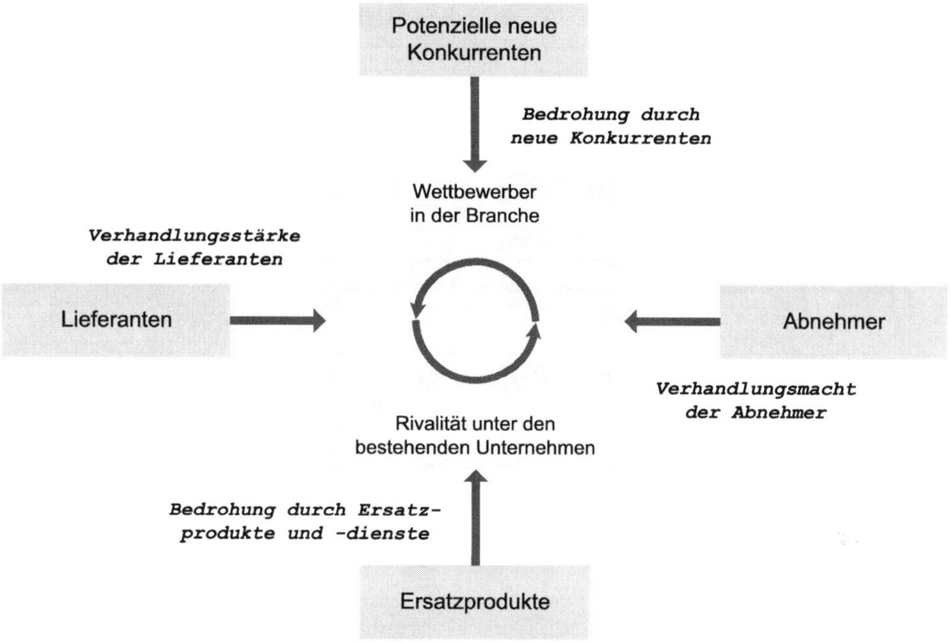

Quelle: Eigene Darstellung nach Porter (1995: 26)

Zur Planung einer effektiven Kommunikationsstrategie wird im Rahmen der Marketing-Analyse eine *Media-Analyse* durchgeführt, bei der insbesondere eine Eignungsprüfung verschiedener Medien stattfindet.

Essenziell ist auch die *Verbraucher-Analyse*, die die am Markt agierenden Individuen in ihrem Verhalten und ihrer Struktur charakterisiert.

Abschließend ist die Untersuchung der Händler in Hinblick auf Aspekte der Organisation und des Strategieverhaltens notwendig, die in der *Händler-Analyse* festgehalten werden.[306]

6.2.3 Marketing-Konzept

Die aus den vorhergehenden Analysen gewonnenen Daten und festgelegten Strategien dienen nun zur Erstellung des Marketing-Konzepts, das Richtlinien für die klassischen Handlungsfelder der 4 Ps (*Product*, *Price*, *Place*, *Promotion*) präsentiert.

Hierbei werden beim *Produktkonzept* Schwerpunkte auf die Verwendung des Produkts durch den Kunden, die designtechnische Gestaltung sowie seine Eigenschaften gelegt.

Die *Kontrahierungsstrategie* beschäftigt sich mit der Setzung geeigneter Preise und eventueller Konditionen (Rabatte etc.).

---

306 Vgl. Witt (1996: 45f.).

Im nächsten Schritt wird eine *Kommunikationsstrategie* entworfen, die über geplante Maßnahmen bezüglich Werbung, Verkaufspromotion und Sponsoring Aufschluss gibt.

Die *Vertriebsstrategie* hingegen hat den Aufbau bzw. die Nutzung eines geeigneten Vertriebssystems und Kundendienstes zur Aufgabe. Zudem werden an dieser Stelle die verfügbaren Budgets für die genannten Gebiete bestimmt.[307]

6.3 Stufenmodell der Markteinführung

Angesichts vielfältiger Charakteristika innovativer Produkte gibt es keine allgemeingültige und standardisierte Vorgehensweise zur Umsetzung der Marketingaktivitäten bei der Produkteinführung. Dennoch können mit dem Stufenmodell des Innovationsmarketings nach Vahs und Burmester (2002) fünf Schritte im Einführungsprozess definiert und Handlungsrichtlinien aufgezeigt werden: Unternehmensinterne Vorbereitung, Vorfeld-Marketing, Pilot-Marketing, Produktstart und Allgemeines Marketing (vgl. Abbildung 42).

Abbildung 42: Stufenmodell der Markteinführung von Neuerungen

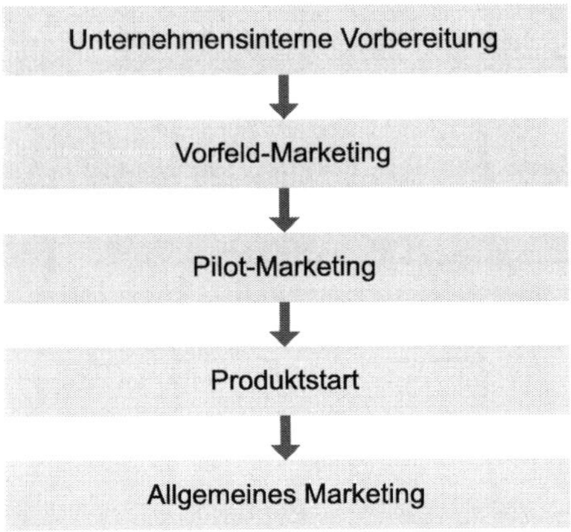

Quelle: Eigene Darstellung nach Vahs und Burmester (2002: 266)

6.3.1 Unternehmensinterne Vorbereitung

Für den Erfolg einer Innovation ist die unternehmensinterne *Mitarbeiterakzeptanz* gegenüber dem Neuprodukt von großer Bedeutung, denn viele Produktinnovationen scheitern nicht zuletzt an schwachem und unprofessionell durchgeführtem Marketing nach innen.[308] So ist etwa der Kommunikation zwischen der F&E-Abteilung und dem

[307] Vgl. Witt (1996: 45f.).
[308] Vgl. Trommsdorff (2000: 39).

Marketing besondere Aufmerksamkeit zu schenken, damit Erfolg versprechende technologische Ideen intern weitergeführt werden.[309] Dies wird nicht zuletzt gestützt von einer Untersuchung, der zufolge Marketing- und F&E-Verantwortliche hinsichtlich strategisch wichtiger Aussagen über Kunden, Wettbewerber, Auslandsmärkte und Technologien nur zu 54 Prozent übereinstimmten und dies, obwohl sich die Leiter dieser Bereiche mehr als ein halbes Dutzend Mal pro Jahr zu strategischen Gesprächen trafen.[310]

Besonders in High-Tech-Unternehmen dürfte die *Verzahnung der F&E- und der Marketingabteilung* unabdingbare Voraussetzung für den Erfolg von Innovationen sein. Da das Produkt aufgrund langer Entwicklungszyklen nicht wie beim Konsumgütermarketing rasch auf den Markt gebracht werden kann, müssen geplante Maßnahmen ständig an sich verändernde technologie- und marktgetriebene Gegebenheiten angepasst werden. Die Aktivitäten des High-Tech-Marketings konzentrieren sich daher auch weniger auf die klassischen Bereiche Werbung und Absatzförderung[311], sondern vielmehr auf den produktspezifischen Kernbereich der Entwicklung. Dementsprechend spielt die unternehmensinterne Vorbereitung in High-Tech-Unternehmen eine besonders wichtige Rolle, bei der Entwickler in den Mittelpunkt des internen Marketings rücken.[312]

Im Rahmen der unternehmensinternen Vorbereitung gilt es also, die Mitarbeiter von den Vorteilen der Innovation – insbesondere bei einem hohen Neuheitsgrad – gegenüber den bestehenden Produkten zu überzeugen, da sie den weiteren Innovationsprozess steuern und vorantreiben müssen.[313]

Zur Erklärung des Mitarbeiterverhaltens bei der Überwindung von *Widerständen* und zur Steigerung der Akzeptanz im Innovationsprozess kann auf das *Promotorenmodell* von Witte (1973) zurückgegriffen werden, bei dem zwischen Macht- und Fachpromotoren unterschieden wird. Der *Machtpromotor* tritt dabei als aktiver Förderer der Innovation auf und überzeugt unschlüssige Kollegen und Gegner von den Vorteilen des Produkts aus seiner meist einflussreichen organisatorischen Stellung. Der *Fachpromotor* hingegen nutzt sein fachliches Wissen, um für die Innovation zu werben. Besonders effektiv ist dabei ein Promotoren-Gespann, bei dem beide Typen zusammen für die Innovation eintreten.[314] Es zeigt sich also, dass die Aktivierung bestimmter Mitarbeiter als Befürworter der Innovation im Rahmen der unternehmensinternen Vorbereitung eine grundlegende Voraussetzung für den Erfolg des Neuprodukts ist.

309 Vgl. Boutellier und Völker (1997: 55).
310 Vgl. Brockhoff (2005: 11f.) und Brockhoff (1989: 15ff.).
311 Vgl. zur Markterprobung von Investitionsgütern auch Kapitel 6.3.3.2.
312 Vgl. Schaible und Hönig (1996: 9ff.).
313 Vgl. Vahs und Burmester (2002: 266f.).
314 Vgl. Witte (1973: 17ff.).

6.3.2 Vorfeld-Marketing

Im Vorfeld-Marketing tritt die *Analyse des externen Umfelds* in den Vordergrund, wobei bereits vor der tatsächlichen Markteinführung ein intensiver Kontakt mit innovationsfreudigen Kunden gesucht wird.[315]

Dabei kann etwa auf identifizierte *Lead-User* zurückgegriffen werden, die zum Beispiel im aktuellen oder in früheren Innovationsprojekten eine Trendsetterrolle eingenommen haben.[316] Dies ist insofern von Vorteil, da Lead-User häufig als Meinungsführer agieren,[317] wobei unter Meinungsführern (‚opinion leader') Individuen verstanden werden, die etwa aufgrund ihrer technologischen Kompetenz und sozialen Stellung die Einstellung anderer gegenüber Innovationen beeinflussen können.[318] Die Einbindung von Lead-Usern in der Phase des Vorfeld-Marketings kann daher insbesondere nachfrageseitige Unsicherheiten reduzieren. So entsteht auf Konsumentenseite aufgrund des Neuheitsgrads von Innovationen oftmals hoher Informationsbedarf – etwa in Bezug auf Kompatibilität und Wirkungsweise des Produkts. Dieser Bedarf kann insbesondere durch die gezielte Einbindung von Lead-Usern und deren Vorreiterfunktion adressiert werden. Die Herausforderung liegt dabei in der repräsentativen Auswahl der Lead-User, um eine effektive Basis für die Übertragung der kommunizierten Informationen auf den gesamten Zielmarkt zu bilden.[319] Der Lead-User Ansatz kann somit ein geeignetes Instrument zur Schaffung günstiger Ausgangsbedingungen für eine ausreichende Marktakzeptanz sein.[320]

Ebenso können mithilfe von Produktdemonstrationen die Reaktionen der potenziellen Kunden erhoben und daraus Konsumentenanforderungen sowie der wahrgenommene Nutzen des Produkts abgeleitet werden.[321]

6.3.3 Pilot-Marketing

In der Phase des Pilot-Marketings werden mithilfe von (häufig geografisch) begrenzten Testmärkten etwaige Schwächen des Neuprodukts aufgedeckt. Zum einen kann hierbei die Akzeptanz der Innovation in einem realen Umfeld ermittelt und zum anderen können die Testmärkte bereits für gezielte Vorankündigungen genutzt werden.[322]

---

315 Vgl. Backhaus und Voeth (1995: 403).
316 Vgl. Meffert (2000: 391).
317 Vgl. Morrison et al. (2000), Morrison et al. (2004) sowie Urban und von Hippel (1988: 581).
318 Vgl. Rogers (2003: 27f.). Somit sind Lead User aufgrund der überschneidenden Eigenschaften auch Early Adopter nach Rogers (2003: 248f.) Adoptorenkategorien und haben eine wichtige Rolle in der Innovationsdiffusion, dienen sie doch nachfolgenden Adoptoren als Vorbild.
319 Vgl. Backhaus und Voeth (1995: 403f.).
320 Die Einbindung von Lead Usern dient auch der Identifikation von Bedürfnissen und Anforderungen an Produkte im Innovationsprozess bzw. kann zu ‚user innovations' führen (vgl. hierzu Kapitel 2.6.).
321 Vgl. Vahs und Burmester (2002: 267f.).
322 Vgl. Vahs und Burmester (2002: 269ff.).

Je höher allerdings der Innovationsgrad, desto beschränkter ist die Aussagekraft eines solchen konventionellen Markttests, da Innovationen häufig eine Neustrukturierung des Nutzungskontextes voraussetzen und die damit verbundenen Implikationen in der Regel kurzfristig kaum erkennbar sind.[323]

Die *Vorankündigungspolitik* wiederum gründet im zweiteiligen Verbreitungsprozess der Adoption, demgemäß jedem physischen Kauf eine zeitlich vorgelagerte Informationsversorgung hinsichtlich des neuen Produkts vorangeht. Bei Impulskäufen kann die Zeitspanne zwischen den beiden Teilen gegen Null gehen, bei komplexeren technischen Gebrauchsgütern und Anlagen hingegen Monate oder Jahre betragen.[324] Dieser Prozess determiniert somit die Entscheidung über den günstigsten Zeitpunkt der Vorankündigung der Innovation. Dies kann im Rahmen von Fachvorträgen, Ausstellungen, über informelle Gruppen (z. B. Diskussionskreise) oder über Gremien (z. B. Fachausschüsse) erfolgen, bevor – mit zeitlichem Abstand – die konkreten Produktangebote tatsächlich auf den Markt gebracht werden.[325]

Auch der Umfang der durchgeführten *Markterprobungsaktivitäten* richtet sich nach der Art des Produkts und der Beschaffenheit des Marktes. So wird gerade bei Innovationen im Investitionsgüterbereich häufig die Markterprobung als Risikofaktor angesehen, da Produktinformationen bereits vor der tatsächlichen Markteinführung für Konkurrenzunternehmen zugänglich sind. Sie kommt deshalb meist bei Konsumgütern oder kurzlebigen Verbrauchsgütern zur Anwendung.[326]

6.3.3.1 Markterprobung von neuen Konsumgütern

Bei der Markterprobung von neuen Konsumgütern zählen insbesondere Verkaufswellenforschung, Einkaufslabor, Virtual Shopping, kontrollierter Markttest und der Testmarkt zu den in der Praxis gängigen Methoden.

Die *Verkaufswellenforschung* liefert wertvolle Informationen zur Wiederkaufrate, da das Neuprodukt neben Konkurrenzprodukten zunächst kostenlos und anschließend zu einem reduzierten Preis in wiederholten Abständen angeboten wird. Dabei werden die Daten unter realitätsnahen Bedingungen überprüft; dennoch lässt sich kaum abschätzen, wie gut sich das neue Produkt letztendlich durchsetzen wird.[327]

Einkaufslabors werden zum Testen der Wirksamkeit von kommunikationspolitischen Maßnahmen genutzt. Dabei werden ausgewählte Testpersonen nach der Präsentation eines Werbespots zum Kauf in einem Einkaufslabor aufgefordert und anschließend über die Motivation des Kaufs bzw. Nichtkaufs befragt. Im Fall eines

[323] Vgl. Sattler und Schrader (1995: 1002).
[324] Vgl. Kleinschmidt et al. (1996: 181).
[325] Vgl. Kleinschmidt et al. (1996: 214).
[326] Vgl. Pleschak und Sabisch (1996: 245ff.).
[327] Vgl. Kotler und Bliemel (1999: 546).

Kaufs erfolgt zudem einige Wochen später ein weiteres Interview, um die Konsumentenzufriedenheit mit dem Neuprodukt zu erheben. Die Methode des Einkaufslabors kann relevante Informationen zu Erst- und Wiederholungskaufrate liefern. Diese Methode hat den Vorteil, nicht die Aufmerksamkeit der Konkurrenz auf sich zu ziehen, und ist zudem rasch durchführbar.[328]

Virtual Shopping existiert hingegen nur im Computer: Versuchspersonen ‚gehen' in ein virtuelles Geschäft, um ‚einzukaufen'. Darin können Veränderungen am Testprodukt leicht durchgeführt werden und das Angebot ähnlich vielfältig und komplex wie in einem realen Supermarkt dargestellt werden. Auf diese Weise erlaubt das Virtual Shopping den Produktmanagern, mit neuen Ideen einfach und relativ kostengünstig zu experimentieren.[329]

Die Methode des *kontrollierten Markttests* oder *Store-Tests* findet im Rahmen eines Handelspanels statt, bei dem das Produkt probeweise in das Sortiment eines Einzelhandelsgeschäfts eingeführt wird. Diese Form des Testmarkts erlaubt die Erhebung von Daten zu Kundennachfrage und -akzeptanz. Zugleich ist es möglich, die Wirksamkeit von begleitenden Verkaufsförderungen und Werbemaßnahmen zu untersuchen.[330]

Als *Testmärkte* können ausgewählte Städte, Regionen oder auch gesamte Länder dienen. So nutzt beispielsweise T-Mobile die Überschaubarkeit und Repräsentativität des österreichischen Marktes, um künftige innovative Anwendungen auszuprobieren.[331] Dieses Vorgehen generiert durch die umfassende Erprobung des Produkts wertvolle Ergebnisse, muss jedoch mit vergleichsweise sehr hohen Kosten erkauft werden.[332]

6.3.3.2 Markterprobung von neuen Investitionsgütern

Wegen der hohen F&E-Kosten sowie sehr spezifischer Anwendungssituationen sind Markterprobungen im Investitionsgüterbereich weit weniger gebräuchlich als im Konsumgüterbereich bzw. oft überhaupt nicht durchführbar. Dennoch spielt auch hier die Gewinnung von Daten über Kundenakzeptanz und die Wirksamkeit von Marketingmaßnahmen eine bedeutsame Rolle. Zur Erprobung von Investitionsgütern stehen dem Unternehmen etwa die auf der Lead-User Methode basierenden *Produkttests durch die Anwender* zur Verfügung. Ebenso können Produktpräsentationen auf *Fachmessen* oder Vergleichsmöglichkeiten im Rahmen von Tests in *Ausstellungsräumen*

---

328 Vgl. Kotler und Bliemel (1999: 547).
329 Vgl. Burke (1996: 111).
330 Vgl. Kotler und Bliemel (1999: 547f.).
331 Vgl. T-Mobile [Zugriff am 18.08.2005].
332 Vgl. Kotler und Bliemel (1999: 548).

durchgeführt werden, jedoch mit der Problematik der Preisgabe von Informationen nicht nur an die Kunden, sondern auch an die Konkurrenten. Eingeschränkt kann auch die *begrenzte Vermarktung* eingesetzt werden. [333]

Auf Messen und Ausstellungen können potenzielle Kunden, die zum Teil bereits umfangreiches Vorwissen im jeweiligen Produktbereich besitzen, neue Produkte besichtigen und ausprobieren. Wiewohl auf diese Weise rasch Informationen über das Kundeninteresse gewonnen werden können, nahm und nimmt der traditionell hohe Stellenwert von Messen im Industriegüterbereich stark ab. Unternehmen konzentrieren sich stattdessen vermehrt auf Medienarbeit und interne Kommunikation. Des Weiteren hat das Internet in den letzten Jahren an Bedeutung im Kaufentscheidungsprozess gewonnen.[334]

6.3.4 Produktstart

Nach einem erfolgreichen Pilot-Marketing wird das Produkt offiziell in den Markt eingeführt. In einigen Branchen wird der *Produktstart* durch Messen oder andere groß angelegte Events signalisiert, wie etwa auf der ‚Internationalen Automobil Ausstellung' für den Automobilsektor. Ebenso begleiten häufig ganzheitliche Werbekampagnen Innovationen auf ihrem Weg in den Markt.[335] Der Produktstart leitet die Aktivitäten des folgenden klassischen Marketings ein.

6.3.5 Allgemeines Marketing

In der Phase des allgemeinen Marketings werden nun die im Marketing-Konzept definierten Maßnahmen umgesetzt, die durch die klassischen Handlungsfelder Produkt-, Preis-, Kommunikations- und Vertriebspolitik der 4 Ps abgesteckt werden.

Die *Produktpolitik* beschäftigt sich mit der Namensgebung des Produkts, seiner Verpackungsgestaltung, etwaigen Zusatzleistungen und dem Aufbau des Kundendiensts.

Preispolitisch erfolgt die Festlegung des Einführungspreises, der begleitenden Konditionen (Umtausch- und Rückgaberechte, Skonti, Rabatte etc.) sowie der gewählten Preisstrategie. Letztere kann grob in Abschöpfungs- und Penetrationsstrategie unterschieden werden. Während Pioniere meist die Abschöpfungsstrategie wählen, um ihre Vorreiterstellung am Markt auszunutzen und den Markt durch eine temporäre Hochpreisstrategie abzuschöpfen, zielt die Penetrationsstrategie bei einer hohen Preissensibilität des Marktes durch eine nachdrückliche Niedrigpreisstrategie auf die Erschließung zusätzlicher Marktanteile. Sie eignet sich damit insbesondere für

---

[333] Vgl. Kotler und Bliemel (1999: 550f.).
[334] Vgl. Booz Allen Hamilton und c-trust [Zugriff am 17.08.2005].
[335] Vgl. Vahs und Burmester (2002: 270).

Folger und Imitatoren mit dem Ziel, sich gegen ihre Konkurrenten am Markt zu behaupten.[336]

Die *Kommunikationspolitik* baut auf der im Marketing-Konzept festgelegten Kommunikationsstrategie auf und setzt gezielte Maßnahmen in den Bereichen Werbung, Verkaufsförderung, Public Relations, Sponsoring, Messen, Events und persönlicher Verkauf. Mithilfe von Daten der Media-Analyse werden geeignete Werbeträger ausgewählt, die mittels maßgeschneiderter Werbebotschaften die Positionierungsstrategie der Innovation und deren Diffusion am Zielmarkt unterstützen. Begleitend können Public Relations-Maßnahmen getroffen werden, um ein positives Image des Unternehmens zu kommunizieren, was insbesondere im Innovationsmarketing zur gezielten Ansprache von Innovatoren über Fachzeitschriften genutzt wird.

Bei Konsumgütern spielt vor allem der Einsatz von verkaufsfördernden Maßnahmen eine bedeutende Rolle. Kostenlose Warenproben oder Preisausschreiben zählen dabei zu den Verbraucherpromotions und finden meist direkt am Point-of-Purchase statt. Im Bereich der Industriegüter hingegen ist das Instrument des persönlichen Verkaufsgesprächs von größerer Bedeutung, in dem der Verkäufer den Kunden von den Vorteilen der Innovation zu überzeugen versucht. Hierbei sind Kompetenz, Glaubwürdigkeit und Überzeugungskraft maßgebliche Kriterien bei der Auswahl des Verkaufspersonals.[337]

Die *Distributionspolitik* steuert die Übertragung des Produkts vom Hersteller auf den Konsumenten. Bedingt durch die Neuheit einer Innovation ist die im Marketing-Konzept angesprochene Vertriebsstrategie und der Aufbau neuer Vertriebswege, auf die bei der Markteinführung zurückgegriffen wird, essenziell. Ist bei technologischen Innovationen hoher Erklärungsbedarf gegeben, muss dieser durch geschulte Vertriebsmitarbeiter gedeckt werden können.[338]

Bei den Vertriebswegen kann zwischen *direktem* und *indirektem Vertrieb* unterschieden werden (vgl. Abbildung 43). Die Zusammenarbeit mit Vertriebsdienstleistungsanbietern bringt den Vorteil, dass die unternehmensinternen Ressourcen auf die Kernbereiche im Markteinführungsprozess konzentriert werden können.[339] Auf der anderen Seite liegt beim direkten Vertriebsweg die Präsentation des Produktkonzepts und seiner Vorteile bei den eigenen Mitarbeitern, was neben einem geringeren Schulungsaufwand auch zu einer größeren Motivation und Identifikation mit dem hauseigenen Neuprodukt durch das eigene Verkaufspersonal führt. Welche Absatzform gewählt wird, leitet sich letztendlich aus den Charakteristika des Unternehmens, den bereits bestehenden Produkten sowie der Beschaffenheit der Innovation ab.[340]

---

336 Vgl. Pleschak und Sabisch (1996: 257).
337 Vgl. Vahs und Burmester (2002: 274f.).
338 Vgl. Vahs und Burmester (2002: 276f.).
339 Vgl. Witt (1996: 55).
340 Vgl. Kleinschmidt et al. (1996: 201).

Abbildung 43: Formen des indirekten und direkten Vertriebs

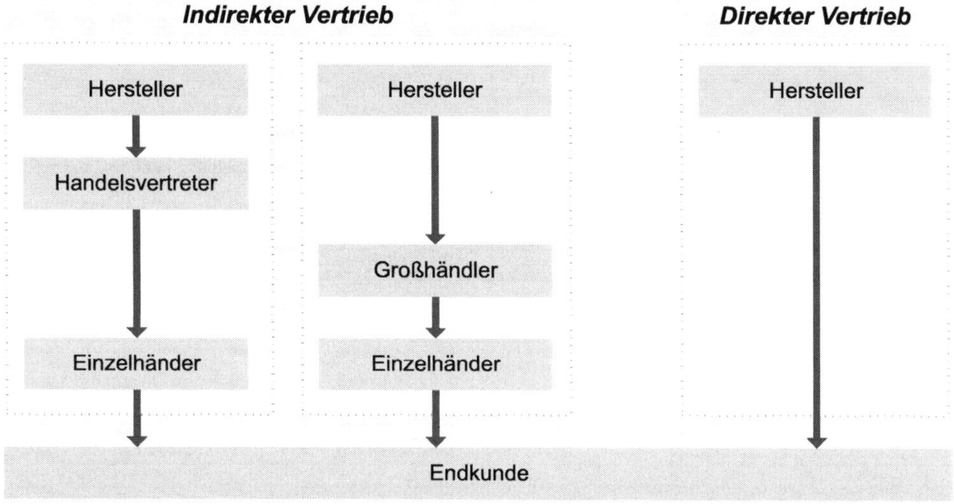

Quelle: Eigene Darstellung nach Vahs und Burmester (2002: 278)

6.4 Kontrolle der Markteinführung

Schließlich sind für den Erfolg einer Innovation die den gesamten Produktentwicklungs- und Markteinführungsprozess begleitenden Kontrollmaßnahmen von Bedeutung. Diese dürfen auch nicht mit der Markteinführung enden, sondern müssen bis zur Erreichung der unternehmensinternen Marketingziele andauern.[341]

Probleme im Markteinführungsprozess sind häufig durch zeitliche Verzögerungen, finanzielle Engpässe oder unzureichende Marktforschung begründet. Außerdem kann das Produkt selbst Mängel aufweisen oder Kundenbedürfnisse nicht hinreichend befriedigen – eine Erkenntnis, zu der man mitunter erst nach der tatsächlichen Markteinführung gelangt. Auch der Marketing-Mix kann in seinen Bestandteilen schlecht geplant und ausgeführt sein. Besonders fehlende Kundenakzeptanz oder mangelnde Erfüllung spezifischer Kundenwünsche wird dann die Diffusion der Innovation am Markt hemmen.[342]

Falls das Unternehmen mit den genannten Schwierigkeiten konfrontiert wird und diese frühzeitig erkennt, können nötige Gegenmaßnahmen in die Wege geleitet werden.[343] Dies kann zum einen die gezielte Aufstockung des Marketingbudgets oder eine Intensivierung der geplanten Aktivitäten sein, zum anderen können frühzeitige An-

---

[341] Vgl. Crawford (1992: 262).

[342] Vgl. Pleschak und Sabisch (1996: 259).

[343] Vgl. Pleschak und Sabisch (1996: 259f.).

passungen des Marketing-Konzepts oder bestimmter Produktcharakteristika vorgenommen werden. Lassen sich die Schwierigkeiten nicht beheben, sollte das Produkt vom Markt genommen werden, um drohende Verluste abzuwenden.[344]

---

344 Vgl. Crawford (1992: 282).

7 Innovationswirtschaftliche Erfolgsfaktoren

Die innovationswirtschaftlichen Erfolgsfaktoren repräsentieren das letzte Kernfeld im Innovations- und Technologiemanagement (siehe Abbildung 44). Spätestens in dieser letzten Phase zeigt sich – quasi als Resultat vorhergegangener Entscheidungen – der Erfolg oder Misserfolg einer Innovation. Die Bedeutung innovationswirtschaftlicher Erfolgsfaktoren wird nachfolgend näher beleuchtet werden. Abschließend finden sich beispielhaft mögliche Ursachen für das Scheitern von Innovationen.

Abbildung 44: Einordnung des Erfolgs

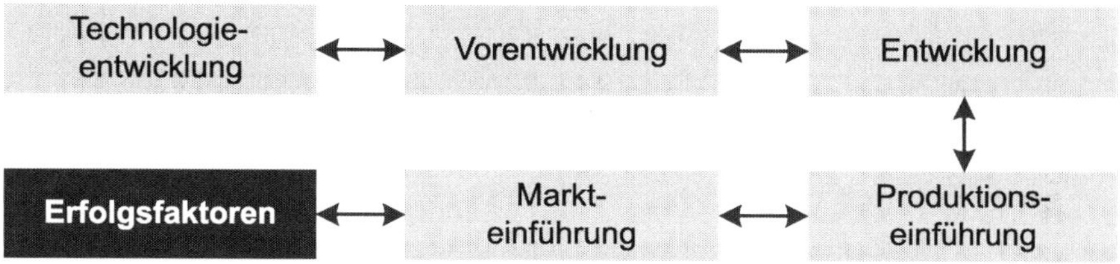

Quelle: Eigene Darstellung

Innovationsmanager stellen sich zwangsläufig die Frage, wie der Erfolg einer Innovation sichergestellt werden kann. Hierfür müssen eine Reihe von Erfolgsfaktoren berücksichtigt werden, von denen die Markt-, Zeit- und Kostengerechtheit zu den wichtigsten zählen. Den Erfolgsfaktoren stehen jedoch Risiken gegenüber, die mit den F&E-Aktivitäten verbunden sind. Specht et al. (2002) unterscheiden vier Risikoarten, aus denen sich das Gesamtrisiko im Rahmen des Innovationsprozesses zusammensetzt:

- *Technisches Risiko* (basiert auf der Unsicherheit hinsichtlich des Ergebnisses eines Entwicklungsvorhabens; dabei wirft sich die Frage auf, ob für das gestellte Problem eine technische Lösung gefunden werden kann),
- *Zeitrisiko* (entsteht aufgrund der Unsicherheit hinsichtlich der Realisierung der durchzuführenden Aufgaben in der geforderten Zeit),
- *Kostenrisiko* (betrifft die Unsicherheit bezüglich der im Rahmen der F&E-Aktivitäten anfallenden Kosten) und
- *Verwertungsrisiko* (resultiert aus den Unsicherheiten, die sich mit der Einführung des neuen Produkts am Markt einstellen).[345]

[345] Vgl. Specht et al. (2002: 26).

7.1 Marktgerechtheit

Von einer *marktgerechten Innovation* spricht man, wenn sie den von den Anwendern geforderten Funktions- und Leistungsumfang erfüllt. Dazu gehört eine Reihe von Erwartungen, wie etwa Qualität, Preis, Prestige, Bedürfnisse, Sicherheit und psychologische Faktoren. Auch die Marktnachfrage muss hier mitberücksichtigt werden. Werden diese Erwartungen nicht vollständig erfüllt, so hat dies nachteilige Auswirkungen auf den Erfolg der Innovation. Genauso kann allerdings auch eine Übererfüllung einzelner Erwartungen zu wirtschaftlichen Nachteilen führen. Relevant ist daher für alle Innovationen ihre Marktbezogenheit und nicht die alleinige Orientierung an technischen Qualitätskriterien.

Einer der wesentlichen Gründe für den Markterfolg einer Innovation ist der *Preis*. Die langfristige Preisuntergrenze setzt sich im Wesentlichen aus den durchschnittlichen Forschungs-, Entwicklungs-, Produktions- und Vertriebskosten zusammen. Diese Untergrenze muss so festgelegt werden, dass sie kleiner oder gleich dem Nutzen ist, welchen der Kunde der Innovation beimisst. Durch diesen Nutzen wird die Zahlungsbereitschaft des Kunden bestimmt. Somit ist eine a priori Einschätzung des Kundennutzens von Vorteil, um nicht erst nach der Entwicklung des Produkts bis zur Serienreife zu erkennen, dass die Zahlungsbereitschaft der Kunden nicht einmal die Innovationskosten deckt.[346]

7.2 Zeitgerechtheit

Zeitgerechtheit bedeutet, die Forschung und Entwicklung so auszulegen, dass ein Produkt genau zum wirtschaftlich richtigen Zeitpunkt als Neuheit am Markt eingeführt wird. Damit ist ein enger Bezug zur Marktgerechtheit gegeben.

Wird ein Produkt zu früh eingeführt, kann es passieren, dass die Akzeptanz der Innovation bei den Kunden noch nicht vorhanden ist. Durch einen zu hohen Neuigkeitsgrad können Erfolg versprechende Problemlösungen scheitern.[347] Doch auch für bestehende, erfolgreiche und noch entwicklungsfähige Produkte kann die verfrühte Einführung einer Innovation zu rückgängigen Erträgen führen (*Kannibalisierungseffekt*). Bei der Findung des besten Einführungszeitpunkts helfen Technologie- bzw. Produktlebenszyklusanalysen (vgl. Abschnitt 3.1.1).[348]

Ebenso problematisch wie eine zu frühe Einführung einer Innovation kann eine zu späte Einführung sein. In diesem Fall kann der Innovator nicht den *‚first-mover-advantage‘* (zumindest kurzfristige Monopolstellung und dadurch höhere Umsätze, Festlegung der ‚Spielregeln‘ und Standards, Prestige etc.) nützen und hat in der Regel auch weniger Entfaltungsmöglichkeiten. Dementsprechend steht die F&E-Tätigkeit

346 Vgl. Kupsch et al. (1991: 1080f.).
347 Vgl. Kupsch et al. (1991: 1082).
348 Vgl. Otala (1992: 79).

in einem nicht unerheblichen Zeitwettbewerb.[349] Die Bedeutung des ‚richtigen' Zeitpunktes soll durch nachstehendes Beispiel verdeutlicht werden.

Xbox - jahrelanges Verlustgeschäft

„Microsoft führt das darauf zurück, dass zu spät gestartet worden ist; bei der nächsten Konsolengeneration soll Sony geschlagen werden.

(Redmond, 27.05.2003) Das Geschäft mit der Spielkonsole Xbox wird für Microsoft noch jahrelang ein Verlustgeschäft sein. Die Investitionen von 3,5 Mrd. Dollar würden erst in zehn bis 20 Jahren wieder hereinkommen, sagte Robbie Bach, Vizepräsident von Microsofts Home & Entertainment-Sparte, in einem Interview mit dem kanadischen Magazin ‚The Edmonton Journal'. Demnach sei die Xbox wichtig für die strategische Positionierung im Home-Entertainment-Markt. Eine Cash-Cow wie Office, Windows oder SQL-Server werde die Spielkonsole aber nie sein. Langfristig seien aber Profite zu erwarten. Dem Erzrivalen Sony will Microsoft bei der nächsten Konsolengeneration keinen Spielraum mehr lassen.

Nicht mehr hinterher hinken

Der Preiskampf im Konsolenmarkt führe dazu, dass jede verkaufte Xbox ein Verlustgeschäft sei, aber "das ist eine zehn, 15 und 20-Jahre-Investition", so Bach. Microsoft könne die Xbox zu einer kurzfristigen Investition machen und die Preise erhöhen, um mehr einzunehmen, so Bach. Angesichts der starken Konkurrenz sei dies aber nicht möglich. Dem Erzfeind Sony soll künftig keine Gelegenheit mehr gegeben werden, an Boden zu gewinnen. Den Vorteil eines früheren Starts werde Microsoft nicht mehr zulassen (die Playstation 2 war einige Monate vor den Konkurrenten Xbox und GameCube auf den Markt gekommen).

Preiskampf

‚Sagen sie mir, wann die Playstation 3 auf den Markt kommt, und wir werden zur selben Zeit da sein', zeigte sich Bach kampflustig. Auch seien Konsolenspiele nur das Zentrum der Xbox, die zu einem Multimedia-Tool werden soll. Die Umsätze der verlustbringenden Home & Entertainment-Sparte von Microsoft fielen im Ende März abgelaufenen dritten Quartal des Geschäftsjahres um 42 Prozent von 778 Mio. Dollar auf 453 Mio. Dollar. Ein Großteil des Umsatzrückganges ging auf geringere Xbox-Verkäufe bzw. verminderte Einnahmen aufgrund des Preiskampfes zurück."

[Anmerkung: Microsofts Entertainment and Devices Division, die bis 2013 für die 2001/2002 am Markt eingeführte Xbox verantwortlich zeichnete, wies bis 2007 Verluste auf (z. B. 1,8 Mrd. USD für das Jahr 2007). 2008 bis 2013 wurden für diese Abteilung Gewinne ausgewiesen, beispielsweise im Jahr 2011 mit 1,3 Mrd. USD der höchste Gewinn bei Erlösen von 8,9 Mrd. USD. Zu beachten ist, dass von dieser Einheit nicht nur die Xbox verantwortet wurde, sondern unter anderem auch Windows Phone und sowie die Lizenzeinnahmen aus dem Mobiltelefongeschäft.][350]

Quelle: Telekom Presse [Zugriff am 15.02.2006a]

[349] Vgl. Kupsch et al. (1991: 1082f.).

[350] Vgl. Cusumano (2010: 62) sowie Microsoft Corporation [Zugriff am 20.03.2020].

7.3 Kostengerechtheit

Kostengerechtheit bedeutet im Zusammenhang mit Innovationen, dass die F&E-Kosten sowie Produktions- und Servicekosten für gegebene Qualitäts- und Funktionsanforderungen eines Produktes mit bestimmten Produktanforderungen (Qualität etc.) minimiert werden. Die Bedeutung des Ressourcenverbrauchs von F&E-Aktivitäten ergibt sich aus der schwierigen *Bestimmbarkeit* und auch *Zurechenbarkeit* der F&E-Kosten.

F&E-Aufgaben sind oft komplex, unstrukturiert und variabel bzw. unterliegen nicht selten erheblichen Kostenüberschreitungen, wodurch die Gesamtkosten eines Entwicklungsprojekts ex ante oftmals schwer zu kalkulieren und zu planen sind.[351]

Die Zurechenbarkeit der F&E-Kosten stellt ein Problem dar, da die später entstehenden (und dem Produktionsbereich angelasteten) Produktionskosten eigentlich durch die Ergebnisse der Entwicklung eines neuen Produkts festgelegt werden (auch wenn der Spielraum durch vorgegebene Eigenschaften hier oft nicht sehr groß sein mag). Angesichts dessen, dass bis zu siebzig Prozent der Produktionskosten bereits durch die Art der Konstruktion festgelegt werden, kommt der Optimierung neuer Produkte hinsichtlich eines ‚einfachen' und kostengünstigen Produktionsprozesses besondere Bedeutung zu. Das ‚Auseinanderfallen' von Festlegung und Anfall der Produktionskosten wird in Abbildung 45 grafisch dargestellt.[352]

Abbildung 45: Auseinanderfallen von Festlegung und Anfall der Produktionskosten

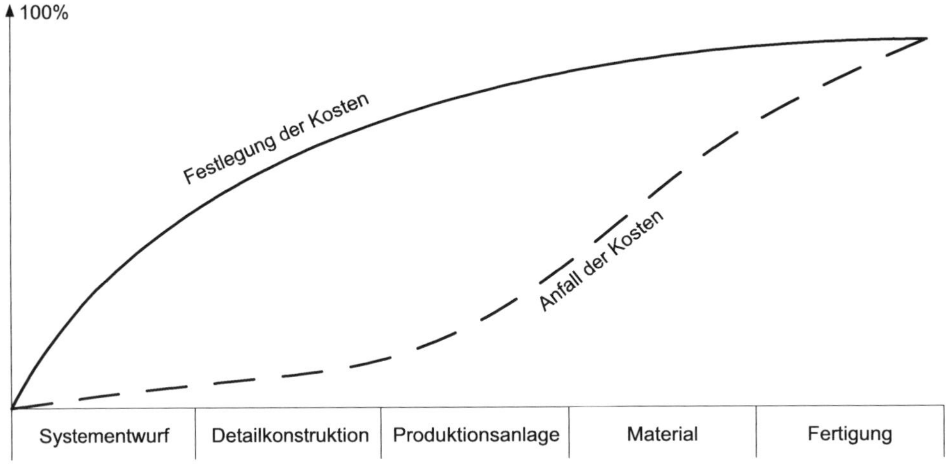

Quelle: Mirani (1987: 226)

351 Vgl. Kupsch et al. (1991: 1081).
352 Vgl. Mirani (1987: 226).

Die Zurechenbarkeit stellt insbesondere in der Kostenrechnung ein Problem dar. Stringenter wäre, die F&E-Kosten nicht wie oft üblich (hauptsächlich) dem Produktionsbereich anzulasten, sondern die Verantwortung für diese Kosten auch den ‚tatsächlichen' Verantwortlichen in der F&E-Abteilung zu übertragen. Dies ist allerdings in Kostenrechnungssystemen, in denen die Kosten nach dem Ort ihrer Entstehung zugerechnet werden, kaum möglich. Die Kosten *entstehen* erst bei der Produktion bzw. bleiben als Gemeinkosten über. Vorteilhaft wäre daher eine *verantwortungsbezogene* Zurechnung der Kosten an die Stellen, die die Kosten *veranlasst* haben. Diesen Ansatz versucht das Kostenrechnungssystem von Riebel umzusetzen, das als *relative Deckungsbeitragsrechnung* (relative Einzelkosten- und Deckungsbeitragsrechnung) bezeichnet wird und das auch Elemente der Investitionsrechnung miteinbezieht. Dabei werden alle Ein- und Auszahlungen langfristigen und kurzfristigen Entscheidungen zugerechnet und so die Ausgaben-/Einnahmenwirksamkeit von Entscheidungen miteinbezogen.[353]

Diese Art der Kostenerfassung nach der Verantwortung für bestimmte Kosten wäre für den F&E-Bereich gut geeignet. Es ist damit möglich, Produktionskosten, die durch Entscheidungen im F&E-Bereich festgelegt wurden, diesem auch zuzuweisen und somit die Kostenwahrheit/-gerechtheit in diesem Bereich wesentlich zu verbessern.[354]

7.4 Gründe für das Scheitern von Innovationen

Neben dem Studium innovationswirtschaftlicher Erfolgsfaktoren kann insbesondere aus den eigenen wie fremden Erfahrungen erfolgreicher und nicht erfolgreicher Innovationen gelernt werden. Die Gründe des Scheiterns von Innovationen können vielfältig sein. Zu den typischen Misserfolgsfaktoren zählen:[355]

- *Organisatorische*
  (z. B. zu viele Hierarchieebenen, zu hoher Spezialisierungsgrad, mangelnde interne Kooperation und Koordination)
- *Personelle*
  (z. B. fehlendes Innovationsbewusstsein, ungenügende Partizipationsmöglichkeiten der Mitarbeiter am Innovationsprozess, geringe Identifikation mit den Lösungsideen)
- *Planungsbezogene*
  (z. B. keine oder eine unklare Innovationsstrategie, falscher Markteintrittszeitpunkt, unzureichendes Innovationscontrolling, fehlgeschlagene Markteinführung aufgrund unzureichenden Innovationsmarketings, Festhalten an alten Fertigungstechnologien in der Produktion)

---

353 Vgl. Riebel (1994: 409ff.) sowie Heinen und Dietel (1991: 1267ff.).
354 Vgl. Kupsch et al. (1991: 1081f.).
355 Vgl. Vahs und Burmester (2002: 387f.).

- *Umweltbezogene*
  (z. B. unvollständige Analyse des Unternehmensumfelds, mangelnde Kenntnis der rechtlichen Rahmenbedingungen)

Abbildung 46 veranschaulicht die in der Praxis am häufigsten auftretenden Gründe für das Scheitern von Innovationen.

Abbildung 46: Gründe für das Scheitern von Innovationen

Quelle: Eigene Darstellung in Anlehnung an Cooper (2001: 25)

Von den nicht erfolgreichen Neuerungen entfallen 24 % auf unzureichende Marktanalysen und 16 % auf Produkte, die nicht die Erwartungen der Zielgruppe erfüllen. Um die Kundenanforderungen mit den Produkteigenschaften in Einklang zu bringen, müssen sowohl funktionale (unmittelbar messbare Eigenschaften, z. B. bei einem Wäschetrockner Energieverbrauch oder Geräusch), emotionale (Design, Marke) als auch Kosten-Nutzen-Kriterien (z. B. Preis, Energiekosten, eingesparte Zeit etc.) erfüllt werden. Dies lässt sich etwa mithilfe der Marktforschung herausfinden. Des Weiteren ist darauf zu achten, dass die Innovation mit dem Gesamtmarkt kompatibel ist und Schnittstellen zu bereits vorhandenen Produkten oder bestehender Infrastruktur berücksichtigt werden. Neue Software wird daher meist kompatibel mit der vorherigen Generation entwickelt, damit neue Programme auch unter einem alten Betriebssystem funktionieren.

Für 14 % der gescheiterten Innovationen ist der nicht ausreichende Marketingaufwand verantwortlich. Voraussetzung für den wirtschaftlichen Erfolg einer Innovation ist, dass die Kunden über das innovative Produkt und seine Vorteile Bescheid wissen und auch die Möglichkeit haben, dieses zu kaufen.

Eine ungeplante Überschreitung der Entwicklungskosten ist in 10 % der Fälle die Ursache für ein Scheitern, da der finanzielle Aufwand, eine Idee bis zur Serienreife zu entwickeln, oftmals unterschätzt wird. Dies kann die adäquate Erfüllung bestimmter Qualitätskriterien (wie beispielsweise Zuverlässigkeit, Verfügbarkeit etc.) sowie die notwendigen Marketingaktivitäten negativ beeinflussen und dadurch die Erfolgschancen mindern.

Auch eine am selben Markt agierende stärkere Konkurrenz kann ausschlaggebend für den Misserfolg einer Innovation sein (9 %), wenn sie Produkte mit höherer technologischer Leistungsfähigkeit anbietet und/oder ein Mitbewerber eine dominante Marktstellung innehat. Ebenso stellen substitutive Technologien der Konkurrenz mit einem höheren Leistungspotential eine Gefahr dar (z. B. Ersatz von mechanischen durch elektronische Bauteilen)[356].

Ebenso sind schlechtes Timing für den Produktlaunch (8 %) und technische Probleme bei Entwicklung und Produktion (6 %) mögliche Ursachen für das Scheitern von Innovationen. Andere Gründe (13 %) sind beispielsweise sich ändernde Rahmenbedingungen. Werden diese Änderungen ignoriert oder falsch eingeschätzt, kann dies den Erfolg einer Innovation nicht nur beeinträchtigen, sondern die Markteinführung überhaupt verhindern. Aufgrund der oftmals langen Entwicklungszeiten muss bereits frühzeitig auf Veränderungen Rücksicht genommen werden. Ein illustratives Beispiel in der Entwicklung von Kraftfahrzeugen wäre das Antizipieren möglicher Senkungen von Abgasgrenzwerten durch den Gesetzgeber.[357]

---

[356] Vgl. dazu auch das S-Kurven-Konzept in Kapitel 3.1.1.2.

[357] Vgl. Cooper (2001: 25) sowie Barske [Zugriff am 15.02.2006].

8 Organisatorische Aspekte in Forschung und Entwicklung

Die *Organisation von Forschung und Entwicklung* spielt eine wichtige Rolle bei der Umsetzung der F&E-Planung. Dazu wird im Folgenden grundsätzlich zwischen Aufbau- und Ablauforganisation unterschieden (Kapitel 8.1) und im Anschluss das Augenmerk auf verschiedene *Kooperationsformen* in Forschung und Entwicklung (Kapitel 8.2) gelegt.

Einen weiteren essenziellen und den Erfolg des gesamten Unternehmens beeinflussenden Aspekt in der Forschung und Entwicklung stellt das *Personalmanagement*, insbesondere die Personalführung, dar (Kapitel 0).

Den Abschluss der ausgewählten organisatorischen Aspekte in Forschung und Entwicklung bilden dann Fragen zur *Information und Kommunikation*, die als zentrale Voraussetzung für ein wirkungsvolles F&E-Management gelten und denen besonders in den letzten Jahren durch neue Informations- und Kommunikationstechnologien vermehrt Aufmerksamkeit geschenkt werden (Kapitel 8.4).

8.1 Organisationsformen

Die Aufgabe der Organisation in Forschung und Entwicklung ist die Gestaltung von Strukturen (*Aufbauorganisation*) und Prozessen (*Ablauforganisation*) in einer Weise, dass eine effiziente Umsetzung der Planung ermöglicht wird. Einerseits soll durch Schaffung von Freiräumen Kreativität und unternehmerische Eigeninitiative gefördert werden, andererseits muss durch definierte Regeln eine schnelle Aufgabenausführung gewährleistet sein.

Aus der Bearbeitung von F&E-Aufgaben ergeben sich zwei konkurrierende Ziele für die Organisation, nämlich[358]

- die Schaffung von *Raum für die Spezialisierung* einerseits und andererseits
- die Förderung eines möglichst hohen *Grades an Integration* (d.h., die Fähigkeit, hochkomplexe Teilprozesse in übergeordnete Prozesse – entlang der gesamten Wertschöpfungskette vom Lieferanten bis zum Kunden unter Einbeziehung der beteiligten Bereiche des Unternehmens – zu integrieren).

Die Aufbauorganisation bestimmt mittels der Aufgabenanalyse und -synthese die Verteilung der Aufgaben. Dabei werden für Personen oder Personengruppen Aktivi-

---

358 Vgl. Bürgel et al. (1996: 152).

täten inhaltlich festgelegt, indem Handlungsspielräume und Teilergebnisse koordiniert werden und dementsprechend die Antwort auf die Frage ‚wer macht was?‘ gegeben wird. [359]

„Die Art der Eingliederung von F&E in die Aufbauorganisation des Unternehmens schafft die institutionellen Rahmenbedingungen für eine erfolgreiche Umsetzung der F&E-Ergebnisse in marktfähige Produkte und Verfahren.“[360] Dabei gilt es zu überlegen, wie die Eingliederung von Forschung und Entwicklung in die Aufbauorganisation des Unternehmens erfolgen soll, wobei dies grundsätzlich auf drei Arten geschehen kann: *zentral*, *dezentral* oder *kombiniert*.[361] Einen grafischen Überblick der Eingliederungsmöglichkeiten bieten Abbildung 47 und Abbildung 48, wobei hier zusätzlich nach Verrichtungs- und Objektprinzip (funktionale bzw. divisionale Organisation) differenziert wird und Angaben zur Praxisrelevanz enthalten sind.

8.1.1 Zentrale Eingliederung von Forschung und Entwicklung

Bei der zentralen Eingliederung sind alle F&E-Aufgaben in einer Einheit zusammengefasst und einer Leitungsinstanz (Unternehmens- oder Abteilungsleitung) unterstellt. Dies ermöglicht einerseits eine Konzentration von fachspezifischem Knowhow, die Erzielung von Spezialisierungsvorteilen sowie die Nutzung von Synergien und Kostenvorteilen und eignet sich andererseits besonders für F&E-Aktivitäten, die langfristige Ziele der Gesamtunternehmung unterstützen.

Wenngleich solcherart die Koordination der bereichsinternen F&E-Aktivitäten erleichtert wird, können sich Kommunikation und Koordination zu anderen Unternehmensbereichen schwierig gestalten. Durch das Fehlen des direkten Marktzugangs kann unter Umständen nicht zielgruppenspezifisch, flexibel und schnell genug auf Veränderungen reagiert werden. Die zentrale Eingliederung von Forschung und Entwicklung eignet sich daher vor allem für Unternehmen mit einem relativ homogenen und stabilen Leistungsprogramm.[362]

8.1.2 Dezentrale Eingliederung von Forschung und Entwicklung

Schnelle und flexible Reaktionsmöglichkeiten bietet die dezentrale Eingliederung von Forschung und Entwicklung, wobei diese Vorteile am besten in divisional organisierten Unternehmen genutzt werden können. Bei der dezentralen Eingliederung werden die F&E-Aufgaben auf mehrere Einheiten verteilt und jede F&E-Organisationseinheit einer eigenen Leitungsinstanz (z. B. Divisions- oder Funktionsbereichsleiter) unterstellt. In Zeiten einer fortschreitenden Globalisierung ist die dezentrale Eingliederung oft mit einer internationalen Verteilung von F&E-Standorten verbunden.

---

[359] Vgl. Bürgel et al. (1996: 152).
[360] Vgl. Bürgel et al. (1996: 154).
[361] Vgl. Kern und Schröder (1977: 363).
[362] Vgl. Specht et al. (2002: 344) sowie Bürgel et al. (1996: 155).

Es kann dabei jedoch zu Koordinationsproblemen kommen, die in einer Duplizierung von Aktivitäten und Ressourcen münden können.[363]

Eine Sonderform der Dezentralisierung ist der Aufbau sogenannter *Horchposten*, Außenstellen oder Designstudios, die vor allem zur Informationsaufnahme auf regional abgegrenzten Märkten geschaffen werden. Solche F&E-Organisationseinheiten betreiben vorwiegend Großunternehmen wie die Daimler-Benz AG oder die Volkswagen AG.[364]

8.1.3 Kombinierte Eingliederung von Forschung und Entwicklung

Durch eine kombinierte Eingliederung werden die Vorteile der oben angeführten Organisationsformen verbunden. Eine designierte, in der Regel direkt unter der Unternehmensleitung eingerichtete F&E-Einheit übernimmt dabei meist langfristige, funktions- bzw. divisionsübergreifende Aufgaben und zwar traditionell insbesondere in der (Grundlagen-)Forschung. Entwicklungsaufgaben werden hingegen von den dezentral, in den einzelnen Teilbereichen eingerichteten Einheiten wahrgenommen, wodurch sowohl die langfristigen Unternehmensziele als auch die Bedürfnisse dieser Bereiche berücksichtigt werden. Daher handelt es sich hierbei um jene Eingliederungsform, die in der Praxis am weitesten verbreitet ist. Ein kritischer Erfolgsfaktor ist jedoch die Aufgaben- und Kompetenzverteilung zwischen Zentral- und Teilbereichen.[365]

---

[363] Vgl. Specht et al. (2002: 344f.) sowie Bürgel et al. (1996: 158).
[364] Vgl. Bürgel et al. (1996: 158).
[365] Vgl. Specht et al. (2002: 345) sowie Bürgel et al. (1996: 159).

Abbildung 47: Zentrale Eingliederungsmöglichkeiten der F&E in die Unternehmensaufbauorganisation

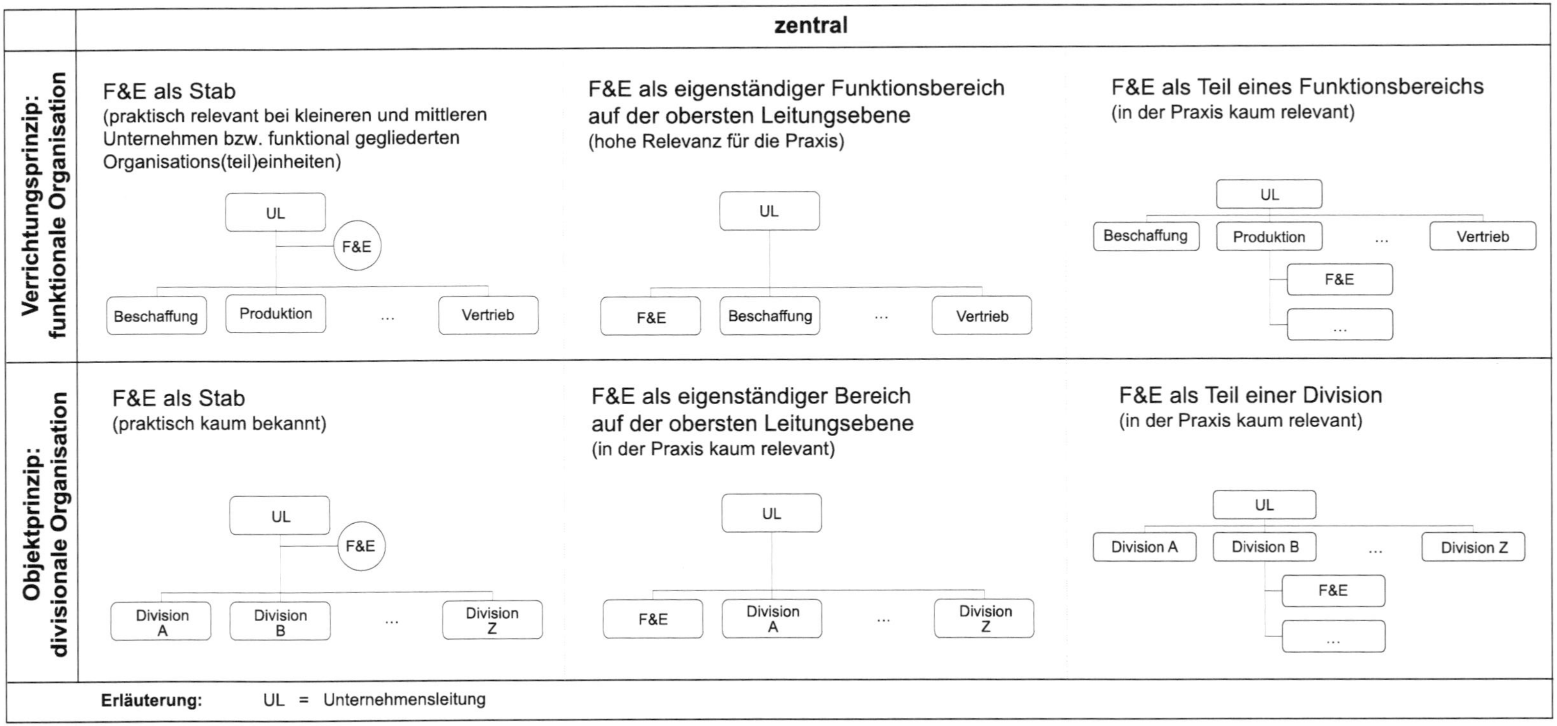

Quelle: Eigene Darstellung nach Bürgel et al. (1996: 156)

Abbildung 48: Dezentrale und kombinierte Eingliederungsmöglichkeiten der F&E in die Unternehmensaufbauorganisation

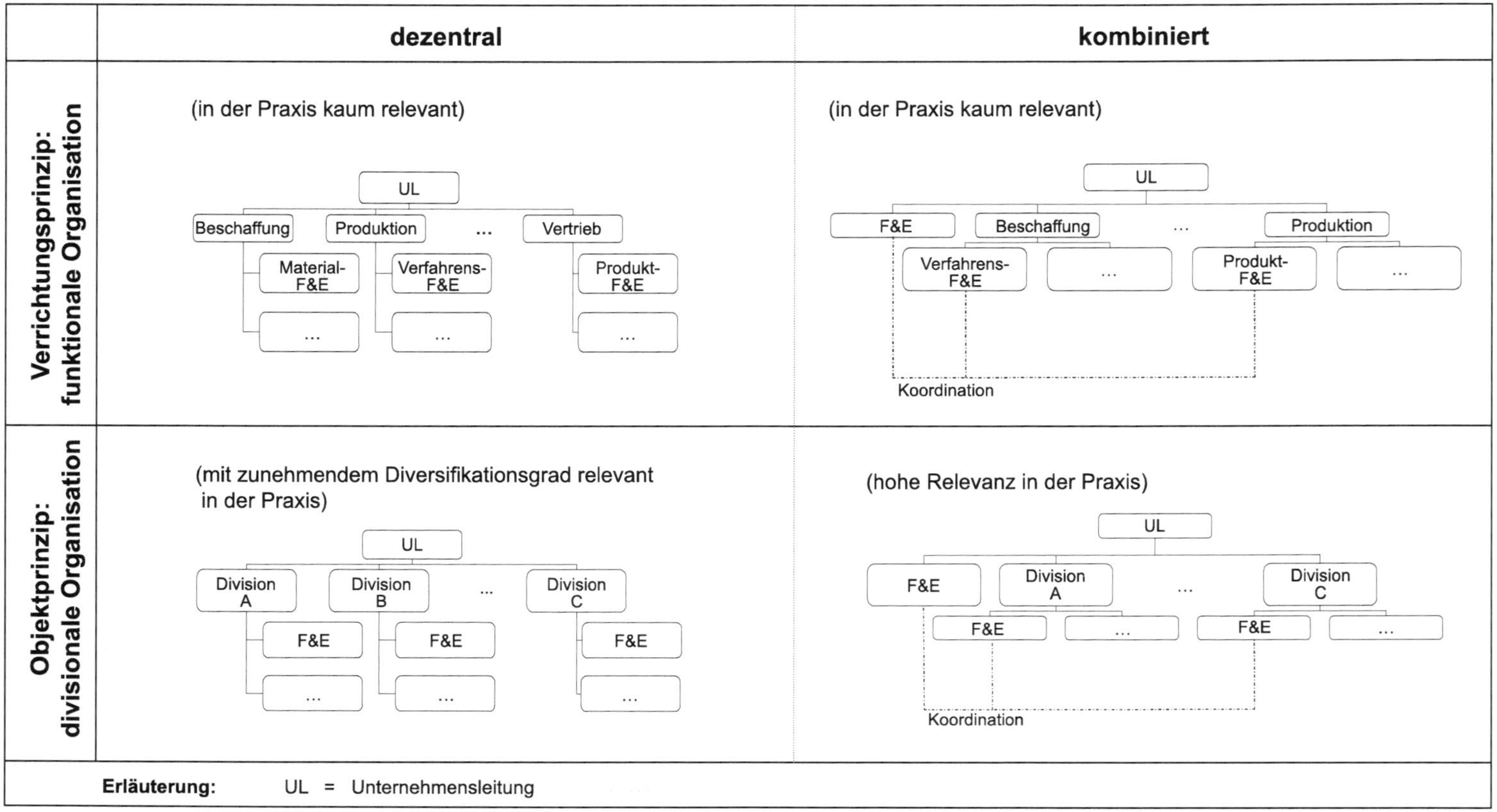

Quelle: Eigene Darstellung nach Bürgel et al. (1996: 156)

8.2 Forschung und Entwicklung in Kooperationen

Aufgrund der *Technologiedynamik*[366] und der wachsenden *Komplexität* der Technologien wird es für Unternehmen immer schwieriger, wenn nicht unmöglich, alle relevanten Technologien aus eigener Kraft rechtzeitig und in erforderlicher Qualität zu beherrschen. Deshalb konzentrieren viele Unternehmen die internen F&E-Ressourcen auf wenige ausgewählte Kernkompetenzen, um in diesen speziellen Bereichen Spitzenleistungen erbringen zu können. Eine solche Strategie macht es jedoch erforderlich, auch die Verfügbarkeit der anderen benötigten Technologien sicherzustellen, sodass den Kooperationen besondere Bedeutung zukommt.

Kooperationen sind nach Specht et al. *„durch eine bewusste gegenseitige Abhängigkeit der Kooperationspartner bei gleichzeitig weitgehendem Erhalt der Autonomie"*[367] gekennzeichnet. Obwohl in der Literatur keine einheitliche Begriffsdefinition existiert – u. a. aufgrund der Vielzahl möglicher Ausprägungen – werden Kooperationen im Allgemeinen als Organisationsform zwischen Markt und Hierarchie beschrieben (siehe Abbildung 49).

Abbildung 49: Einordnung der Kooperation als Koordinationsform zwischen Markt und Hierarchie

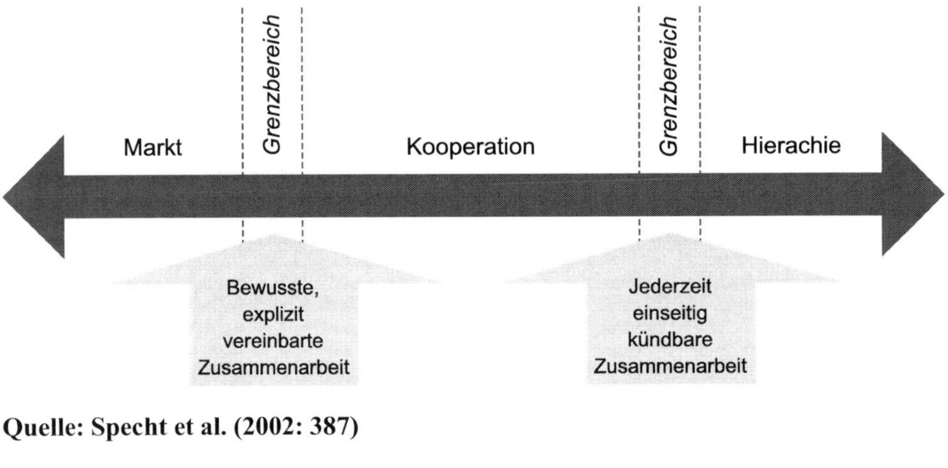

Quelle: Specht et al. (2002: 387)

Die reine *Koordination durch Märkte* basiert auf der explizit vereinbarten Zusammenarbeit zwischen den beteiligten Unternehmen (z. B. Zukauf von Lizenzen, Produkten etc. ohne Beteiligung eigener F&E). Die *Koordination durch Hierarchie* ist hingegen jene Form der Zusammenarbeit, die jederzeit einseitig gekündigt werden kann (z. B. bei einer völlig autonomen Forschung und Entwicklung innerhalb eines Unternehmens). Unter *Koordination durch Kooperation* wird die Vielzahl von Kooperationsformen mit unterschiedlich enger Zusammenarbeit bzw. unterschiedlich

366 Siehe Kapitel 3.1.

367 Specht et al. (2002: 387)

ausgeprägtem Integrationsgrad verstanden, die zwischen der reinen Koordination über Märkte und der Koordination durch Hierarchie existiert. Kooperationen haben gegenüber der unternehmensinternen Entwicklung den Vorteil des geringeren Risikos sowie einer wegen der gebündelten Ressourcen in der Regel geringeren Zeitdauer bis zur Entwicklung. Verglichen mit einem Erwerb von Ressourcen auf dem Markt haben hingegen unternehmensinterne Entwicklungen den Vorteil, unternehmensspezifische Anforderungen passgenau zu berücksichtigen.[368]

Unternehmen gehen aber häufig nicht nur einzelne Verbindungen ein, sondern schließen sich mit vielen Partnern (Kunden, Lieferanten, Wettbewerber, Forschungsinstitute etc.) zusammen, wodurch weltweite *Kooperationsnetzwerke* entstehen.[369]

F&E-Netzwerke bei Degussa

Die Degussa ist das drittgrößte deutsche Chemieunternehmen und das größte Spezialchemieunternehmen weltweit.

„Um einen steten Strom an Innovationen hervorzubringen und führende Marktpositionen auszubauen, müssen sowohl marktspezifische als auch wissenschaftliche Trends frühzeitig erkannt und umgesetzt werden. Degussa hat deshalb ihre eigene kompetente Forschung in ein globales Netzwerk mit Kooperationspartnern aus Hochschulen, Forschungsinstituten und Hochtechnologiefirmen eingebunden.

Darüber hinaus engagiert sich Degussa mit fünf Stiftungsprofessuren in der Hochschullehre; zusätzlich leisten rund 25 Mitarbeiter - darunter zehn Honorarprofessoren - als Hochschuldozenten einen aktiven Beitrag zur praxisnahen Ausbildung der Chemiestudenten."

Kooperationen – Zusammenarbeit sichert Wettbewerbsfähigkeit

„Degussa setzt auf offene und vertrauensvolle Kooperationen mit Wissenschaftlern im In- und Ausland. Die Wissenschaftler haben so die Möglichkeit, die Ergebnisse ihrer Forschung rasch zur Anwendung zu bringen. Degussa eröffnet sich umgekehrt den Zugang zur Grundlagenforschung und kann die eigenen Aktivitäten an den neuesten wissenschaftlichen Erkenntnissen ausrichten. Degussa unterhält rund 500 Kooperationen mit Wissenschaftlern aus den Bereichen Chemie, Verfahrenstechnik und Biotechnologie sowie mit Technologiefirmen."

Quellen: Degussa [Zugriff am 15.02.2006a] und Degussa [Zugriff am 15.02.2006b]

Zeitlich lassen sich F&E-Kooperationen nach dem prozessorientierten Management in fünf typische Phasen unterteilen. Diese sind in Abbildung 50 dargestellt und werden in den folgenden Unterkapiteln detailliert beschrieben.

[368] Vgl. Specht et al. (2002: 387f.).

[369] Vgl. Specht et al. (2002: 390f.).

Abbildung 50: Fünf typische Phasen einer F&E-Kooperation

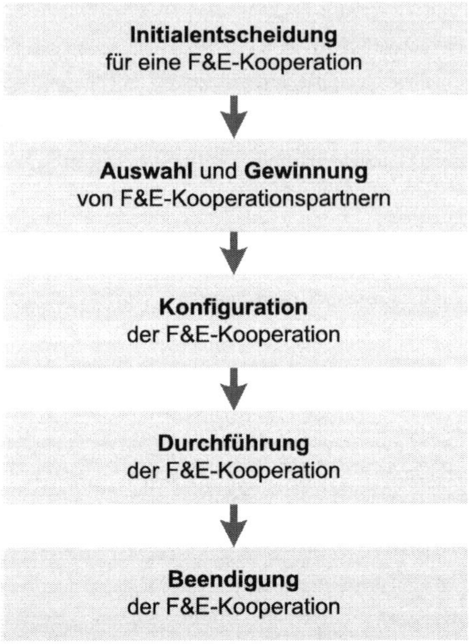

Quelle: Eigene Darstellung in Anlehnung an Specht et al. (2002: 391ff.)

8.2.1 *Initialentscheidung für eine F&E-Kooperation*

In der ersten Phase, der Initialentscheidung, bildet die Analyse der Ausgangssituation die Grundlage für die Entscheidung, ob F&E-Ressourcen zugekauft, im Rahmen einer Kooperation akquiriert oder intern erstellt werden sollen. Mögliche Kriterien für die Wahl einer Kooperationsform können sich auf das Unternehmensumfeld, die eigenen Stärken und Schwächen oder die Höhe der *Transaktionskosten* (Anbahnungs-, Vereinbarungs-, Abwicklungs-, Kontroll- und Anpassungskosten[370]) beziehen. Umfang und Intensität der Analyse hängen jedoch immer von der Art des F&E-Vorhabens und dessen Bedeutung für das Unternehmen ab.[371]

8.2.2 *Auswahl und Gewinnung von F&E-Kooperationspartnern*

Bei der Identifikation und Auswahl möglicher Kandidaten gilt es zunächst, die Richtung der angestrebten Kooperation festzulegen. Prinzipiell wird hierbei zwischen *horizontalen*, *vertikalen* und *diagonalen* Kooperationen unterschieden.

Horizontale Kooperationen entstehen, wenn sich Unternehmen der gleichen Branche zusammenschließen, die auf derselben Wertschöpfungsstufe stehen (z. B.

---

[370] Vgl. Kupsch et al. (1991: 1119).
[371] Vgl. Specht et al. (2002: 392ff.).

Mitbewerber). Ein Beispiel dafür aus der Automobilbranche ist die gemeinsame Entwicklung von Großraumlimousinen durch VW und Ford.

Kooperationspartner in *vertikalen Kooperationen* sind zwar auch in derselben Branche tätig, stehen jedoch auf unterschiedlichen Stufen der Wertschöpfung (z. B. Lieferanten). In der Automobilbranche wird beispielsweise die Entwicklung ganzer Teilsysteme des Fahrzeugs an Lieferanten übertragen.

Bei *diagonalen Kooperationen* gibt es keinen direkten Zusammenhang zwischen der Wertschöpfung der Kooperationspartner, da sie z. B. unterschiedlichen Branchen angehören. In diesem relativ selten vorkommenden Fall stehen Nutzung von Synergieeffekten und schnelle Entwicklung von Standards im Vordergrund.[372]

8.2.3 Konfiguration der F&E-Kooperation

In der nächsten Phase des Kooperationsprozesses sind organisatorische und rechtliche Fragen zu klären.

Bei der ***rechtlichen Gestaltung*** von Kooperationen wird, je nach Formalisierungsgrad, zwischen nicht-vertraglichen, austauschvertraglichen und gesellschaftsvertraglichen Kooperationen unterschieden.

Nicht-vertragliche Kooperationen weisen den geringsten Formalisierungsgrad auf und lassen sich weiter in stillschweigend aufeinander abgestimmtes Verhalten (keine gemeinsame Willenserklärung) und unverbindliche Abrede (Erklärung zur Abstimmung der F&E-Aktivitäten ohne Rechtsverbindlichkeit) unterteilen.

Bei den *austauschvertraglichen Kooperationsformen* wird zwischen nicht koordinierter (gegenseitiger Austausch von F&E-Ergebnissen im Rahmen von Know-how-Verträgen) und koordinierter Einzelforschung mit Ergebnisaustausch unterschieden. Letztere tritt in der Praxis am häufigsten in Form einer Spezialisierung der Kooperationspartner in bestimmten Aufgabenbereichen auf, kann aber auch ohne Aufteilung der Forschungsgebiete und mittels gegenseitigem Informationsaustausch über F&E-Zentralen erfolgen.

Die *gesellschaftsvertraglichen Kooperationsformen* weisen den höchsten Formalisierungsgrad auf und erfordern eine sehr enge Bindung zwischen den Kooperationspartnern. Hier wird die Zusammenarbeit in F&E-Gemeinschaftsunternehmen (Joint Ventures, bei denen die Kooperationspartner eine Tochtergesellschaft gründen, an der sie sich in der Regel zu gleichen Teilen beteiligen) und die gemeinsame Patentverwertung (Verwertung der gemeinsam erzielten Patente durch eine zu diesem Zweck gegründete Gesellschaft) unterschieden.[373]

Bei der ***organisatorischen Gestaltung*** von F&E-Kooperationen sind die Dauer einer Kooperation, die Ressourcenzuordnung und der Formalisierungsgrad zu beachten.

---

[372] Vgl. Specht et al. (2002: 395ff.).
[373] Vgl. Specht et al. (2002: 400f.).

Die *Dauer* einer Kooperation richtet sich in erster Linie danach, ob eine projektbezogene oder eine geschäftsfeldbezogene Zusammenarbeit angestrebt wird. Projektbezogene Kooperationen sind zeitlich befristet und stellen etwa 90 % aller Kooperationen dar, was weitestgehend mit der damit einhergehenden Dynamik und Flexibilität zu begründen ist. In etwa 10 % der Fälle vereinbaren die Kooperationspartner eine langfristige, geschäftsfeldbezogene Zusammenarbeit (vor allem in der Pharma-Industrie Er dem Fahrzeugbau).[374]

Die *Ressourcenzuordnung* legt fest, wie die Leistungsbeiträge der Kooperationspartner erbracht und die daraus resultierenden Ergebnisse zugeteilt werden sollen. Im Wesentlichen gibt es zwei Möglichkeiten, Ressourcen zuzuteilen, nämlich mittels Poolung der Ressourcen oder durch Technologietransfer. Bei der Poolung erarbeiten die Kooperationspartner gemeinsam Ergebnisse (z. B. durch gemeinsame Durchführung von F&E-Projekten), was den Vorteil eines hohen Maßes an Transparenz und Kontrolle über alle Vorgänge hat. Das Offenlegen des eigenen Know-hows ist aber gleichzeitig einer der Hauptnachteile dieser Form der Ressourcenzuteilung (Gefahr des Verlusts von Wissensvorsprüngen). Beim Technologietransfer werden einzelne Technologien übertragen, wobei die Ressourcen getrennt bleiben. Diese Vorgehensweise bietet zwar den Vorteil, eigenes Know-how besser schützen zu können, hat aber den Nachteil, auf die Leistung des Partners angewiesen zu sein.

Der *Formalisierungsgrad* einer Kooperation bestimmt letztlich das Ausmaß formaler Regelungen, um die gemeinsamen F&E-Aktivitäten zu steuern.[375]

8.2.4 Durchführung der F&E-Kooperation

Erfahrungsgemäß ist bei der Durchführung von F&E-Kooperationen besonderes Augenmerk auf die Integration der externen F&E-Ressourcen sowie die Kommunikation mit dem Kooperationspartner zu legen.[376] Darüber hinaus unterliegen F&E-Kooperationen aufgrund unternehmensexterner Veränderungen (z. B. geänderte Rahmenbedingungen) bzw. der inhärenten Eigendynamik von Kooperationen häufigen Veränderungen. Diese Eigendynamik lässt sich insbesondere in Fällen beobachten, in denen die gegenseitige Abhängigkeit der Kooperationspartner nicht mehr gegeben ist. Eignet sich beispielsweise ein Kooperationspartner das Wissen des anderen an, benötigt er diesen nicht mehr, wodurch die Kooperation instabil wird. Kooperationen sind demnach nur solange ausbalanciert und stabil, wie eine gegenseitige Abhängigkeit besteht.[377]

---

[374] Vgl. Rotering (1990: 90).
[375] Vgl. Specht et al. (2002: 402ff.).
[376] Vgl. Specht et al. (2002: 404ff.).
[377] Vgl. Specht et al. (2002: 389f.).

8.2.5 Beendigung der F&E-Kooperation

Die Beendigung einer Kooperation kann u. a. aus folgenden Gründen erfolgen:

- Zielerreichung
- zeitliche Begrenzung der Zusammenarbeit
- Änderungen der F&E-Strategie
- Fehlen von Ressourcen

F&E-Kooperationen können in Form einer *Übernahme*, *Verselbstständigung* oder *Stilllegung* sowie durch Überleitung in eine *langfristige Form der Kooperation* beendet werden. Welche Form der Beendigung letztlich gewählt wird, hängt von der Bedeutung der Kooperation für die Kooperationspartner sowie deren Zielen ab.[378]

8.3 Personalführung in Forschung und Entwicklung

Unter ‚Führung' wird die bewusste Steuerung des Verhaltens der Mitarbeiter sowie die Zielfindung, -festlegung und die zielorientierte Koordination des Handelns verstanden. Da den personellen Ressourcen in Forschung und Entwicklung große Bedeutung zukommt, wird in diesem Kapitel auf die Besonderheiten der Personalführung in Forschung und Entwicklung eingegangen.

Die Unterstützung durch die eigenen Mitarbeiter ist ein entscheidender Faktor für den Umsetzungserfolg strategischer Veränderungen. Im betrieblichen F&E-Management wird die Aufgabe der Personalführung durch den vergleichsweise hohen Anteil an kreativen und somit schwer oder nicht strukturierbaren Aufgaben erschwert. Hinzu kommt der hohe Anteil der Personalkosten mit 70–80 % gemessen an den F&E-Gemeinkosten.[379] Lücken in der Qualifikation und Motivation der Mitarbeiter können darüber hinaus gravierende Auswirkungen auf Effizienz und Effektivität und somit auf die zukünftige Innovationsleistung haben. Die zum Teil rapiden Veränderungen in Wissenschaft und Technik führen zu permanenter technischer Veralterung nicht nur der Ausrüstung, sondern insbesondere auch des Wissens der Mitarbeiter.[380] Angesichts dessen, dass die Halbwertszeit bei einem Drittel des Wissens weniger als zwei Jahre beträgt und bei einem weiteren Drittel weniger als fünf Jahre,[381] besteht die Notwendigkeit, sich fortlaufend neues Wissen anzueignen. Dabei bleibt das erworbene Wissen umso länger nutzbar, je elementarer und universeller es ist: Beträgt die Halbwertszeit des Wissens beim Schulwissen etwa noch zehn Jahre, so ist in derselben Zeit die Relevanz des beruflichen Fachwissens schon bei nahezu null Prozent

---

378 Vgl. Specht et al. (2002: 407f.).
379 Vgl. Bürgel (1989: 31).
380 Vgl. Clarke (2002: 9).
381 Vgl. Stewart (1998: 66).

angelangt. Das technologische Wissen erreicht diesen Punkt überhaupt schon nach fünf Jahren (vgl. Abbildung 51).[382]

Abbildung 51: Halbwertszeit von Wissen

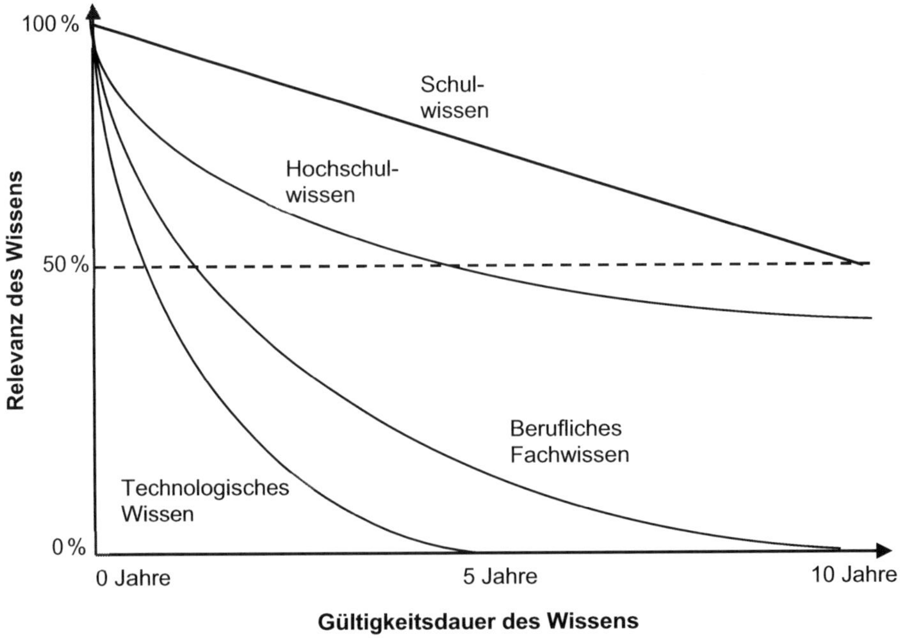

Quelle: Schüppel (1996: 238)

Eine weitere Besonderheit des Personalmanagements in Forschung und Entwicklung kommt daher, dass *„das F&E-Personal in vielen Unternehmen immer noch eine ‚Exotenrolle' ein[nimmt]. Forscher und Entwickler werden als ‚Überflieger' bezeichnet oder automatisch in den ‚Elfenbeinturm' gedrängt.“*[383] Teils sorgt das F&E-Personal selbst für die Aufrechterhaltung dieses Images, teils gibt es Mitarbeiter, die sich wirklich in den ‚Elfenbeinturm' zurückziehen, denn der Drang nach Anerkennung in der wissenschaftlichen Gemeinschaft (*‚scientific community'*)ist bei Forschern besonders hoch und erscheint sogar wichtiger als die Unternehmensziele. Eine Möglichkeit, dem entgegenzuwirken, stellen neben einer fundierten Personalauswahl und -entwicklung (Kapitel 8.3.1) auch die in Kapitel 8.3.2 beschriebenen Anreizsysteme dar.

---

[382] Vgl. Schüppel (1996: 238).
[383] Vgl. Bürgel et al. (1996: 213).

8.3.1 Strategiegerechte F&E-Personalauswahl und -entwicklung

Wegen der hohen und weiter *zunehmenden Spezialisierung* im Bereich Forschung und Entwicklung kann eine ‚einfache‘ Umschulung oder Umqualifizierung der Mitarbeiter für andere Fachgebiete meist nicht durchgeführt werden. Eine Reaktion auf veränderte Anforderungen hinsichtlich Personalressourcen ist daher kurzfristig nicht möglich, handelt es sich dabei doch um langfristige Investitionen in den *Aufbau zukünftiger Kernkompetenzen*, die oftmals fünf bis zehn Jahre im Voraus geplant werden.[384] Ein Personalabbau kann dagegen rasch zu einem nachhaltigen *Know-how-Abfluss* führen, der später nur schwer wieder ausgeglichen werden kann. Die Personalplanung darf also nicht zeitpunktbezogen erfolgen, sondern muss langfristig in Abstimmung mit der strategischen Planung des Unternehmens und den daraus abgeleiteten erfolgskritischen Schlüsselqualifikationen angegangen werden.

Die Personalauswahl in Forschung und Entwicklung stellt demnach eine wichtige und strategisch wirksame ‚Investitionsentscheidung‘ dar, die jedoch nicht primär auf Basis von Investitionsrechnungen getroffen werden sollte. Schließlich ist nicht zwangsläufig der am höchsten qualifizierte Bewerber auch der beste Mitarbeiter für das Unternehmen, sondern gegebenenfalls derjenige, der neben dem benötigten Fachwissen darüber hinaus insbesondere auch in die jeweilige Unternehmenskultur passt und die angestrebte Strategie mitträgt.[385]

Erschwerend kommt hinzu, dass Forschung und Entwicklung traditionell durch große Ungewissheit über künftige Anforderungen, Risiken und zu erwartende Ereignisse gekennzeichnet ist und zudem häufig *interdisziplinäre Fähigkeiten* und Kenntnisse wichtig sind. Das Bildungswesen jedoch hinkt den technologischen Entwicklungen hinterher und reagiert nur mit starker Verzögerung auf neue Anforderungen. Daher überwiegen bei der Personalauswahl zunehmend persönlichkeitsbezogene, potentialorientierte Kriterien gegenüber starr definierten Wissensanforderungen.[386]

8.3.2 Anreizsysteme für Forscher und Entwickler

Ist bezüglich der Qualität und Quantität der Personalressourcen in Forschung und Entwicklung für das jeweilige Unternehmen eine Deckung mit den strategischen Anforderungen bzw. den notwendigen Schlüsselqualifikationen erreicht, stellen sich zusätzlich folgende Fragen:

- Wie können Forscher und Entwickler zu Höchstleistungen motiviert werden?

---

384 Vgl. Jordan (2005: 32).

385 Vgl. Kobi, J.-M. (1990), Human Resources im kulturellen und strategischen Kontext, in: Schweizerische Volksbank (Hrsg.), *Orientierung*, Nr. 97, Bern, S. 30 [zitiert nach Bürgel et al., 1996: 208].

386 Vgl. Bürgel et al. (1996: 205f.).

- Wie können sie angeregt werden, ihre Kreativität für das Unternehmen gewinnbringend einzusetzen?[387]

Dazu müssen F&E-Manager erkennen, dass Forscher häufig zusätzlich zur Zahlung wettbewerbsfähiger Gehälter vor allem nicht-monetäre Entlohnungen schätzen (z. B. Anerkennung des Wertes der geleisteten Arbeit).[388] Deshalb kommt Anreizsystemen ein hoher Stellenwert zu.

Anreize (*‚incentives‘*) sind Instrumente *„zur Steuerung des Leistungsverhaltens“*[389]. Da ‚negative‘ Komponenten wie Sanktionen und Bestrafungen für F&E-Mitarbeiter aus mehreren Gründen nicht zielführend sind, sollte hier der Fokus auf positiven Anreizen liegen.[390]

Dabei kann zwischen *materiellen* und *immateriellen (natürlichen) Anreizen* unterschieden werden. Erstere entsprechen in der Regel monetären Größen, wie Gehaltserhöhungen, Bonuszahlungen, Firmenwagen etc. Zu den immateriellen Anreizen zählen neben dem Führungsstil im Unternehmen oder Partizipationsmöglichkeiten bei Entscheidungen etwa soziale, ausbildungs-, und aufstiegsorientierte Anreize, die die Befriedigung von Wertschätzungs- und Selbstverwirklichungsbedürfnissen ermöglichen. Weitere natürliche Anreize wären interaktive Tätigkeiten wie soziale Kontakte, die Suche nach Austausch oder die positive Beurteilung von Zusammenarbeit.[391] Experimente zeigen, dass für kognitive Tätigkeiten (wie für kreative Aufgaben in Forschung und Entwicklung) immaterielle Anreize zu einer höheren Leistung führen verglichen mit materiellen Anreizen.[392]

Der Wertewandel in den letzten Jahrzehnten führte des Weiteren dazu, dass Arbeit zunehmend als eine Möglichkeit der Selbstverwirklichung und Bestätigung angesehen wird. Hierfür müssen seitens der Unternehmensführung Handlungs- und Entscheidungsfreiräume geschaffen werden, in denen die (individuelle) Leistungsmöglichkeit wahrgenommen wird und es zur gewünschten Selbstentfaltung im Arbeitsleben kommen kann.[393] Geschieht dies nicht, kann dies insbesondere bei jüngeren Beschäftigten demotivierend wirken.[394] Die dadurch gestellten hohen Partizipationsansprüche müssen bei der Gestaltung von Motivationsfaktoren und Anreizen berücksichtigt werden.

---

387 Vgl. Bürgel et al. (1996: 212).
388 Vgl. Jordan (2005: 32).
389 Keller (1995: 86)
390 Vgl. Keller (1995: 94).
391 Vgl. Sprenger (1994: 199).
392 Vgl. u.a. Glucksberg (1962).
393 Vgl. Sprenger (1994: 219).
394 Vgl. Sprenger (1994: 203f.).

8.3.2.1 Anforderungen an Anreizsysteme

Im Rahmen der betrieblichen Organisation werden die Anreize systematisiert und als *betriebliche Anreizsysteme* bezeichnet. Diese sind in Anlehnung an die Theorie von Herzberg die *„Summe aller bewusst gestalteten Arbeitsbedingungen, die bestimmte Verhaltensweisen (durch positive Anreize, Belohnung etc.) verstärken, die Wahrscheinlichkeit des Auftretens anderer dagegen mindern (negative Anreize, Sanktionen)"*[395].

Ein betriebliches Anreizsystem muss für alle Beteiligten im Hinblick auf Aufbau, Wirkungsweise, Bewertungsprozess und Belohnung bzw. Bestrafung transparent gestaltet sein. Ist der Anreiz nicht erkennbar oder wird er nicht erkannt, so kann die gewünschte Wirkung nicht erzielt werden. Eine weitere Anforderung an ein geeignetes Anreizsystem liegt in seiner Flexibilität gegenüber neuen Situationen. Probleme gibt es jedoch beim Abschätzen der Wirtschaftlichkeit des Anreizsystems, da keine absoluten Kennzahlen für den Vergleich existieren und die Bewertung nur auf nichtmonetärer Basis erfolgen kann. Der Grund dafür sind die Schwierigkeiten beim Vergleich zwischen Kosten (negativer Aspekt) und dem nicht-monetären Nutzen (positiver Effekt). Zusätzlich kann der Nutzen im Vergleich zu den anfallenden Kosten[396] oftmals nur schwer festgestellt werden.[397]

8.3.2.2 Ermittlung von Bedürfnissen für die Gestaltung von Anreizsystemen

Um ein Anreizsystem effizient zu gestalten, müssen die Bedürfnisse und Motive der Mitarbeiter so genau wie möglich ermittelt werden. Dies würde jedoch im Extremfall zu einem an jeden Beschäftigten individuell angepassten System führen, wodurch die Kosten besonders hoch und damit die Anforderungen an die Wirtschaftlichkeit nicht mehr erfüllt wären.[398] Um die Belohnung dennoch an die individuellen Motive des Mitarbeiters anzupassen, kann der *Caféteria-Ansatz* angewendet werden. Hierbei können die Beschäftigten, analog einer Menüauswahl in einer Caféteria, in gewissen Bandbreiten aus einem Angebot von Belohnungen bzw. Leistungen wie Freizeitausgleich, Versicherung, Weiterbildung, Dienstwagen etc. wählen.[399]

---

395 Wild (1973: 47)

396 Die Kosten setzen sich aus den Entwicklungs- und Implementierungskosten (also den Einführungskosten), den Anpassungskosten und den laufenden Kosten für die Unterhaltung des Anreizsystems zusammen. Die Kosten in den einzelnen Phasen können auf Personalkosten (interne und externe Mitarbeiter), Informationsmaßnahmen und Kosten durch das Gewähren von Belohnungen heruntergebrochen werden (vgl. Keller, 1995: 83f.).

397 Vgl. Keller (1995: 80ff.).

398 Vgl. Keller (1995: 96f.).

399 Vgl. u. a. Keller (1995: 96) oder Scholz (1994: 432f.) und weiterführend Dycke und Schulte (1986) oder Wagner (1991).

Weitere Möglichkeiten bieten Konzepte wie das betriebliche Vorschlagswesen, der *Kontinuierliche Verbesserungsprozess* (KVP – entwickelt aus dem japanischen Kaizen) und Qualitätszirkel. Diese Methoden sind in zweifacher Hinsicht innovationsfördernd: Einerseits erlauben sie den Mitarbeitern, sich selbst und ihre Ideen und Kenntnisse in den Innovationsprozess einzubringen (motivationsfördernde Wirkung) und andererseits können daraus erhebliche Verbesserungspotentiale resultieren.[400] Jedoch sind diese selten Quelle für ‚überragende' technologische Innovationen, sondern sind primär auf Verbesserungen bei Abläufen und Prozessen gerichtet.[401]

8.3.2.3 Kritische Betrachtung motivationsorientierter Anreizsysteme

Eine der Hauptkritiken am motivationsorientierten Ansatz für Anreizsysteme ist die zu enge Betrachtungsweise. So besteht Leistung aus den drei Dimensionen Leistungsbereitschaft, Leistungsfähigkeit und Leistungsmöglichkeit. Motivation zielt aber nur auf eine einzige dieser Dimensionen – die Leistungsbereitschaft – ab und zeigt daher für sich alleine genommen nur beschränkte Wirkung.[402]

Mit ansteigender Reizstärke wird jedoch der Anreiz unattraktiver. Aufgrund von *Sättigungstendenzen* (Verwöhnungserfolg) werden aber immer neue, stärkere Anreize nachgefragt, um denselben gewünschten Effekt zu erhalten. Ebenso können bereits erfüllte Wünsche und befriedigte Bedürfnisse nicht zur Manipulation des Verhaltens herangezogen werden, da sie nicht mehr motivierend wirken. Dies führt zu einem Kreislauf, der kaum durchbrochen werden kann. Außerdem geht durch die Belohnung das Interesse am eigentlichen Ziel schneller verloren.[403] Dennoch können Anreize ihre Wirkung erzielen, wenn sie kurzfristig und zeitlich begrenzt eingesetzt werden.

Nicht erreichte Anreize wie auch Tadel werden von den Betroffenen meist als ungerecht empfunden und dem Management angelastet. Abhilfe schaffen hierbei formell-organisatorische Anreizsysteme, bei denen die Führungskräfte nicht persönlich und unmittelbar eingreifen müssen und somit nicht für den Tadel aufgrund schlechter Leistungen verantwortlich sind (Passivitäts-Konzept). Andererseits wird dadurch aber die Entfernung zwischen Mitarbeitern und Führungskräften vergrößert.[404]

---

400 Vgl. Gelbmann und Vorbach (2003: 124).
401 Vgl. Schröder (1999: 1019).
402 Vgl. Sprenger (1994: 153f.).
403 Vgl. Thürmer (1998: 177f.).
404 Vgl. Sprenger (1994: 116ff.).

8.4 *Information und Kommunikation in Forschung und Entwicklung*

Die ‚richtige' Information[405], in ‚richtiger' Qualität, zur ‚richtigen' Zeit, am ‚richtigen' Ort ist Voraussetzung für ein wirkungsvolles F&E-Management. Es wird davon ausgegangen, dass zehn bis dreißig Prozent der F&E-Aufwendungen in Deutschland eingespart werden könnten, wenn die Kommunikations- und Informationsabläufe verbessert würden.[406] Allein die Erforschung von bereits Bekanntem kostete in Deutschland Schätzungen aus den 1990er-Jahren zufolge jährlich rund 7 Mrd. Euro[407] und europaweit wurde Mitte der 2000er-Jahre von 60 Milliarden Euro ausgegangen, die jährlich für Doppelentwicklungen aufgewendet werden.[408]

Aus Gründen der Effizienz- und Effektivitätssteigerung muss das Informationsmanagement in Forschung und Entwicklung einerseits für die Bereitstellung von Wissen aus F&E-internen Quellen, unternehmensexternen Quellen sowie Quellen aus anderen betrieblichen Funktionsbereichen sorgen und andererseits auch die Weitergabe des in Forschung und Entwicklung generierten Wissens an F&E-interne und -externe Bereiche gewährleisten. Zudem gilt es, dieses Wissen zielgerichtet zu verarbeiten, dauerhaft zu sichern und bei Bedarf wieder zu aktivieren.

Internen Informationsquellen kommt bei Innovationsvorhaben ein wichtiger Stellenwert zu, da die Mehrheit der F&E-Projekte bereits begonnene F&E-Vorhaben fortführen und daher dafür auf vorhandenes Wissen zugegriffen wird. Dabei sind insbesondere in technologieorientierten Unternehmen F&E-spezifische rechnergestützte Anwendungen wie CAx-Systeme zu einem essenziellen Bestandteil im Entwicklungsprozess geworden, um ein effektives und effizientes Arbeiten zu gewährleisten. Die Bedeutung solcher Informationssysteme zeigt das folgende Beispiel für Entwicklung und Einsatz von CAx-Technologien bei der Adam Opel AG.

---

405 Es fällt schwer, für den Begriff der *Information* eine allgemeingültige Definition zu finden, da Information eine Vielzahl von Eigenschaften und Facetten aufweist. Daher wird im betriebswirtschaftlichen Kontext häufig auf eine zweckbezogene Definition zurückgegriffen (vgl. Hübner, 1996: 11), die Information als *‚zweckorientiertes wahrscheinliches Wissen'* definiert (vgl. u.a. Coenenberg, 1966: 21). Das zugrundeliegende Wissen, das sich in Kompetenz ausdrückt, hat wesentliche Auswirkungen auf die Qualität von Entscheidungen und Handlungen. Wissen bzw. Kompetenz ist die einzig sichere Quelle für langfristige Wettbewerbsvorteile.
Unter *Kommunikation* werden *„alle organisatorischen Regelungen, die den Informationsaustausch durch Senden, Empfangen, Speichern und Verarbeiten festlegen"* verstanden (Bullinger, 1994: 258).

406 Becker (1994: 244) geht von einem Einsparungspotential von 30 Prozent aus. Hübner (1996: 6) zitiert hingegen eine Studie (Petzold et al.: Modelle der innerbetrieblichen Informationsversorgung, Beuth-RKW-REFA, 1978: 10), wonach ‚nur' 10 Prozent der gesamten Forschungskosten aufgrund mangelhafter Informationsversorgung vergeudet werden.

407 Vgl. Becker (1994: 246).

408 Vgl. Österreichisches Patentamt [Zugriff am 15.02.2006].

Einsatz von CAx-Technologien bei der Adam Opel AG

Mitte der 1960er-Jahre begann die Adam Opel AG mit der Integration von Datenverarbeitungstechnologien in den Konstruktionsprozess. Mit dem System INCA (Initial NC-Application) wurden erste Konstruktionsmodelle computerunterstützt gefräst. Später folgten dann die ersten interaktiven Systeme in der Karosserieentwicklung und -konstruktion, die etwa ab 1985 im Rahmen eines Konsolidierungsprozesses zu CGS (Corporate Graphics System) zusammengefasst wurden. Jedoch gab es zusätzlich für den Bereich Antriebsaggregate und für andere spezifische Aufgaben weitere Systeme unterschiedlicher Hersteller, was zu einer Vielzahl von EDV-Insellösungen führte und insgesamt Kompatibilitätsprobleme und erschwerten Datenaustausch mit sich brachte.

Deshalb beschränkt sich der General-Motors-Konzern (GM), dem die Adam Opel AG angehört, in seiner Gesamtheit auf die Applikationen (CAD/CAM/CAE-System) eines einzigen Anbieters, um den Datenaustausch zwischen den einzelnen Anwendungen und zwischen den Konzerntöchtern zu vereinfachen. Innerhalb des gesamten GM-Konzerns konnten durch diese Vereinheitlichung bis zum Jahr 2000 nahezu eine Milliarde US-Dollar an Entwicklungskosten eingespart werden.

Den Partnerunternehmen der Adam Opel AG werden im Rahmen der Zusammenarbeit ebenfalls Systemvoraussetzungen und Applikationen vorgeschrieben, um ihnen die Möglichkeit zu geben, online mit Produktdaten aus den Datenbanken der Adam Opel AG zu arbeiten. Die Vorteile liegen vor allem in der Minimierung von Kompatibilitätsproblemen und in der Automatisierung der Produktdatenübergabe.

Quelle: Vgl. Specht et al. (2002: 269).

Obwohl in den letzten Jahren verstärkt in *computerunterstützte Informationstechniken* investiert wurde, darf der mündliche und persönliche Austausch zwischen den Prozessbeteiligten nicht vernachlässigt werden. So wurde etwa festgestellt, dass Teams, die sich elektronischer Kommunikationsmittel bedienen, bei kreativen und komplexen Aufgaben länger benötigen als jene Teams, die vor Ort persönlich und synchron zusammenarbeiten. Auf der anderen Seite ist bei der Findung kreativer Lösungen für weniger komplexe Probleme festzustellen, dass über unpersönliche und asynchrone Kommunikationsmodi interagierende bzw. zwischen den Kommunikationsmodi wechselnde F&E-Teams erfolgreicher sind. Es ist also von Vorteil den Teams die Möglichkeit des Wechsels zwischen den verschiedenen Modi zu geben und dadurch den adäquatesten auszuwählen. Ebenso sollten am selben Ort befindliche Teammitglieder zeitlich begrenzte Ortswechsel vollziehen und räumlich voneinander getrennte Teammitglieder zusammengebracht werden, etwa durch eine Rotation.[409]

[409] Vgl. Kratzer et al. (2005: 14).

Externe Informationen können dem Unternehmen durch folgende Quellen zugänglich gemacht werden:[410]

- *Individuen* (Akquisition von Wissen über einzelne Personen, weshalb dies auch als personalorientierte Wissensbeschaffung bezeichnet wird)
- *Kollektive bzw. Teile von Kollektiven* (z. B. Kauf, Fusion oder Verflechtung mit anderen Organisationen)
- *Beratungsleistungen* (eine Art der temporären Integration)
- *Stakeholder-Management* (z. B. Einbindung von Stakeholdern wie Kunden und Lieferanten, um wichtige Informationen in der Entwicklung neuer Produkte zu erlangen[411])
- *Technische Speichermedien* (z. B. Bücher, Datenbanken etc.)
- *Immateriell-rechtliche Wissensträger* (Patente, Muster, Marken)

Um den Zugriff auf externe Informationsquellen möglichst effizient zu gestalten, kann auf das Konzept des *technologischen Gatekeepers*[412] zurückgegriffen werden. Ein Gatekeeper ist die Schnittstelle der Organisation zur Umwelt und hat die Aufgabe, externe Informationen aufzuspüren, an die unternehmensinternen Gewohnheiten anzupassen, zu filtern und in weiterer Folge den (F&E-)Mitarbeitern zur Verfügung zu stellen.[413] Hierbei handelt es sich vornehmlich um Projekt- oder Arbeitsgruppenleiter, da diese über zahlreiche interne und externe Kontakte, meist ein hohes Bildungsniveau sowie Publikationen und Patentanmeldungen verfügen.[414] Durch dieses Konzept soll u. a. der sogenannte *,Information-Overload'* verhindert, also die Aufnahme- und Verarbeitungskapazität der Mitarbeiter nicht überschritten werden.[415]

Im Unterschied zum technologischen Gatekeeper ist der *Gatekeeper in Adhocracy* hierarchisch nicht notwendigerweise hoch angesiedelt und auch nicht an eine Person gebunden. Vielmehr entwickelt er sich ad hoc je nach Aufgabenstellung und spezifischer Fach- und Führungskompetenz. Voraussetzung für dieses Konzept ist die Bereitschaft der F&E-Mitarbeiter zu *lebenslangem Lernen*, wodurch eine Überalterung des Fachwissens verhindert werden soll.[416]

---

410 Vgl. Schüppel (1996: 219ff.).

411 So begleiteten während der Produktentwicklung eines neuen Mini-Vans ,typische' Kunden die F&E-Ingenieure des japanischen Automobilherstellers Toyota. Dies geschah sowohl vor der eigentlichen Konstruktionsphase als auch im Verlauf des Entwicklungsprozesses, während dem ein Abgleich zwischen dem Entwicklungsstand und den Wünschen der Kunden in sogenannten ,car clinics' gesucht wurde (Schüppel, 1996: 222f.).

412 Vgl. Allen (1966).

413 Vgl. Wersig (1989: 76ff.).

414 Vgl. Domsch et al. (1989: 11f.).

415 Vgl. Rüttler (1991: 89).

416 Vgl. o.V. (1994: 32).

9 Gewerbliche Schutzrechte und Lizenzen

Für Unternehmen ist es von großer Bedeutung, Neuerungen schützen zu können und dadurch das Privileg einer (zeitlich beschränkten) alleinigen wirtschaftlichen Verwertung zu erlangen, die der Amortisation der getätigten F&E-Aufwendungen dient. Durch solchen *gesetzlich normierten Schutz geistigen Eigentums* soll die Innovationstätigkeit von Unternehmen gefördert werden. Dafür stehen je nach Art des geistigen Eigentums verschiedene gesetzliche Regelungen wie Patent-, Gebrauchsmuster-, Markenschutz- und Urheberrechtsgesetz bis hin zu Schutzzertifikaten, Halbleiter- und Sortenschutz zur Verfügung. Grundsätzlich besteht auch die Möglichkeit, wie in Abbildung 52 dargestellt, auf die Anmeldung eines Schutzrechtes zu verzichten. In diesem Fall ist durch Geheimhaltung (etwa Zugangskontrollen zu sensiblen Bereichen) lediglich *faktischer Schutz* erreichbar. Eine solche Vorgehensweise wird vor allem bei Prozessinnovationen gewählt, da Mitbewerber ansonsten – anders als bei Produktinnovationen, für die ein Reverse-Engineering nicht ausgeschlossen werden kann – Rückschlüsse über die Innovation im Wege der Veröffentlichungspflicht des jeweiligen Schutzrechtes erhalten würden. Wird hingegen eine Anmeldung vorgenommen, so stehen als wichtigste Schutzrechte Patente, Gebrauchs- und Design/Muster/Geschmacksmuster zur Verfügung (vgl. Abbildung 52). Diese drei Formen werden im Folgenden näher beschrieben, bevor ergänzend dazu Verwertungsmöglichkeiten durch Lizenzen diskutiert werden (siehe Kapitel 9.4).

Abbildung 52: Gesetzlich normierte Schutzrechte

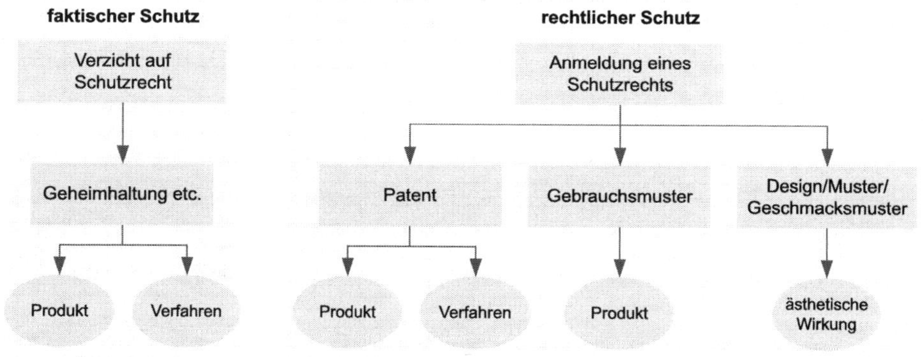

Quelle: Eigene Darstellung in Anlehnung an Kupsch et al. (1991: 1105)

9.1 Patente

Patente sind die gebräuchlichste Form des gewerblichen Schutzes. Ihnen kommt besondere Bedeutung zu, da sie Schutz vor der Nachahmung innovativer Produkte und Verfahren durch die Konkurrenz gewähren und somit einen wichtigen Beitrag zum Erfolg technischer Innovationen in wirtschaftlicher Hinsicht darstellen. Darüber hinaus bieten Patente eine strategische Handhabe, potenziellen Konkurrenten den Eintritt in ein Marktsegment zu erschweren oder ihn gar zu verhindern.

Ein Patent berechtigt den Inhaber, seine Erfindungen exklusiv am Markt zu vertreiben (Monopolstellung) und (zumindest zeitweise) vom möglichen wirtschaftlichen Erfolg zu profitieren. Eine Patenterteilung bedeutet jedoch keine ‚amtliche Garantie' auf einen Gewinn, denn letztendlich entscheidet der Markt über den (wirtschaftlichen) Erfolg einer Erfindung.

In Österreich besteht für Unternehmen darüber hinaus ein steuerlicher Anreiz zur Anmeldung von Patenten, da alle damit erzielten Gewinne steuerrechtlich begünstigt werden (halber Durchschnitts-Steuersatz). Darüber hinaus können Patente in Zusammenhang mit Erfindervergütungen motivationsfördernd wirken (siehe Kapitel 9.3).

Daneben sind Patente auch eine der möglichen Voraussetzungen für die Vergabe von Lizenzen, die in Kapitel 9.4 näher betrachtet werden.[417]

Die Bedeutung von Patenten zeigt sich nicht zuletzt daran, dass 2018 weltweit rund 3,33 Millionen Patentanträge gestellt wurden, was einer Steigerung von fast 75 Prozent im Vergleich zu 2008 entspricht. Die Anzahl der erteilten Patente betrug geschätzte 1,42 Millionen, was im Vergleich zu 2008 sogar einer Steigerung von über 82 Prozent entspricht. In Summe waren im Jahr 2018 in mehr als 125 Rechtssystemen geschätzte 14 Millionen Patente in Kraft (2008: 6,7 Millionen mit Meldungen aus 88 Patentämtern). Davon waren mit 3,1 Millionen (2008: 1,87 Millionen) die meisten aktiven Patente im US-Patentsystem zu finden, gefolgt von China mit 2,4 Millionen (2008: 0,34 Millionen) und Japan mit 2,1 Millionen (2007: 1,27 Millionen). Die stärksten Wachstumsraten bei Patentanmeldungen sind in den letzten Jahren in China festzustellen. So wurden dort 2018 mit mehr als 1,5 Millionen bzw. 46,4 % aller Anträge weltweit die meisten Patente angemeldet, was einer Steigerung von 11,6 % von 2017 auf 2018 entspricht. Mit deutlichem Abstand wurden in den USA mit rund 600.000 die zweitmeisten Patentanmeldungen vorgenommen (18 % aller Anmeldungen weltweit).[418]

Werden Patente nicht beachtet, so kann dies weitreichende Folgen haben. Das nachstehende Fallbeispiel demonstriert die Relevanz der gewerblichen Schutzrechte und des richtigen Umgangs von Unternehmen mit unternehmenseigenen und -fremden Rechten.

---

417 Vgl. Deutsches Patent- und Markenamt (2002: 5) sowie Österreichisches Patentamt, Vortragsunterlagen, Vortrag vom 02.05.2005.

418 Vgl. World Intellectual Property Organization (2019: 5, 7 und 19) und World Intellectual Property Organization (2010: 9 und 67).

Kodak versus Polaroid

Einer der bekanntesten Fälle, „in dem es ein Unternehmen versäumte, sich hinreichend über bestehende Patente zu informieren, stammt aus dem Sofortbildgeschäft: Das Unternehmen Kodak hatte bei seiner Entwicklungstätigkeit das von seinem weitaus kleineren Konkurrenten Polaroid angelegte „Patentgestrüpp" nahezu ignoriert und mehrere Patentverletzungen begangen. Der sich daraus ergebende Patentstreit endete 1990 zugunsten von Polaroid. Kodak musste an Polaroid Schadenersatzzahlungen von etwa 925 Millionen USD leisten. Außerdem musste das Unternehmen seine neue Produktionsanlage im Wert von 1,5 Milliarden USD schließen, 700 Mitarbeiter entlassen und annähernd 500 Millionen USD für den Rückkauf der 16 Millionen Sofortbildkameras aufwenden, die im Zeitraum von 1976 bis 1985 verkauft worden waren. Die Anwaltsgebühren für die 14 Jahre andauernden gerichtlichen Auseinandersetzungen beliefen sich auf weitere 100 Millionen USD. Darüber hinaus musste ein jahrzehntelanges F&E-Programm als Totalverlust abgeschrieben werden. Insgesamt belief sich der Schaden für Kodak damit auf gut 3 Milliarden USD, von dem Imageverlust ganz abgesehen."

Quelle: Specht et al. (2002: 240)

Im Weiteren folgt nun eine tiefergehende Beschreibung des deutschen und österreichischen Patentwesens sowie eine Zusammenstellung von Besonderheiten in den USA. Anschließend werden ausgewählte internationale Patentverfahren diskutiert.

9.1.1 Patentwesen in Deutschland, Österreich und den USA

Ein Patent berechtigt den Inhaber, andere davon auszuschließen, den Gegenstand der Erfindung betriebsmäßig herzustellen, ihn zum Verkauf anzubieten oder zu gebrauchen. Es berechtigt den Patentinhaber daher nicht automatisch, seine Erfindung zu verwerten, sondern eben nur, andere von einer solchen Verwertung auszuschließen *(kein positives Benutzungsrecht)*. So ist zwar die Patenterteilung für einen Atomreaktor möglich, dessen Nutzung in Österreich jedoch verboten.[419]

Patente sind prinzipiell national anzumelden und sind in ihrer *Wirkung auf das jeweilige Land beschränkt* (nationale Verfahren). Wird ein weiterreichender Schutz für eine Erfindung angestrebt, müssen die entsprechenden Patente zusätzlich auch in anderen Ländern beantragt werden. Hierfür kann entweder eine Folgeanmeldung vorgenommen werden (siehe Kapitel 9.1.2) oder ein länderübergreifendes Patentanmeldeverfahren wie das Europäische Patentverfahren (siehe Kapitel 9.1.3) oder eine PCT-Anmeldung (siehe Kapitel 9.1.5) gewählt werden. Mit dem Europäischen Patent mit einheitlicher Wirkung (siehe Kapitel 9.1.4) soll demnächst ein länderübergreifendes Patent in der Europäischen Union zur Verfügung stehen.

---

[419] Vgl. § 22 PatG (Österreich) sowie Österreichisches Patentamt, Vortragsunterlagen, Vortrag vom 02.05.2005.

Das Patentwesen in Deutschland und Österreich (wie in vielen anderen Industrienationen) ist sehr ähnlich. Das US-Recht unterscheidet sich international jedoch stärker, weswegen dessen Besonderheiten im Anschluss diskutiert werden.

Sowohl in Deutschland wie auch in Österreich wird im jeweiligen Patentgesetz zunächst angeführt, unter welchen Voraussetzungen für Neuerungen bzw. Erfindungen grundsätzlich ein Patent angemeldet werden kann.

D PatG	*§ 1 (1) Patente werden für Erfindungen auf allen Gebieten der Technik erteilt, sofern sie neu sind, auf einer erfinderischen Tätigkeit beruhen und gewerblich anwendbar sind.* *§ 5 Eine Erfindung gilt als auf einer erfinderischen Tätigkeit beruhend, wenn sie sich für den Fachmann nicht in naheliegender Weise aus dem Stand der Technik ergibt.*
Ö PatG	*§ 1. (1) Für Erfindungen auf allen Gebieten der Technik werden, sofern sie neu sind (§ 3), sich für den Fachmann nicht in nahe liegender Weise aus dem Stand der Technik ergeben und gewerblich anwendbar sind, auf Antrag Patente erteilt.*

Demnach können ausschließlich technische Erfindungen patentiert werden, die die drei sachlichen Schutzvoraussetzungen (i) der Neuheit, (ii) der erfinderischen Tätigkeit sowie (iii) der gewerblichen Anwendbarkeit aufweisen.

Als *Neuheit* wird eine Erfindung dann angesehen, wenn sie nicht zum Stand der Technik gehört, wodurch der Zweck der Förderung des technischen Fortschritts ersichtlich wird.

D PatG	*§ 3 Eine Erfindung gilt als neu, wenn sie nicht zum Stand der Technik gehört. Der Stand der Technik umfaßt alle Kenntnisse, die vor dem für den Zeitrang der Anmeldung maßgeblichen Tag durch schriftliche oder mündliche Beschreibung, durch Benutzung oder in sonstiger Weise der Öffentlichkeit zugänglich gemacht worden sind.*
Ö PatG	*§ 3. Den Stand der Technik bildet alles, was der Öffentlichkeit vor dem Prioritätstag der Anmeldung durch schriftliche oder mündliche Beschreibung, durch Benützung oder in sonstiger Weise zugänglich gemacht worden ist.*

Somit kommen für einen patentrechtlichen Schutz nur jene Erfindungen infrage, die nicht vor der Patentanmeldung bzw. dem Prioritätstag[420] bereits bekannt waren. Jegliche Form der Vorveröffentlichung an einen nicht begrenzten Personenkreis – egal ob schriftlich (z.B. Artikel in Fachzeitschrift), mündlich (z.B. durch Vortrag),

420 Zum Prioritätstag siehe Kapitel 9.1.2.

durch Benutzung (z.B. durch Demonstration, wobei der Kern der Erfindung für die Öffentlichkeit erkennbar sein muss) oder in sonstiger Form – gilt als neuheitsschädlich. Ausnahmen hiervon sind etwa Veröffentlichungen innerhalb sechs Monate vor der Anmeldung, die durch den offensichtlichen Missbrauch durch Dritte zustande kamen, oder durch die Präsentation auf internationalen Ausstellungen innerhalb dieses Zeitraums.[421]

Die Neuheit einer Erfindung alleine ist jedoch nicht hinreichend für eine Patentierung. Vielmehr muss zusätzlich eine *erfinderische Tätigkeit* vorliegen, die sich für einen Fachmann nicht in naheliegender Weise aus dem Stand der Technik ableiten lässt. Unter „Fachmann" wird dabei ein erfahrener *„Mann der Praxis auf dem jeweiligen Gebiet der Technik [verstanden], der über durchschnittliche Kenntnisse und Fähigkeiten verfügt und darüber unterrichtet ist, was zu einem bestimmten Zeitpunkt zum allgemein üblichen Wissensstand auf dem betreffenden Gebiet gehört."*[422] Somit wird von einem Durchschnittsfachmann und nicht von einem Experten oder Wissenschaftler des Fachgebiets ausgegangen, der die Erfindungshöhe überprüft.[423] Diese subjektive Bewertung ist ein häufiger Grund für Einsprüche gegen erteilte Patente.

Zusammenfassend zielt die sachliche Voraussetzung der erfinderischen Tätigkeit somit auf die Förderung der technologischen Weiterentwicklung ab.

Die *gewerbliche Anwendbarkeit*, die letzte sachliche Voraussetzung, zeigt auf, dass Patente primär auf die Förderung der praktischen Umsetzung von technischen Innovationen abzielen.

Neben diesen Voraussetzungen, die für eine Patentierung erfüllt sein müssen, nennen die Patentgesetze auch schöpferische Leistungen, die explizit von der Patentierung ausgeschlossen sind.

D PatG	*§ 1 (3) Als Erfindungen im Sinne des Absatzes 1 werden insbesondere nicht angesehen:* *1. Entdeckungen sowie wissenschaftliche Theorien und mathematische Methoden;* *2. ästhetische Formschöpfungen;* *3. Pläne, Regeln und Verfahren für gedankliche Tätigkeiten, für Spiele oder für geschäftliche Tätigkeiten sowie Programme für Datenverarbeitungsanlagen;* *4. die Wiedergabe von Informationen.*

421 Vgl. Ensthaler (2009: 146), § 3 (5) PatG (Deutschland) sowie § 3. (4) PatG (Österreich).
422 Europäisches Patentamt (2018a: Teil G – Kapitel VII-1).
423 Vgl. Ensthaler (2009: 148).

Ö PatG	*§ 1. (3) Als Erfindungen werden insbesondere nicht angesehen:* *1. Entdeckungen sowie wissenschaftliche Theorien und mathematische Methoden;* *2. der menschliche Körper in den einzelnen Phasen seiner Entstehung und Entwicklung;* *3. die bloße Entdeckung eines Bestandteils des menschlichen Körpers, einschließlich der Sequenz oder Teilsequenz eines Gens;* *4. ästhetische Formschöpfungen;* *5. Pläne, Regeln und Verfahren für gedankliche Tätigkeiten, für Spiele oder für geschäftliche Tätigkeiten sowie Programme für Datenverarbeitungsanlagen;* *6. die Wiedergabe von Informationen.*

Ebenso ausgeschlossen sind Erfindungen, deren Verwertung gegen die öffentliche Ordnung oder die guten Sitten verstoßen würden, sowie Verfahren zum Klonen von menschlichen Lebewesen, zur Veränderung der genetischen Identität der Keimbahn des menschlichen Lebewesens und die Verwendung von menschlichen Embryonen zu industriellen oder kommerziellen Zwecken. Des Weiteren gibt es Einschränkungen bei Pflanzensorten oder Tierrassen.[424]

Die reguläre *Höchstdauer* für Patente beträgt in Deutschland und Österreich 20 Jahre ab dem Anmeldetag. Wird die fällige Jahresgebühr nicht rechtzeitig eingezahlt oder verzichtet der Patentinhaber auf das Patent, so erlischt dieses vor Ablauf der 20 Jahre.[425]

Die *internationale Harmonisierung* des Patentwesens zeigt sich in Österreich etwa durch die 2005 in Kraft getretene umfassende Reform des österreichischen Patentrechts. Darin folgt Österreich den internationalen Vorgaben, indem innovative Unternehmen durch die Stärkung des Patentschutzes unterstützt und gefördert werden und eine effizientere Gestaltung des Durchsetzungsverfahrens für Patente ermöglicht wird. Zu den wichtigsten Kernbestimmungen dieser Patentrechtsnovelle gehören:

- *Publikation der Patentanmeldung nach 18 Monaten* (auch wenn das Patent bis dahin noch nicht erteilt wurde, gilt eine „vorläufige Schutzwirkung“)
- Neuorganisation des *Einspruchsverfahrens* (Einsprüche können erst nach der Patenterteilung erhoben werden; Folge: Beschleunigung des Patenterteilungsverfahrens)
- *Mittelbare Patentverletzung* (schon das Anbieten und Liefern von Mitteln an nicht zur Benutzung der Erfindung Berechtigte, um diesen die Benutzung zu ermöglichen, wird als Patentverletzung sanktioniert)

---

424 Vgl. §§ 1a, 2 und 2a PatG (Deutschland) sowie § 2 PatG (Österreich).
425 Vgl. §§ 16 und 20 PatG (Deutschland) sowie §§ 28 Abs. 1 und 46 Abs. 1 PatG (Österreich).

- Ermöglichung von *Beschwerden* gegen Endentscheidungen der Beschwerdeabteilung (Verbesserung der Rechtssicherheit und -konformität)
- *Doppelter Schadenersatz* (Vergrößerung des finanziellen Risikos eines Patentverletzers, da der Verletzte das Doppelte des angemessenen Entgelts als Schadenersatz begehren kann).[426]

Auch das *amerikanische Patentrecht* wurde in den letzten Jahren mehrfach geändert und an das Patentwesen der anderen großen Industrienationen angeglichen. Dennoch weist das amerikanische Patentrecht nach wie vor einige Besonderheiten auf, wie beispielsweise eine Verlängerung der Schutzdauer von 20 Jahren, wenn die Patententscheidung verzögert wurde (gerichtliche Verzögerungen, Verzögerungen im Patenterteilungsverfahren), oder eine zwölfmonatige Neuheitsschonfrist für den Erfinder. Im Zuge des 2011 unterzeichneten Leahy-Smith America Invents Act[427], eine der größten Reformen des US-Patentrechts, ersetzte die USA als letztes Land der Welt das *‚first-to-invent'-Prinzip* durch das sonst weltweit übliche *‚first-to-file'-Prinzip*. Während für Letzteres das Datum der Anmeldung des Patents von Relevanz ist, geht das ‚first-to-invent'-Prinzip vom eigentlichen Erfindungsdatum aus. Dieses Datum ist aber oft schwer zu ermitteln und nachzuweisen, weswegen beispielsweise systematisch Labortagebücher geführt werden müssen. Die Erfinderbezogenheit des amerikanischen Patentrechtes führte bislang auch dazu, dass im Gegensatz etwa zu deutschen oder österreichischen Patentanmeldungen bei amerikanischen Anmeldungen in der Regel der Erfinder und nicht die Unternehmung genannt wurden. Mittlerweile können auch in den USA Arbeitgeber als Anmelder fungieren.[428]

Die verwaltende Stelle für Patente in den Vereinigten Staaten von Amerika ist das United States Patent and Trademark Office (USPTO), das dem Wirtschaftsministerium unterstellt ist.[429]

Ein und dieselbe Erfindung kann zwar in mehreren Staaten geschützt werden, die Erteilung eines weltweiten Patentes ist aber nicht möglich. Durch die Möglichkeit, aus unterschiedlichen Varianten der Patentanmeldung zu wählen, kann jedoch ein Schutzrecht in mehreren Ländern erreicht werden. Grundsätzlich können derzeit drei Wege zum Patent beschritten werden, nämlich das *nationale Verfahren bzw. Folgeanmeldungen in nationalen Patentämtern*, das *Europäische Patent* und die *PCT-Anmeldung*. In naher Zukunft wird es darüber hinaus die Möglichkeit geben, mit dem *Europäischen Patent mit einheitlicher Wirkung* ein supranationales Patent in (fast) allen EU-Ländern zu erwerben.

---

426 Vgl. Alge (2005: 6f.) sowie Kucsko (2005: 6).

427 Vgl. Public Law 112-29, 125 Stat. 284.

428 Vgl. Public Law 112-29, 125 Stat. 284 und Specht et al. (2002: 248).

429 Vgl. United States Patent and Trademark Office [Zugriff am 15.02.2006].

9.1.2 Folgeanmeldung

Die *Pariser Verbandsübereinkunft von 1883* (‚Paris Convention for the Protection of Industrial Property') ist das älteste Abkommen zur Harmonisierung gewerblicher Schutzrechte, dem heute praktisch alle Industrieländer beigetreten sind. Neben dem Grundsatz der Inländerbehandlung, demnach Personen aus den Verbandsländern Inländern in Bezug auf die gewerblichen Schutzrechte gleichzustellen sind, wird bei ausländischen Anmeldungen der frühere Erstanmeldungstag zuerkannt. Hierbei wird bei Patenten innerhalb einer Frist von zwölf Monaten (*Prioritätsfrist*) nach der Erstanmeldung eine Folgeanmeldung in einem anderen Land, das Mitgliedsstaat der Pariser Verbandsübereinkunft ist, genauso behandelt, als wäre sie am selben Tag wie die Erstanmeldung eingereicht worden. Als Prioritätstag gilt jener Tag, an dem die erste Anmeldung des Patents (etwa in einem nationalen Verfahren) vorgenommen wurde. Dadurch kann eine Patentanmeldung in den Niederlanden prioritätsbegründend für Patentanmeldungen in anderen Staaten sein und umgekehrt. Dies ist insbesondere für die Beurteilung der Neuheit und der erfinderischen Höhe von Relevanz.[430]

Die Folgeanmeldung bei einem weiteren nationalen Patentamt ist insbesondere dann sinnvoll, wenn nur in wenigen Staaten (etwa bis drei) außerhalb des Landes der Erstanmeldung ein Patentschutz beantragt werden soll. Das Patenterteilungsverfahren wird folglich in den jeweiligen Staaten/dem jeweiligen Staat nach den jeweils gültigen nationalen Bestimmungen durchgeführt.[431]

9.1.3 Europäische Patentanmeldung

1973 wurde die Europäische Patentübereinkunft (EPÜ) mit dem Ziel des Aufbaus eines einheitlichen Patentsystems in Europa unterzeichnet. Als Exekutivorgan für diese Vereinheitlichung und die generelle Durchführung der Patentangelegenheiten in Europa wurde das Europäische Patentamt (EPA) mit Sitz in München und Zweigstelle in Den Haag gegründet; mittlerweile hat es auch Dienststellen in Berlin, Brüssel und Wien. In Wien befindet sich das Internationale Patentdokumentationszentrum.[432] Im Jahr 2017 wurden insgesamt 165.590 europäische Patentanmeldungen eingereicht (wovon rund 68.000 Direktanmeldungen waren und 98.000 über das PCT-Verfahren eingereicht wurden), 153.858 (europäische) Prüfungen durchgeführt und 105.635 Patente (vielfach auch als europäische Patente bezeichnet) erteilt. Dies entspricht einem Zuwachs der europäischen Patentanmeldungen von fast vier Prozent und einem Zuwachs der erteilten Patente von fast zehn Prozent im Vergleich zum Vorjahr.[433] Seit der Vergabe des ersten europäischen Patents im Jahr 1978 wurden bis ins Jahr 2018

---

[430] Vgl. World Intellectual Property Organization (2004: 243ff.) und World Intellectual Property Organization [Zugriff am 09.01.2019b].

[431] Vgl. Unternehmensserviceportal [Zugriff am 18.02.2010].

[432] Vgl. Europäisches Patentamt (2009a: 5).

[433] Vgl. Europäisches Patentamt (2018b: 13ff.) und Europäisches Patentamt [Zugriff am 21.01.2019i].

bereits mehr als 3,4 Millionen Patentanmeldungen entgegengenommen und mehr als 1,7 Millionen Patente erteilt.[434]

Nach er Einreichung der Anmeldung auf elektronischem Weg beim Europäischen Patentamt in München, Den Haag oder Berlin oder gegebenenfalls bei einem der nationalen Patentämter der Vertragsstaaten wird der Antrag in einer ersten Phase einer Eingangs- und Formalprüfung unterzogen, es wird ein Rechercheberícht angefertigt und 18 Monate nach dem Prioritätstag (dem Tag der europäischen oder der nationalen Erstanmeldung) veröffentlicht. Der Anmelder hat sodann innerhalb von sechs Monaten zu entscheiden, ob der Antrag in einer zweiten Phase einer Sachprüfung unterzogen werden soll, die zur Erteilung des Patents oder zur Zurückweisung der Anmeldung führt. Dabei wird überprüft, ob die Erfindung neu ist (also nicht zum Stand der Technik gehört), ob erfinderische Tätigkeit vorliegt (also sich die Erfindung für den Fachmann nicht auf naheliegende Weise aus dem Stand der Technik ergibt) und ob die gewerbliche Anwendbarkeit gegeben ist. Nach Erteilung durch das europäische Patentamt und der Validierungsphase in den einzelnen Ländern (hierbei können Übersetzungen notwendig sein und zusätzliche Gebühren anfallen[435]) besteht für jedes beantragte Land der derzeit 38 europäischen Vertrags- sowie sechs Erstreckungs- und Validierungsstaaten[436] ein eigenständiges nationales Patent mit einer Laufzeit von 20 Jahren ab Einreichung der Anmeldung.[437]

Die Dauer dieses europäischen Patenterteilungsverfahrens beträgt etwa zwei bis vier Jahre, wobei von der Einreichung bis zur Erstellung des Rechercheberichts im Jahr 2017 durchschnittlich weniger als 5 Monate vergingen und für die Sachprüfung durchschnittlich rund 22 Monate benötigt wurden.[438] Abbildung 53 stellt die Vor- und Nachteile der europäischen Patentanmeldung dar.

---

[434] Vgl. Europäisches Patentamt [Zugriff am 21.01.2019h].

[435] Vgl. Europäisches Patentamt (2018d)

[436] Erstreckungsstaaten sind jene Staaten, in denen europäische Patente auf Antrag Wirkung entfalten können. Diese Staaten umfassen derzeit Bosnien und Herzegowina sowie Montenegro. Zu den Validierungsstaaten gehören Marokko, die Republik Moldau, Tunesien und Kambodscha (vgl. Europäisches Patentamt, 2018c: 15).

[437] Vgl. Europäisches Patentamt (2018c).

[438] Vgl. Europäisches Patentamt (2018c: 14) und Europäisches Patentamt [Zugriff am 21.01.2019j].

Abbildung 53: Vor- und Nachteile der europäischen Patentanmeldung

Vorteile	Nachteile
• Bündel (europäischer) Einzelpatente • Dieselbe Wirkung wie nationales Patent • Nur eine Anmeldung • Nur ein Prüfungs- und Erteilungsverfahren • Amtssprache wählbar (Deutsch, Englisch, Französisch)	• Hohe direkte und indirekte Kosten in der Validierungsphase (z. B. Übersetzungen[439], Anmeldegebühren). Bei bis zu fünf Anmeldungen sind nationale Patente günstiger. • Aufwendige und kostenintensive Rechtsdurchsetzung in den jeweiligen Ländern • Parallel geführte (nationale) Rechtsstreitigkeiten: – abweichende Entscheidungen – mangelnde Rechtssicherheit – ‚Forum-Shopping'

Quelle: Nach Specht et al. (2002: 246), Europäisches Patentamt [Zugriff am 21.01.2019a] und Europäisches Patentamt [Zugriff am 21.01.2019c]

Im Rahmen der Angleichung der internationalen Patentgesetze wurde in der Europäischen Union intensiv die Zulassung von Softwarepatenten diskutiert, wie die beiden nachstehenden Texte zeigen.

Rechtsausschuss lässt Softwarepatente durch

„(21. Juni 2005) Der umstrittene Richtlinien-Entwurf hat heute praktisch unverändert den Rechtsausschuss des EU-Parlaments passiert. Die Lobby der Elektronikmultis ist dabei, ihre Interessen gegen jene europäischer KMUs, freier Programmierer und Konsumenten durchzusetzen.

[...]

Mit einer Mehrheit von 16 zu zehn stimmten die Mitglieder des Rechtsausschusses für die Interessen von Siemens, Philips, Nokia und anderen europäischen Hardware-Riesen, die vom Umsatz her den europäischen Software-Markt dominieren.

Die 250 [!] Abänderungsanträge des EU-Parlaments zum Richtlinienentwurf wurden vom Rechtsausschuss en bloc abgeschmettert. Verlangt hatten diese Änderungen EU-weit verschiedene nationale Wirtschaftskammern, Verbände unabhängiger Programmierer und eine große Zahl kleiner bis mittlerer Software-Firmen - so genannte KMUs, die für den Softwaremarkt Europas wie auch den Österreichs typisch sind. Nun landet der umstrittene Richtlinienentwurf in zweiter Lesung nahezu unverändert wieder im EU-Parlament [...].

439 Im sogenannten *Londoner Übereinkommen* haben sich einige EPÜ-Staaten (darunter Deutschland) verpflichtet, unter gewissen Voraussetzungen auf Übersetzungen europäischer Patente in der (nationalen) Validierungsphase ganz oder weitgehend zu verzichten. Österreich ist nicht beigetreten (vgl. Europäisches Patentamt [Zugriff am 21.01.2019l] und Europäisches Patentamt [Zugriff am 21.01.2019k]).

Das Ende des Privateigentums

Zum einen wollen die großen Hardware-Hersteller durch die Mit-Patentierbarkeit von Software die alleinige Dominanz über ihre Produkte – auch nachdem diese ein Kunde käuflich erworben hat – weiter fortschreiben.

Damit wird das Eigentumsrecht des Käufers rechtmäßig erworbener Produkte zu Gunsten des Produzenten weiter eingeschränkt. Allein der Verkäufer bestimmt, wer das Service für seine Produkte übernehmen darf und wer nicht. Auf Grund des kommenden EU-Patentrechts wird den Eigentümern von Handys, Autos und Waschmaschinen jeglicher Eingriff in das Gerät, der nicht vom Hersteller abgesegnet ist, schlicht verboten.

Wie diese Vorgehensweise einer schleichenden Enteignung mit dem von der Wirtschaft bei Bedarf stets gern zitierten Recht auf Eigentum zusammengehen soll, bleibt eine offene Frage, deren Diskussion die Hardware-Lobby bis jetzt stets strikt vermieden hat.

Patente als Waffen

Man braucht Patente auf Software nämlich noch zu einem anderen Zweck, der ebenfalls nichts mit dem Schutz des erfinderischen Genius, sondern mit Marktrealitäten und Gewinnaussichten zu tun hat. Im Informationszeitalter sind Patente für Konzerne Waffen. Sie erfüllen keinen weiteren Zweck, als Konkurrenten daran zu hindern, lukrative Marktsegmente auszubeuten, die man für sich alleine haben will, und um Partner zu begünstigen.

Aus diesem Grunde decken sich die Großen bei den US-Patentämtern ein, bei denen man sich als finanzkräftiger Multi von Ideen, Geschäftsmethoden bis zu mathematischen Formeln alles patentieren lassen kann, wonach das Herz begehrt. In Europa wurde diese Praxis vom Europäischen Patentamt – obwohl bisher rechtlich überhaupt nicht abgedeckt – unter der Hand ebenfalls eingeführt.

Vom ‚Download-Balken‛ bis zum Online-Shop als Idee wurden nachträglich Anwendungen patentiert, die im angehenden 21. Jahrhundert schon fast eine Dekade lang zu den Trivia des elektronischen Alltags gehören und absolut nichts Innovatives mehr an sich haben.

Dass die Ausweitung des Patentrechts auf Software schon vom Prozedere absurd ist, zeigt ein Blick auf die Realitäten des Markts. Im Moment liegen die Innovationszyklen für Software weltweit bei etwa einem halben Jahr. Die durchschnittliche Bearbeitungszeit eines Patentantrags beträgt mindestens das Dreifache. Das heißt: Bis ein Patent auf eine technische Erfindung, das auch die Software mit patentiert, erteilt ist, wurde die ursprünglich verwendete Software bereits zwei Mal durch Neu- und Weiterentwicklungen abgelöst.‟

Quelle: Auszüge aus ORF Futurezone [Zugriff am 13.07.2005a].

Patente beerdigt - Abgeordnete zufrieden

„(6. Juli 2005) Die Softwarepatent-Richtlinie wurde heute abgeschmettert. Die Parlamentarier sprechen von einem Denkzettel an Rat und Kommission und fordern einen Neustart. EU-Kommission: ‚Erstmal passiert die nächsten Monate gar nichts‘.

Die heute mit überwältigender Mehrheit getroffene EU-Parlamentsentscheidung über die Absetzung der Softwarepatentrichtlinie wird von den österreichischen Abgeordneten begrüßt.

[*Die Grünen-Abgeordnete*] Lichtenberger plädierte [..] für einen ‚Neustart‘, bei dem ein einheitliches europäisches Patentrecht geschaffen werden solle. Die SPÖ-Abgeordnete Maria Berger bezeichnete die Entscheidung als ‚richtig und vernünftig‘: ‚Keine Regelung ist immer noch besser als eine Richtlinie, die der ungehemmten Patentierbarkeit von Software Tür und Tor öffnet‘ [...]. Der ÖVP-Abgeordnete Othmar Karas sah im Kippen der Richtlinie ‚die einzig mögliche Entscheidung‘. Auf Grundlage des vom Rat vorgelegten gemeinsamen Standpunkts sei es nicht möglich gewesen, eine nachhaltige Verbesserung zu erreichen. Karas sprach sich ebenfalls für eine Harmonisierung des europäischen Patentrechts aus.

648 gegen 14 Stimmen

Das Europaparlament wies den EU-Gesetzentwurf am Mittwoch in Straßburg mit überwältigender Mehrheit von 648 zu 14 Stimmen zurück und lehnte damit erstmals in zweiter Lesung eine Gesetzesvorlage ab.

[...]

Wie es weitergeht

Die EU-Kommission hat nun die Möglichkeit, das Gesetzgebungsverfahren mit einem neuen Vorschlag wieder zu starten. [...] ‚Erstmal passiert die nächsten Monate in diesem Bereich gar nichts‘, so ein Kommissionssprecher. Auch EU-Kommissar Joaquin Almunia schloss einen neuen Anlauf zunächst aus und ein Sprecher von Binnenmarkt-Kommissar Charlie McCreevy gab bekannt, ‚den Gesetzgebungsprozess als abgeschlossen‘ zu betrachten. Kommissarin Benita Ferrero-Waldner versprach hingegen in Straßburg, die Behörde werde einen möglichen Antrag des Parlamentes zu einem neuen Vorschlag prüfen.“

Quelle: Auszüge aus ORF Futurezone [Zugriff am 13.07.2005b].

9.1.4 Europäisches Patent mit einheitlicher Wirkung

Das zuvor beschriebene europäische Patentanmeldeverfahren bietet zwar den Vorteil einer zentralen Anmeldung und Erteilung, jedoch entfalten die Patente in den einzelnen Ländern – nach einer kostenintensiven Übersetzungs- und Validierungsphase – ausschließlich nationalen Schutz. Auch müssen Rechtsdurchsetzungen in den jeweiligen Ländern einzeln durchgeführt werden, was zu zusätzlichen Kosten führt.

Durch solche Parallelverfahren kann es darüber hinaus auch zu unterschiedlichen Urteilen kommen. Das aktive Ausnutzen der Unterschiede zwischen nationalen Gerichten und deren Verfahren wird als *Forum-Shopping* bezeichnet.[440]

Diese Aspekte sollen mit dem europäischen Patent mit einheitlicher Wirkung (vereinfacht auch Einheitspatent genannt) verbessert werden und dadurch die europäische Wettbewerbsfähigkeit erhöhen. Das Einheitspatent soll seine rechtliche Wirkung unmittelbar, einheitlich und zeitgleich in fast allen EU-Mitgliedsstaaten entfalten und somit supranationalen Schutz bieten.[441] Durch den Wegfall der Validierung in den einzelnen Staaten werden sich sowohl der administrative Aufwand wie auch die anfallenden Kosten verringern.[442] Es wird mit einer Senkung der Kosten pro Patent um etwa 80 Prozent, von derzeit durchschnittlichen 36.000 EUR auf 4.725 EUR, gerechnet.[443] Dies liegt vor allem an den nun wegfallenden Übersetzungskosten, die bislang für die Validierung in den einzelnen Staaten angefallen sind. Zukünftig werden – wenn auch erst nach einer Übergangszeit[444] – alle Unterlagen (inkl. der Patentansprüche) für ein Einheitspatent nur mehr in Deutsch, Englisch oder Französisch notwendig sein. Für notwendige Übersetzungen in eine dieser Sprachen ist eine Kompensation für in der EU ansässige kleine und mittlere Unternehmen (KMUs), natürliche Personen, gemeinnützige Organisation, Universitäten und öffentliche Forschungseinrichtungen vorgesehen.[445] Auch die Jahresgebühren fallen unternehmensfreundlich aus und bringen darüber hinaus die nicht zu unterschätzende administrative Erleichterung, nur mehr an einer zentralen Stelle, dem europäischen Patentamt, zu begleichen zu sein.[446]

Für die Anmeldung eines Einheitspatents muss zunächst die bisherige europäische Patenanmeldung nach EPÜ durchlaufen werden, wodurch zunächst ein ‚klassisches' europäisches Patent erteilt wird und erst danach – bis spätestens einen Monat nach der Bekanntmachung der Erteilung – der Antrag auf ein Einheitspatent gestellt werden kann.[447] Dabei soll es jedoch weder nationale noch das ‚klassische' europäische Patent ersetzen, sondern vielmehr eine zusätzliche Option der Patentierung darstellen.[448]

---

440 Vgl. u. a. Europäisches Patentamt [Zugriff am 21.01.2019a] oder Europäisches Patentamt [Zugriff am 21.01.2019c].

441 Vgl. Europäisches Patentamt [Zugriff am 21.01.2019g] und Europäisches Parlament [Zugriff am 21.01.2019].

442 Vgl. Europäisches Patentamt [Zugriff am 21.01.2019g].

443 Vgl. Europäisches Parlament [Zugriff am 21.01.2019].

444 Während einer sechs- bis maximal zwölfjährigen Übergangszeit haben die Unterlagen sowohl in Englisch als auch in einer weiteren EU-Amtssprache vorzuliegen, was jedoch auch gegenüber dem bisherigen Verfahren bereits eine Vereinfachung bringt (vgl. Europäisches Patentamt [Zugriff am 21.01.2019f]).

445 Vgl. Europäisches Patentamt [Zugriff am 21.01.2019f].

446 Vgl. Europäisches Patentamt [Zugriff am 21.01.2019e] und Europäisches Patentamt [Zugriff am 21.01.2019g].

447 Vgl. Europäisches Patentamt [Zugriff am 21.01.2019d].

448 Vgl. Europäisches Patentamt [Zugriff am 21.01.2019g].

Auch die Rechtsdurchsetzung wird durch die Einrichtung eines internationalen Gerichts – dem einheitlichen Patentgericht (EPG) – vereinheitlicht und erleichtert. Für die teilnehmenden Staaten wird es für Fragen der Verletzung und der Rechtsgültigkeit von Einheitspatenten (als auch von den ‚klassischen' europäischen Patenten) zuständig sein. Dadurch werden Rechtsstreitigkeiten nicht mehr in mehreren Ländern geführt werden müssen, was zu einer geringeren Verfahrensdauer sowie einer erhöhten Rechtssicherheit aufgrund einer harmonisierten Rechtsprechung führen wird.[449]

Seit den 1960er-Jahren gibt es bereits Bestrebungen zur Einrichtung eines einheitlichen Patents innerhalb der EU, die jedoch etwa aufgrund von Streitigkeiten über zulässige Sprachen oder die Gerichtsbarkeit scheiterten.[450] Auch wenn das europäische Patent mit einheitlicher Wirkung dies nun endlich (großteils) überwunden hat (wobei Kroatien, Polen und Spanien vorerst nicht teilnehmen werden), so konnte es Anfang 2020 noch nicht beantragt werden. Für das Inkrafttreten ist nämlich die Ratifikation des EPG von mindestens 13 unterzeichnenden Staaten notwendig, darunter jene drei Staaten, in denen es 2012 die meisten gültigen europäischen Patente gab.[451] Ende 2018 hatten zwar bereits 16 Staaten die Vereinbarung ratifiziert, jedoch war Deutschland aufgrund einer Verfassungsklage noch ausständig.[452] Im Februar 2020 entschied das deutsche Bundesverfassungsgericht, dass das Gesetz zur Ratifizierung nichtig sei.[453] Dadurch verzögert sich das EU-Patent erneut.

9.1.5 PCT-Anmeldung

Die World Intellectual Property Organization (WIPO), der 191 Staaten als Mitglieder beigetreten sind[454], strebt eine Vereinheitlichung des Patentsystems an. Ein mittlerweile von 142 Staaten (u. a. den meisten europäischen Ländern sowie den USA, Japan, der Volksrepublik China, Kanada, Australien und anderen Überseestaaten)[455] unterzeichneter *Patentzusammenarbeitsvertrag* (PCT – *Patent Cooperation Treaty*) ist 1978 in Kraft getreten und ermöglicht eine internationale Anmeldung eines Patents im Rahmen eines zentralen Verfahrens in einer (akzeptierten) Sprache.[456]

Der Patentantrag wird bei einer der nationalen PCT-Vertretungen (im Regelfall das nationale Patentamt) oder dem Internationalen Büro eingereicht. Nach vier bis

---

449 Vgl. Europäisches Patentamt [Zugriff am 21.01.2019a].
450 Vgl. u.a. Europäische Kommission [Zugriff am 21.01.2019] oder Österreichisches Patentamt [Zugriff am 21.01.2019].
451 Vgl. Europäisches Patentamt [Zugriff am 21.01.2019b] und Unified Patent Court [Zugriff am 21.01.2019a].
452 Vgl. Unified Patent Court [Zugriff am 21.01.2019b].
453 Vgl. Bundesverfassungsgericht [Zugriff am 23.03.2020].
454 Vgl. World Intellectual Property Organization (2018a: 17).
455 Vgl. World Intellectual Property Organization (2018b: 96).
456 Vgl. World Intellectual Property Organization (2004: 277).

fünf Monaten erhält der Antragsteller den Bericht einer internationalen Recherche der Patentdokumente und der technischen Literatur. Durchgeführt werden diese Recherchen in weltweit 22 anerkannten ‚International Searching Authorities‘[457], von denen eine beim österreichischen Patentamt in Wien angesiedelt ist. Achtzehn Monate nach der Ursprungsanmeldung (*Prioritätstag*) kommt es zur internationalen Publikation des Patents und 20 bzw. 30 Monate nach dieser Anmeldung wird in jenen Ländern, in denen ein Patentschutz erwirkt werden soll, die sogenannte nationale Phase eingeleitet, wobei auch regionale Patente – wie ein europäisches Patent – angestrebt werden können. Die PCT-Anmeldung ersetzt dadurch zwar die einzelnen Anmeldungen in den jeweiligen Staaten, jedoch nicht die nationalen Prüfungsverfahren. Dem Anmelder bleibt auch mehr Zeit für die Entscheidung, ob und in welchen Ländern das Patent angemeldet werden soll. So kann vor der Einleitung der nationalen Phase der Antrag immer noch zurückgezogen werden, wenn etwa aufgrund der Ergebnisse der Rechercheberichte zum Stand der Technik nur geringe Erfolgsaussichten für eine Patenterteilung zu erwarten sind.[458]

9.2 Gebrauchsmuster und Design

Gemäß § 1 des deutschen Gebrauchsmustergesetzes (GebrMG) wie auch des österreichischen Gebrauchsmustergesetzes (GMG) werden als **Gebrauchsmuster** auf Antrag Erfindungen geschützt, die neu sind, auf einem erfinderischen Schritt beruhen und gewerblich anwendbar sind.[459] Gebrauchsmuster berechtigen den Inhaber im Zeitraum von zehn Jahren, das Muster gewerblich nachzubilden und die daraus entstehenden Produkte zu verkaufen oder zu gebrauchen.[460] Im Vergleich zum Patent ist das Gebrauchsmuster kein geprüftes, sondern ein registriertes Recht (ungeprüftes Schutzrecht). Es wird also nicht bei der Erteilung auf seine Neuheit, seinen erfinderischen Schritt und seine gewerbliche Anwendbarkeit überprüft. Diese Prüfung erfolgt erst im Streitfall oder einem Löschungsverfahren. Es ist jedoch schneller und kostengünstiger als ein Patent; die Eintragung in die Rolle der Gebrauchsmuster geschieht in Deutschland in der Regel innerhalb von zwei Monaten[461]. Darüber hinaus galt lange Zeit der geforderte „erfinderische Schritt“ als geringer als die im Patentrecht verlangte Erfindungshöhe, weswegen das Gebrauchsmuster auch als das ‚kleine Patent‘ bezeichnet wurde.[462] Jedoch wurde die geringere Erfindungshöhe im Vergleich zum Patent sowohl in Deutschland durch den Bundesgerichtshof als auch später in Österreich durch den obersten Patent- und Markensenat aufgehoben.[463]

---

457 Vgl. World Intellectual Property Organization [Zugriff am 09.01.2019a].

458 Vgl. World Intellectual Property Organization (2004: 278ff.).

459 § 1 (1) GebrMG und § 1 (1) GMG.

460 Vgl. Kupsch et al. (1991: 1104), §§ 11 und 23 GebrMG sowie §§ 4 und 6 GMG.

461 Vgl. Ensthaler (2009: 201f.).

462 Vgl. Österreichisches Patentamt, Vortragsunterlagen, Vortrag vom 02.05.2005.

463 Vgl. Ensthaler (2009: 193ff.) und Entscheidung des obersten Patent- und Markensenats „Teleskopausleger“ vom 22.12.2010, OGM 1/10.

Anders als in Deutschland können Gebrauchsmuster in Österreich auch auf Programmlogiken, die Programmen für Datenverarbeitungsanlagen zugrunde liegen, jedoch nicht auf Programme für Datenverarbeitungsanlagen selbst angewandt werden.[464] Ebenso ist in Österreich eine (einmalige) Umwandlung in ein Patent (oder auch umgekehrt, von einem Patent in ein Gebrauchsmuster) prinzipiell möglich.[465]

In Deutschland können hingegen Verfahren nicht als Gebrauchsmuster eingetragen werden.[466] Auch sind in Deutschland für die Beurteilung des Stands der Technik eines Gebrauchsmusters (anders als beim Patent) nur schriftliche, der Öffentlichkeit zugänglich gemachte Beschreibungen sowie die öffentliche Benutzung im Bundesgebiet neuheitsschädlich. Eine mündliche Wiedergabe der Erfindung in Deutschland wie auch die Benutzung im Ausland (etwa im Rahmen von Produktpräsentationen) hat somit keine Auswirkung. Auch eine Benutzung innerhalb Deutschlands oder eine Beschreibung der Erfindung seitens des Anmelders oder Erfinders innerhalb von sechs Monaten vor der Anmeldung bleibt ohne Folge (Neuheitsschonfrist), woraus sich für das Gebrauchsmuster ein nachgelagerter Innovationsschutz ergibt.[467] Das österreichische GMG kennt ebenfalls eine sechsmonatige Neuheitsschonfrist für den Anmelder oder seinen Rechtsvorgänger.[468] Anderslautend zu Deutschland wird in Österreich für den Neuheitscharakter (analog zur Beurteilung von Patenten) auf schriftliche und mündliche Beschreibungen, Benutzungen oder auf eine sonstige Weise der Zugänglichmachung Rücksicht genommen.[469]

Das Schutzrecht eines Gebrauchsmusters ist nicht in allen Ländern verfügbar (etwa nicht in der Schweiz), sie sind weniger harmonisiert und es gibt keine internationale Anmeldeverfahren.

Als **Muster** in Österreich bzw. in Deutschland seit 2014 als **rechtlicher Schutz von Design** (vormals Geschmacksmuster) bezeichnet man zweidimensionale Muster oder dreidimensionale Modelle, die schutzfähig sind, *„wenn sie neu und gewerblich verwertbar sind sowie auf den menschlichen Farben- und Formsinn wirken"*[470]. Beispiele für Geschmacksmuster sind u. a. Stoffe, Tapeten, Porzellan- und Keramikgeschirr, wobei *„eine zur Bekanntmachung geeignete Wiedergabe des Designs"*[471] (Deutschland) bzw. eine Musterabbildung und auf Wunsch auch zusätzlich ein Musterexemplar[472] (Österreich) einzureichen sind. Nach dieser Hinterlegung ist der Inhaber maximal 25 Jahre berechtigt, das eingetragene Muster teilweise oder völlig nachzuahmen.[473]

---

464 Vgl. §§ 1 (2) und 1 (3) Z 3 GMG.
465 Vgl. § 21 GMG und § 92b PatG.
466 Vgl. § 2 Z. 3 GebrMG.
467 § 3 Abs. 1 GebrMG.
468 § 3 (4) Z. 1 GMG.
469 § 3 (1) GMG.
470 Kupsch et al. (1991: 1105).
471 Vgl. § 11 (2) Z. 3 DesignG.
472 Vgl. § 12 (1) MuSchG.
473 Vgl. § 27 (2) DesignG und § 6 MuSchG.

Sowohl für Gebrauchsmuster als auch für Geschmacksmuster gibt es internationale Übereinkommen. So ermöglicht die Pariser Verbandsübereinkunft – wie bei Patenten – die Inanspruchnahme einer Prioritätsfrist, die bei Gebrauchsmustern zwölf und bei Geschmacksmustern sechs Monate beträgt.[474]

Auf europäischer Ebene existieren seit einigen Jahren die vom Amt der Europäischen Union für geistiges Eigentum (‚European Union Intellectual Property Office', kurz EUIPO; zuvor ‚Harmonisierungsamt für den Binnenmarkt (Marken, Muster, Modelle)') verwalteten eingetragenen und nicht eingetragenen Gemeinschaftsgeschmacksmuster. Diese Schutzmöglichkeiten des Designs sind *„die Erscheinungsform eines Erzeugnisses oder eines Teils davon, die sich insbesondere aus den Merkmalen der Linien, Konturen, Farben, der Gestalt, Oberflächenstruktur und/oder der Werkstoffe des Erzeugnisses selbst und/oder seiner Verzierung ergibt.*"[475] Des Weiteren muss das Muster neu sein und eine Eigenart aufweisen. Beide Formen erstrecken sich auf alle Mitgliedsstaaten der Europäischen Union, werden auf zukünftige Mitgliedsstaaten automatisch und ohne zusätzlichen Antrag ausgedehnt und können nicht auf einzelne Staaten eingeschränkt werden.

Das **eingetragene Gemeinschaftsgeschmacksmuster** gilt fünf Jahre ab dem Anmeldetag und kann für jeweils fünf Jahre zu einer maximalen Schutzdauer von 25 Jahren ausgedehnt werden. Das Schutzrecht kann auch dann beantragt werden, wenn der Anmelder bereits bis zu zwölf Monate vor dem Anmeldedatum das Geschmacksmuster vermarktet hat. Der Neuheitscharakter wird dadurch nicht zerstört. Die Vorteile liegen in vereinfachten Formalitäten und Verwaltungsabläufen wie eine einzige Anmeldung und Gültigkeit für das gesamte Gebiet der Europäischen Union, der Notwendigkeit von nur einer einzigen Verfahrenssprache, einer einzigen Anmeldestelle, einem einzigen Verfahrensakt, einer einzigen Bezahlung sowie der Möglichkeiten von Sammelanmeldungen und des Aufschubs der Bekanntmachung um bis zu 30 Monate.[476]

Vom eingetragenen Gemeinschaftsmuster ist das **nicht eingetragene Gemeinschaftsgeschmacksmuster** zu unterscheiden, das ohne formale Anmeldung erlangt wird, sofern es der Öffentlichkeit innerhalb der Europäischen Union zugänglich gemacht wurde. Voraussetzung ist auch hier die Erfüllung der Eigenart und der Neuheit. Die Schutzwirkung ist auf drei Jahre beschränkt, wobei innerhalb des ersten Jahres eine Eintragung vorgenommen werden kann und es dadurch zum eingetragenen Gemeinschaftsgeschmacksmuster wird. Nachteil des nicht eingetragenen Gemeinschaftsgeschmacksmusters ist die in der Praxis oftmals problematische Beweisführung des bestehenden Schutzes. Auch wirkt der Schutz bei fehlender Eintragung nur gegen Nachahmung. Es liegt daher keine Schutzverletzung vor, wenn jemand anderer

---

474 Vgl. World Intellectual Property Organization [Zugriff am 09.01.2019b: Article 4 C].

475 Verordnung (EG) über das Gemeinschaftsgeschmacksmuster: Artikel 3 (a).

476 Vgl. Verordnung (EG) über das Gemeinschaftsgeschmacksmuster sowie Amt der Europäischen Union für geistiges Eigentum [Zugriff am 09.01.2019].

als der Entwerfer einen selbstständigen Entwurf schafft und nachweisen kann, dass er über den Schutz keine Kenntnis hatte.[477]

9.3 Arbeitnehmererfindungen

Wird eine Erfindung im Rahmen der Ausübung eines Dienstvertrages getätigt, stellt sich die Frage, ob diese dem Arbeitnehmer (Erfinder) oder dem Unternehmen zusteht.

In **Deutschland** wird für (technische) Erfindungen nach dem Patent- und dem Gebrauchsmustergesetz wie für technische Verbesserungsvorschläge, die von Arbeitnehmern im privaten und öffentlichen Dienst, von Beamten und Soldaten hervorgebracht werden, im Arbeitnehmererfindungsgesetz (ArbNErfG) geregelt.[478] Es wird zwischen gebundenen Erfindungen (Diensterfindungen) und freien Erfindungen unterschieden.

Eine *Diensterfindung* (gebundene Erfindung) liegt vor, wenn es zu einer Erfindung während eines aufrechten Arbeitsverhältnisses kommt, die entweder aus der dem Arbeitnehmer im Betrieb obliegenden Tätigkeit entstanden ist oder maßgeblich auf Erfahrungen oder Arbeiten des Betriebes beruht.[479] In diesem Fall hat der Arbeitnehmer die Erfindung seinem Dienstgeber unmittelbar zu melden und sie geheim zu halten.[480] Der Arbeitgeber kann in weiterer Folge entscheiden, ob er diese Erfindung zur Erteilung eines Schutzrechtes anmeldet (und die Kosten dafür trägt), ob er sich zur Geheimhaltung entscheidet oder ob es dem Erfinder frei steht, die Erfindung selbst schützen zu lassen oder zu veräußern. In letzterem Fall hat der Erfinder seinem Dienstgeber zumindest ein nichtausschließliches Recht zur Benutzung der Erfindung anzubieten.[481] Dem Erfinder steht bei Aufgriff durch den Arbeitgeber (auch bei Geheimhaltung) eine angemessene Vergütung zu. Diese wird in Deutschland gemäß einer Richtlinie des Bundesministeriums für Arbeit und Soziales berechnet, wobei die Ermittlung des Erfindungswerts (i) nach der Lizenzanalogie (es werden vergleichbare Fälle bei freien Erfindungen der Berechnung zugrunde gelegt), (ii) nach dem erfassbaren betrieblichen Nutzen oder (iii) durch Schätzung vorgenommen werden kann.[482]

Für *freie Erfindungen*, die nicht den Kriterien einer Diensterfindung entsprechen, hat der Dienstgeber zwar kein Aufgriffsrecht, es besteht jedoch (sofern nicht offensichtlich für den Betrieb verwendbar) auch in diesem Fall eine Meldepflicht, damit dies überprüft werden kann. Kann der Arbeitgeber die Erfindung benutzen, so besteht auch eine Anbietungspflicht zu angemessenen Bedingungen.[483]

---

477 Vgl. Verordnung (EG) über das Gemeinschaftsgeschmacksmuster sowie Amt der Europäischen Union für geistiges Eigentum [Zugriff am 09.01.2019].

478 Vgl. §§ 1, 2 und 3 ArbNErfG.

479 Vgl. § 4 ArbNErfG.

480 Vgl. §§ 5 und 24 (2) ArbNErfG.

481 Vgl. §§ 6ff ArbNErfG.

482 Vgl. § 12 ArbNErfG und BMAS [Zugriff am 09.01.2019].

483 Vgl. §§ 18 und 19 ArbNErfG.

In **Österreich** haben Arbeitnehmer für während eines Dienstverhältnisses gemachte Erfindungen prinzipiell Anspruch auf Erteilung eines Patents. Bei Diensterfindungen kann jedoch der Dienstgeber Anspruch auf das Patent bzw. dessen Benutzung erheben, sofern dies durch einen schriftlichen (Dienst-)Vertrag oder einen Kollektivvertrag geregelt ist. Bei öffentlich-rechtlichen Dienstverhältnissen und Universitätsangehörigen hat hingegen der Dienstgeber auch ohne eine derartige Vereinbarung das Recht an der Erfindung. Eine Diensterfindung liegt vor, wenn sie (i) in das Arbeitsgebiet des Unternehmens fällt und (ii) wenn es nicht zu den dienstlichen Obliegenheiten des Arbeitnehmers zählt, (iii) der Dienstnehmer Anregung zur Erfindung gab oder (iv) es aufgrund der Erfahrung oder der Hilfsmittel des Unternehmens zur Erfindung kam. Auch in Österreich gebührt dem Dienstnehmer für die Überlassung der Erfindung eine angemessene Vergütung, sofern die Erfindertätigkeit nicht Teil seiner üblichen Arbeitsaufgaben war und diese Tätigkeit daher bereits in Form seines Gehalts abgegolten wurde. Eine Richtlinie zur Berechnung wie in Deutschland gibt es jedoch nicht. Eine Diensterfindung ist dem Arbeitgeber unverzüglich mitzuteilen, da dieser innerhalb einer Frist von vier Monaten über die Erhebung eines Anspruchs auf die Erfindung zu entscheiden hat.[484]

9.4 Lizenzen

Eine Lizenz bildet die rechtliche Grundlage, über (geschütztes) geistiges Eigentum anderer verfügen zu dürfen und dieses auch gewerblich zu nutzen. Es können je nach Einsatzgebiet verschiedene Arten und Ausgestaltungen von Lizenzen unterschieden werden. Einige dieser für die Technologieverwertung relevanten Ausprägungsmerkmale werden in Abbildung 54 zusammengefasst.

Zunächst ist zu unterscheiden, ob für das *Lizenzobjekt* ein *gewerbliches Schutzrecht vorliegt* (wozu u. a. Patent-, Gebrauchsmuster-, Muster-/Designlizenzen zählen) oder ob es sich um eine rechtlich nicht geschützte Erfindung handelt (Know-how-Lizenzen). Bei einer Patentlizenz verzichtet der Lizenzgeber beispielsweise auf das (durch ein Patent erlangte und zugebilligte) alleinige Verwertungsrecht und räumt dem Lizenznehmer frei verhandelbare Rechte ein, deren Ausgestaltung jedoch von den Patentgesetzen abhängen können.[485]

D PatG	*§ 15 (1) Das Recht auf das Patent, der Anspruch auf Erteilung des Patents und das Recht aus dem Patent gehen auf die Erben über. Sie können beschränkt oder unbeschränkt auf andere übertragen werden.* *(2) Die Rechte nach Absatz 1 können ganz oder teilweise Gegenstand von ausschließlichen oder nicht ausschließlichen Lizenzen für den Geltungsbereich dieses Gesetzes oder einen Teil desselben sein. Soweit ein Lizenznehmer gegen eine*

[484] Vgl. §§6 bis 19 PatG (Österreich) sowie § 106 UG.
[485] Vgl. Schuh et al. (2011: 255).

	Beschränkung seiner Lizenz nach Satz 1 verstößt, kann das Recht aus dem Patent gegen ihn geltend gemacht werden. *(3) Ein Rechtsübergang oder die Erteilung einer Lizenz berührt nicht Lizenzen, die Dritten vorher erteilt worden sind.*
Ö PatG	*§ 35. Der Patentinhaber ist berechtigt, die Benützung der Erfindung dritten Personen für das ganze Geltungsgebiet des Patentes oder für einen Teil desselben mit oder ohne Ausschluss anderer Benützungsberechtigter zu überlassen (Lizenz).*

Bei *Know-how-Lizenzen* handelt es sich um Lizenzen, die nicht auf einem gewerberechtlichen Schutzrecht basieren. Im Gegensatz zu Wissen, das durch ein Patent oder dergleichen bereits einen rechtlich durchsetzbaren Schutz erlangt, ist bei Know-how-Lizenzen die vollständige Offenlegung während der Vertragsanbahnung kritisch, da dadurch ein späteres Durchsetzungsrecht verloren gehen kann. Daher wird diese Art des Transfers sehr häufig mit anderen Schutzrechten kombiniert (*gemischte Lizenz*). So kann beispielsweise ein Patent für eine Produktionsanlage mit dem Know-how zu deren Betrieb kombiniert (Patent- und Know-how-Lizenz) oder ein Patent gemeinsam mit einer Marke lizensiert werden (z. B. Dolby System oder die VHS Norm).[486]

Schränkt der Lizenzgeber den *Umfang der übertragenen Nutzungsrechte* ein, wird von einer *beschränkten Lizenz* gesprochen. Eine Beschränkung kann inhaltlich (z. B. auf die Herstellung, den Vertrieb, den Gebrauch, die Benutzung oder eine bestimmte Menge), räumlich (z. B. auf ein Gebiet) und/oder zeitlich (z. B. für eine bestimmte Dauer) erfolgen. Bei einer *unbeschränkten Lizenz* gibt es keine solche Limitierung.[487]

Neben originärem Wissen des *Lizenzgebers* (*unmittelbare Lizenz*) kann – sofern nichts anderes vereinbart wurde – auch ein Lizenznehmer eine Lizenz an Dritte erteilen (*Unterlizenz*) und somit gleichzeitig Lizenznehmer und Lizenzgeber sein. Dabei können jedoch nicht mehr Rechte übertragen werden, als selbst erhalten wurden.[488]

Der *Lizenznehmer* kann mit mehreren *Nutznießern* im selben Gebiet konfrontiert sein (*einfache Lizenz*) oder er verfügt über das alleinige Recht an der Verwertung der Erfindung (Exklusiv- oder ausschließliche Lizenz). Bei einer *ausschließlichen Lizenz* verzichtet der Lizenzgeber auf sämtliche weiteren Nutzungs- und Verwertungsrechte. Daher sollte auch bei Nichtverwertung eine entsprechende Vergütung sichergestellt werden. Für den Lizenznehmer kann eine Exklusivlizenz Technologievorsprung und Verwertungsvorteile bedeuten, denen jedoch in der Regel höhere Lizenzzahlungen

486 Vgl. Schuh et al. (2011: 256).
487 Vgl. Ensthaler (2009: 81) sowie Specht et al. (2002: 254).
488 Vgl. Specht et al. (2002: 254).

gegenüberstehen. Auch kartellrechtlich kann eine solche Lizenzform problematisch sein.[489]

Des Weiteren wird nach der *Organisationsform* zwischen persönlichen Lizenzen, Betriebslizenzen und Konzernlizenzen unterschieden.[490]

Nicht jede Lizenz kommt freiwillig zustande. Mittels *Zwangslizenzen* können Schutzrechte staatlich beschränkt bzw. eine Lizenzvergabe staatlich verordnet werden. Hierfür muss entweder ein öffentliches Interesse an der Erteilung einer Zwangslizenz vorliegen, der technische Fortschritt mit erheblicher wirtschaftlicher Bedeutung trotz Versuchs der Einigung auf eine Lizenz behindert werden oder eine Erfindung im Inland nicht in angemessenem Umfang ausgeübt werden, wodurch eine ausreichende Versorgung des Inlandsmarktes nicht gewährleistet werden kann. Dennoch steht dem (Zwangs-)Lizenzgeber eine Vergütung zu.[491]

Der Lizenznehmer hat als *Gegenleistung* für die Verwertung bzw. Nutzung von Wissen eine Kompensation zu entrichten, wobei diese vertraglich frei gestaltet werden kann. Grundsätzlich können monetäre und nicht-monetäre Kompensationsleistungen unterschieden werden. Zu den *monetären Rückflüssen* zählen etwa (i) einmalige Abschlagszahlungen (Pauschallizenzen), (ii) laufende Lizenzgebühren (‚royalties'), zum Beispiel berechnet auf Basis der produzierten Menge oder von Umsatz- bzw. Gewinnquoten, (iii) Einnahmen aus dem Verkauf von Komponenten und Zubehör an den Lizenznehmer oder (iv) Gebühren für Unterstützung und Service. Zur Verteilung des Risikos zwischen Lizenzgeber und -nehmer bietet sich eine Kombination aus einer Einmalzahlung zu Vertragsbeginn und laufenden Lizenzzahlungen an. Kombinationen sind somit möglich.[492]

Wird eine *nicht-monetäre Kompensation* vereinbart, so kann dies in Form (i) eines gegenseitigen Lizenztauschs (‚cross-licensing'), (ii) von Rücklieferungen der in Lizenz erzeugten Gütern an den Lizenzgeber zu Sonderkonditionen, (iii) von Gebühren in Form von Kapitalbeteiligungen am Lizenznehmer oder (iv) einer Rückgewährvereinbarungen geschehen. Bei einer Rückgewährklausel erhält der Lizenzgeber das Recht, durch den Lizenznehmer entstandene Weiterentwicklungen und Ergebnisse der Lizenz selbst zu nutzen.[493]

---

[489] Vgl. Ensthaler (2009: 165), Schuh et al. (2011: 255) sowie Specht et al. (2002: 254).
[490] Vgl. Specht et al. (2002: 254).
[491] Vgl. §§ 13 und 24 PatG (Deutschland) sowie §§ 36 und 37 PatG (Österreich).
[492] Vgl. Schuh et al. (2011: 257f.) sowie Specht et al. (2002: 254).
[493] Vgl. Schuh et al. (2011: 257f.) sowie Specht et al. (2002: 254).

Abbildung 54: Lizenzarten im Überblick

Ansatzpunkt für die Systematisierung	Kriterium	Lizenzarten
Lizenzobjekt	Vorhandensein von Schutzrechten	• Ja: Patent-, Gebrauchsmuster-, Muster-/Design-, Markenlizenz • Nein: Know-how-Lizenz • Gemischte Lizenz (Patent und Know-how; Patent und Marke; Patent Know-how und Marke)
	Umfang der übertragenen Nutzungsrechte/ Restriktionen	• Unbeschränkte Lizenz • Beschränkte Lizenz, z. B.: – Räumlich (Gebietslizenz) – Zeitlich (Zeitlizenz) – Inhaltlich (Herstellungs-, Vertriebs-, Gebrauchs-, Benutzungslizenz, Menge etc.)
Lizenzgeber	Identität mit dem „Hersteller" der Kenntnisse	• Unmittelbare Lizenz • Unterlizenz
Lizenznehmer	Zahl der Nutznießer im selben Gebiet	• Exklusivlizenz (ausschließliche Lizenz) • Einfache Lizenz
	Organisationsformen	• Persönliche Lizenzen • Betriebslizenzen • Konzernlizenzen
Zustandekommen der Lizenz	Freiwilligkeit	• Zwangslizenzen • Vereinbarte Lizenzen
Kompensationsleistungen	Monetär	• Abschlagszahlungen (Pauschallizenzen) • Laufende Lizenzgebühren (‚royalties') – Stücklizenzen – Quotenlizenzen (Umsatz-, Gewinnquoten) • Einnahmen aus dem Verkauf von Komponenten und Zubehör an den Lizenznehmer • Gebühren für Unterstützung und Service
	Nicht-Monetär	• Rücklieferung der in Lizenz erzeugten Güter an den Lizenzgeber zu Sonderkonditionen • Gegenseitiger Lizenztausch (‚cross-licensing') • Rückgewährvereinbarungen • Gebühren in Form von Kapitalbeteiligungen am Lizenznehmer

Quelle: Eigene Darstellung in Anlehnung an Specht et al. (2002: 254) und Schuh et al. (2011: 254ff.)

Zusammenfassend werden in Abbildung 55 die wichtigsten Vor- und Nachteile aufgezählt, die durch die Nutzung unternehmensexterner Schutzrechte in Form einer Lizenznahme entstehen können.

Abbildung 55: Vor- und Nachteile einer Lizenznahme

Vorteile	Nachteile
• Senkung der eigenen F&E-Aufwendungen • Möglichkeit der Diversifikation und des Wachstums durch neue Produkte • Einsparung der eigenen F&E-Abteilung • Verbesserung existierender Produkte • Erhöhung der Auslastung • Möglichkeit eines früheren Markteintritts als bei Eigenentwicklung • Entschärfung des Wettbewerbs	• Abbau der eigenen technologischen Leistungsfähigkeit • Verminderung der Attraktivität des Lizenznehmers für den Lizenzgeber • Entstehen einer Abhängigkeit vom Lizenzgeber

Quelle: Nach Specht et al. (2002: 246)

10 F&E-Ausgaben im internationalen Vergleich und F&E-Förderung

10.1 F&E-Ausgaben im internationalen Vergleich

Im *internationalen Vergleich* – gemessen am Jahr 2018, dem aktuellsten Jahr, von dem Vergleichswerte (fast) aller OECD-Staaten verfügbar sind – hatten Israel (4,94 %) und Korea (4,53 %) die höchsten F&E-Aufwendungen in Prozent des BIP (F&E-Intensität bzw. F&E-Quote). Innerhalb der Europäischen Union waren Schweden (3,32 %) vor Österreich (3,14 %) und Deutschland (3,13 %) jene Länder mit der höchsten F&E-Quote. Der Durchschnitt der EU-28 betrug 2,03 % (vgl. Abbildung 56).[494]

Abbildung 56: Internationaler Vergleich der Bruttoinlandsausgaben für F&E in Prozent des BIP, 2018 bzw. 2017*

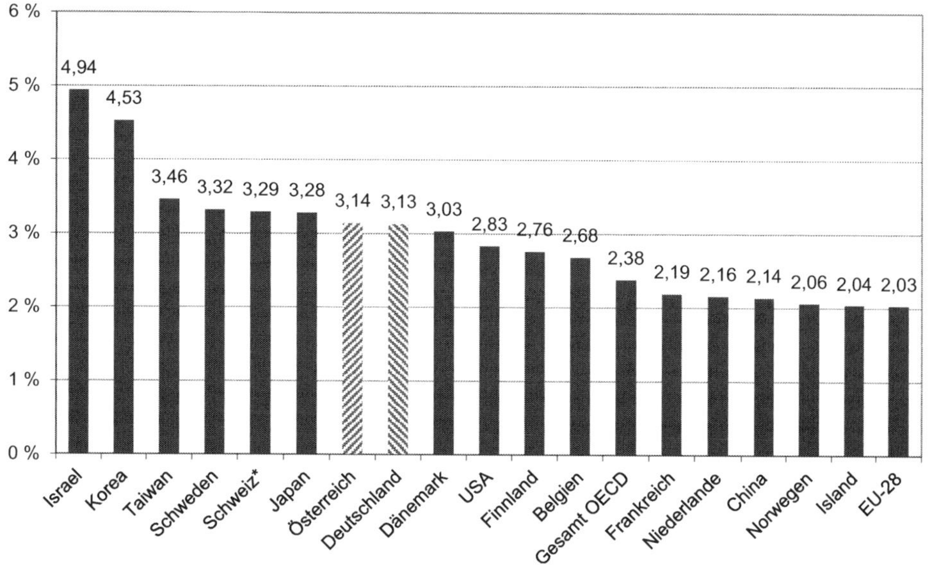

Quelle: OECD (2020: 11)

[494] Vgl. OECD (2020: 11).

Die höchsten absoluten F&E-Investitionen in Europa finden sich für 2018 in Deutschland mit mehr als 141 Mrd. USD, was weltweit hinter den USA (582 Mrd. USD), China (468 Mrd. USD) und Japan (171 Mrd. USD) den vierten Rang bedeutet. Für Österreich betrugen die F&E-Investitionen im Jahr 2018 rund 16 Mrd. USD (vgl. Abbildung 57). Nach Schätzungen der OECD investierten die EU-28 gemeinsam 465 Mrd. USD.[495] Nach Angaben von Eurostat entsprach dies im Jahr 2018 336 Mrd. EUR.[496]

Abbildung 57: Internationaler Vergleich der Bruttoinlandsausgaben für F&E in Mrd. USD, 2018 bzw. 2017*

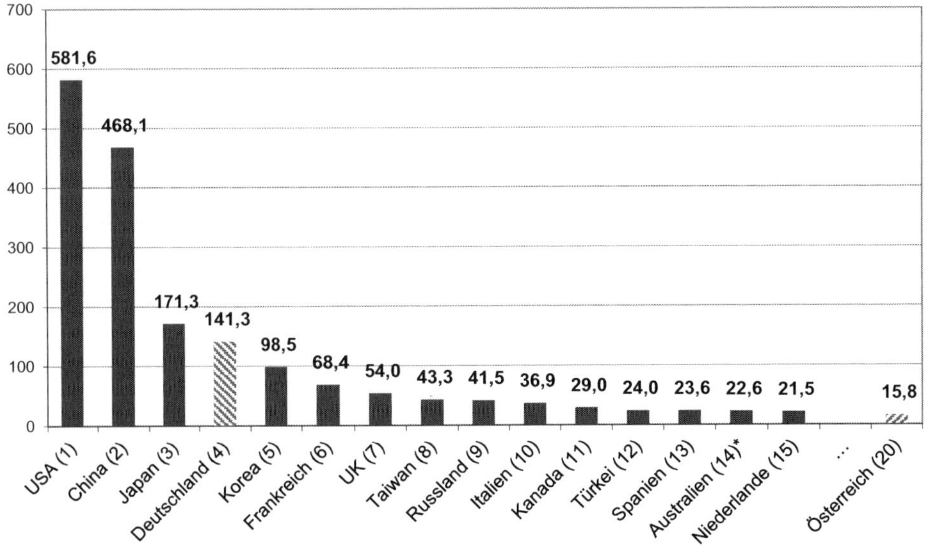

Quelle: OECD (2020: 10)

In den sogenannten Barcelona-Zielen der Europäischen Union (EU) wurde zunächst eine F&E-Quote von 2,50 % des BIP bis zum Jahr 2006 und von 3 % bis 2010 angestrebt,[497] die jedoch – nicht zuletzt auch aufgrund der konjunkturellen Rahmenbedingungen – auf gesamteuropäischer Ebene verfehlt worden ist. Auch für Deutschland (2,46 % und 2,71 %) und Österreich (2,44 % und 2,79 %) wurde die Vorgabe nicht erreicht (vgl. auch Abbildung 58 und Abbildung 60).[498]

Diese F&E-Quoten als unverrückbare Ziele und alleinige Indikatoren für die F&E-Leistung wurden bereits 2006 im Hampton Court Summit von einem Experten-

495 Vgl. OECD (2020: 10).
496 Vgl. Eurostat [Zugriff am 10.01.2020].
497 Vgl. BMWF et al. (2009: 16f.) und Kommission der Europäischen Gemeinschaften (2002).
498 Vgl. OECD (2018: 21).

gremium auf europäischer Ebene (‚Independent Expert Group on R&D and Innovation') kritisch hinterfragt. Demnach sei diese vom Rat der Europäischen Union in Lissabon (2000) festgelegte und in Barcelona (2002) präzisierte Quote vielmehr als Indikator für ein innovatives Europa denn als ein in jedem Fall zu erreichendes Ziel anzusehen.[499] Daher wird nunmehr als Teil des 2010 ausgegebenen Wirtschaftsprogramms ‚EUROPA 2020' nicht mehr alleinig auf die Höhe der Investitionen fokussiert (wobei an der Zielvorgabe eines 3 %-Anteils am BIP, nun bis 2020, festgehalten wird), sondern es sollen auch die Wirkung der Investitionen berücksichtigt sowie umfassendere Innovationsindikatoren herangezogen werden. Die im Rahmen von ‚EUROPA 2020' entwickelte Strategie gilt als Referenzrahmen für Maßnahmen der EU wie auch der Mitgliedsstaaten.[500] Jedoch zeigt sich für die EU-28-Staaten nach wie vor, dass man von einem 3 %-Ziel noch weit entfernt ist und dieses nicht erreichen wird. 2018 betrug die F&E-Quote der EU-28 nur 2,03 % (2010: 1,88 %).[501]

Neben der F&E-Quote wurde als weiteres Ziel ein Anteil von zwei Drittel des privaten Sektors an der Finanzierung von F&E bis zum Jahr 2010 ausgegeben. Dies wurde zwar in Deutschland erreicht[502], in Österreich wurden zum damaligen Zeitpunkt jedoch gerade einmal rund 45 % der F&E-Ausgaben vom Unternehmenssektor finanziert.[503] Die Steigerung der F&E-Investitionen des Privatsektors wurde auch in ‚Europa 2020' übernommen.[504]

Für *Deutschland* gab die Bundesregierung 2018 im Rahmen der ‚Hightech-Strategie 2025' bekannt, bis 2025 durch gemeinsame Anstrengungen von Bund, Ländern und Wirtschaft die F&E-Intensität auf mindestens 3,5 Prozent steigern zu wollen.[505] Damit müsste der bisherige Aufwärtstrend fortgeführt werden (vgl. Abbildung 58).

---

499 Vgl. Aho et al. (2006: 15) sowie Rat der Europäischen Union (2000: 4) und Kommission der Europäischen Gemeinschaften (2002).

500 Vgl. Europäische Kommission (2010: 13).

501 Vgl. OECD (2020: 11), OECD (2017: 21) und Europäische Kommission (2014: 7).

502 Vgl. Datenportal des BMBF [Zugriff am 15.10.2020a].

503 Vgl. BMWF et al. (2013: 15).

504 Vgl. Europäische Kommission (2010: 14).

505 Vgl. BMBF (2018a: 9).

Abbildung 58: Deutschland – Bruttoinlandsausgaben für Forschung und Entwicklung nach finanzierenden Sektoren und Anteil am BIP, 1995-2017

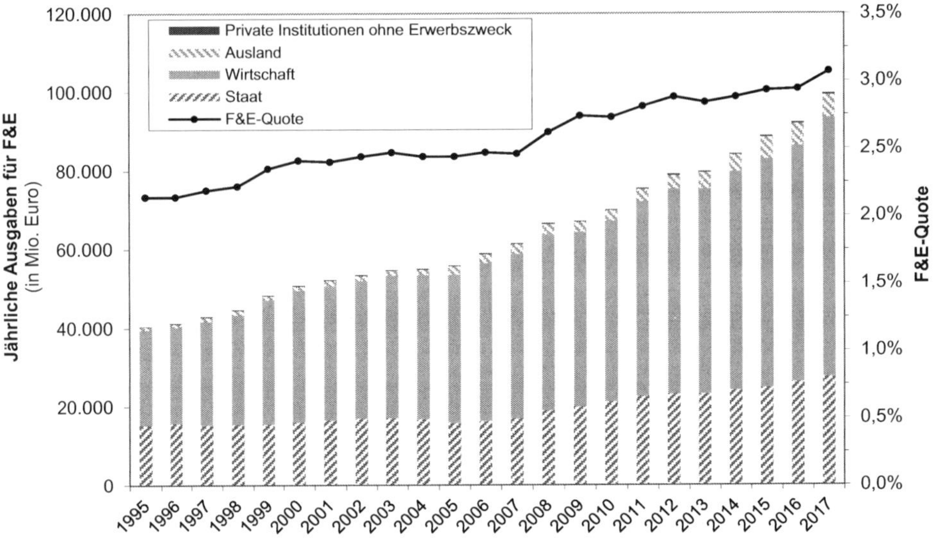

Quelle: Datenportal des BMBF [Zugriff am 15.10.2020a]

Seit 2006 wird durch mehrere Hightech-Strategien maßgeblich dazu beigetragen, ein innovationsfreundliches Umfeld zu schaffen und Deutschlands Position im globalen Wettbewerb zu stärken. Dazu wird zu Beginn jeder Legislaturperiode ressortübergreifend die Förderung von Forschung und Innovation auf gesellschaftlich vorrangige Themen gebündelt. Für die aktuelle Hightech-Strategie 2025 wurden 2018 sechs inhaltliche Themenfelder in den Fokus gestellt: ‚Gesundheit und Pflege', ‚Nachhaltigkeit, Klimaschutz und Energie', ‚Mobilität', ‚Stadt und Land', ‚Sicherheit' sowie ‚Wirtschaft und Arbeit 4.0'. Die Ausgaben des Bundes für Wissenschaft, Forschung und Entwicklung nach Förderbereichen und Förderschwerpunkten werden in Abbildung 59 für das Jahr 2018 dargestellt. Des Weiteren setzt die Hightech-Strategie 2025 auf die Aus- und Weiterbildung von Fachkräften, die zukunftsrelevante Technologien entwickeln und voranbringen können. Ein verstärkter Innovationstransfer zwischen Wissenschaft und Wirtschaft bzw. Gesellschaft soll genauso gefördert werden wie Startups, kleine und mittlere Unternehmen. Auch das Etablieren einer offenen Innovations- und Wagniskultur steht auf der Agenda.[506]

[506] Vgl. BMBF (2018a: 4ff.) und BMBF (2018b: 15f.).

Abbildung 59: Deutschland – Ausgaben des Bundes für Wissenschaft, Forschung und Entwicklung nach Förderbereichen und Förderschwerpunkten im Jahr 2019 (in Mio. €)

Quelle: Eigene Darstellung basierend auf Datenportal des BMBF [Zugriff am 15.10.2020b]

In *Österreich* stiegen in den letzten Jahren die Investitionen in Forschung und Entwicklung stetig an und die F&E-Quote verdoppelte sich seit Mitte der 1990er-Jahre (siehe Abbildung 60), wodurch Österreich im internationalen Vergleich stark aufgeholt hat und deutlich über dem Durchschnitt der EU-28 auf dem zweiten Rang hinter Schweden liegt. Für 2019 wird der Globalschätzung nach mit einer weiteren Steigerung der F&E-Intensität auf 3,18 Prozent gerechnet.[507] Damit hat Österreich bereits seit 2014 das in der Europäischen Union angestrebte Ziel von 3 Prozent bis 2020 übertroffen. Das Erreichen des österreichischen Zielwerts einer F&E-Quote von 3,76 Prozent bis 2020 wird voraussichtlich verfehlt werden.[508]

Abbildung 60: Österreich – Entwicklung der F&E-Ausgaben und der F&E-Quote, 1993-2019

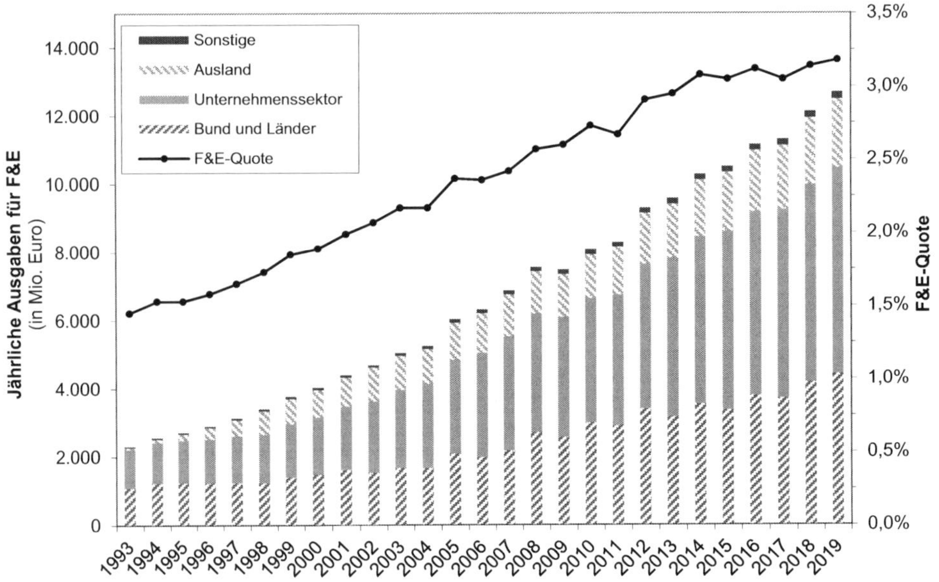

Quelle: Statistik Austria [Zugriff am 15.10.2020a]

Der im internationalen Vergleich geringe Wert des Anteils von F&E-Investitionen durch den privaten (inländischen) Sektor (für 2019 wird von rund 48 % ausgegangen[509]) lässt sich einerseits durch die Struktur der österreichischen Unternehmenslandschaft, die durch viele Klein- und Mittelbetriebe geprägt ist, und andererseits durch das weitgehende Fehlen von forschungsintensiven Branchen, wie etwa dem Flugzeugbau oder der Computerindustrie, erklären. Einen sichtbaren positiven Einfluss hatte jedoch der Beitritt Österreichs zur Europäischen Union. Seitdem sind die

---

507 Vgl. Statistik Austria [Zugriff am 15.10.2020a].

508 Vgl. BKA et al. (2011: 7) und BMBWF et al. (2018: 240).

509 Vgl. Statistik Austria [Zugriff am 15.10.2020a].

vom Ausland finanzierten Forschungsausgaben stetig gestiegen (vgl. Abbildung 60)[510] und erreichten 2019 rund 15,9 % der F&E-Investitionen.[511] Diese umfassen neben Rückflüssen aus den EU-Forschungsprogrammen[512] zum größten Teil Finanzierungsbeiträge für F&E ausländischer Firmen an ihre Tochterunternehmen in Österreich. Somit wird das Europa-2020 Ziel einer Aufteilung von ein Drittel/zwei Drittel zwischen öffentlicher und privater F&E-Finanzierung 2019 für Österreich nur annähernd erreicht, sofern für den private Finanzierungsanteil die Summe inländischer und ausländischer F&E-Investitionen durch Unternehmen herangezogen werden.[513]

Abbildung 61: Österreich – Ausgaben des Bundes für Forschung und Forschungsförderung auf Basis des Bundesvorschlags im Jahr 2019 (in Mio. €)

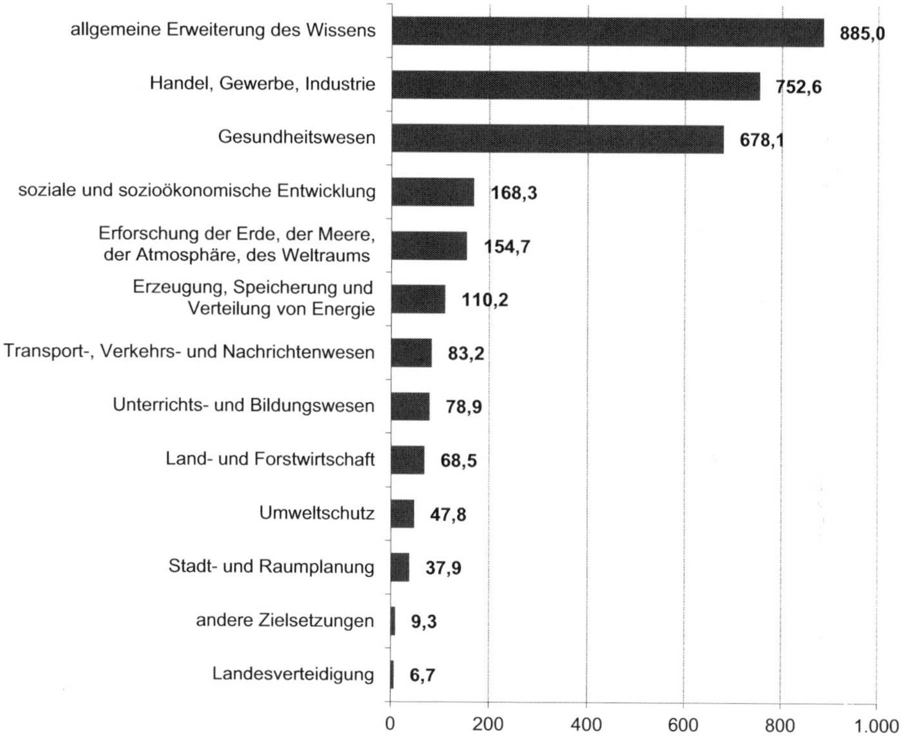

Quelle: Eigene Darstellung in Anlehnung an Statistik Austria [Zugriff am 15.10.2020b]

510 Vgl. BMBWK [Zugriff am 15.01.2003].
511 Vgl. Statistik Austria [Zugriff am 15.10.2020a].
512 Siehe Kapitel 10.2.3.
513 Vgl. BMBWF, BMVIT, BMDW (2018: 18), BMBWF, BMVIT, BMDW (2019: 20), BMBWF, BMK, BMDW (2020: 35) und Statistik Austria [Zugriff am 15.10.2020a].

Angesichts der spezifischen Charakteristika der österreichischen Unternehmenslandschaft kommt staatlichen Fördermaßnahmen besondere Bedeutung zu. Die öffentliche F&E-Förderung umfasst dabei die Förderungsaktivitäten von öffentlichen und gemeinnützigen Institutionen für die Privatwirtschaft. Sie soll insbesondere den Innovationswettbewerb und das Wirtschaftswachstum anregen. Weitere Ziele vor allem strukturpolitischer Art verfolgt der Staat, indem beispielsweise KMUs gefördert oder indem regionalpolitische Aktivitäten unterstützt werden.[514] Die folgenden Kapitel beschäftigen sich näher mit der F&E-Förderung.

Um zu verdeutlichen, in welchen Bereichen der österreichische Staat Forschungsvorhaben finanziert und fördert, zeigt Abbildung 61 den Vorschlag der Ausgaben des Bundes für Forschung und Forschungsförderung im Jahr 2019.

10.2 F&E-Förderung

10.2.1 Arten der F&E-Förderung

Grundsätzlich kann bei der F&E-Förderung zwischen mittelbaren (zur Schaffung von Rahmenbedingungen) und unmittelbaren Förderungen unterschieden werden (vgl. Abbildung 62).

Abbildung 62: Systematik der Maßnahmen staatlicher Forschungsförderung privater Unternehmen

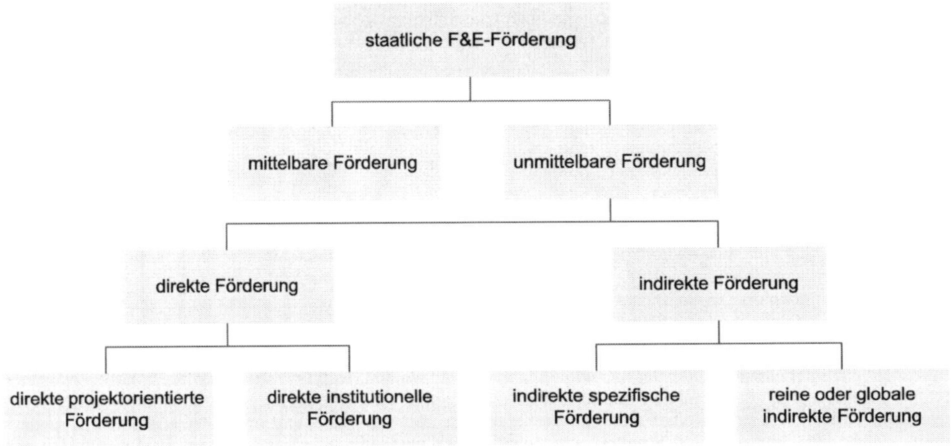

Quelle: In Anlehnung an Brockhoff (1999a: 125)

[514] Vgl. Specht et al. (2002: 518).

Mittelbare Förderungen (oder F&E-Förderungen im weiteren Sinn) zielen auf die Gestaltung von Rahmenbedingungen ab (insbesondere Wirtschafts-, Finanzpolitik, Bildungssystem, Rechtsordnung), die Forschung und Entwicklung begünstigen oder überhaupt ermöglichen.[515] Dazu zählt etwa auch die Unterstützung des Dialogs zwischen Wissenschaft und Öffentlichkeit zur Verbesserung des Forschungsklimas (z. B. ‚Science Weeks', ‚Lange Nacht der Wissenschaft' in Deutschland oder ‚Lange Nacht der Forschung' in Österreich).

47.000 junge TeilnehmerInnen in fünf Jahren

Mit Sparkling Science hat das BMWF 2007 ein international anerkanntes und europaweit einzigartiges Instrument geschaffen. Es vernetzt Wissenschaft und Forschung im Rahmen zahlreicher Projekte mit Schulen. In den vergangenen fünf Jahren haben bereits rund 45.000 Jugendliche Seite an Seite mit mehr als 1.000 WissenschaftlerInnen in 209 geförderten Forschungsprojekten an aktuellen wissenschaftlichen Fragen zu den unterschiedlichsten Themen geforscht und gearbeitet. 1.050 LehrerInnen haben sie dabei unterstützt. Insgesamt waren auch ForscherInnen aus 36 internationalen Einrichtungen sowie Lehrpersonen und Jugendliche aus 29 internationalen Partnerschulen in die Projekte eingebunden.

Quelle: Austria Innovativ (6/2013: 13)

Die *unmittelbare Förderung* (F&E-Förderungen im engeren Sinn) betrifft die direkte und indirekte finanzielle Unterstützung von Forschung und Entwicklung durch staatliche Institutionen.

Bei *direkten Förderungsaktivitäten* werden durch den Staat (oder seine Verwaltungsorgane) Aufgaben und Ziele für Forschungsprojekte oder Forschungsinstitution festgelegt.

Die *direkte projektorientierte Förderung* unterstützt (beruhend auf staatlichen Förder- und Fachprogrammen) einzelne konkrete F&E-Vorhaben, wobei die Projektanträge nach fixierten Kriterien ausgewählt werden. Die ausgewählten Projekte zielen auf die Gewinnung allgemein relevanter, neuer technologischer Lösungen ab, die vom Markt nicht erbracht werden (etwa wenn das finanzielle, technisch-wissenschaftliche oder wirtschaftliche Risiko für das Unternehmen zu groß wäre). Somit sollen Marktunvollkommenheiten und Marktversagen korrigiert werden.[516] Die Projekte werden auf Antrag zeitlich befristet vergeben. In Deutschland wird der überwiegende Anteil der Projektförderausgaben vom Bundesministerium für Bildung und Forschung (BMBF) bestritten.[517]

---

515 Vgl. Brockhoff (1999a: 125) sowie Specht et al. (2002: 520).
516 Vgl. Brockhoff (1999: 125), Hennemann (2018: 24) sowie Specht et al. (2002: 519).
517 Vgl. Hennemann (2018: 25).

Die *direkte institutionelle Förderung* umfasst (i) die Bereitstellung öffentlicher Mittel (Personal und Infrastruktur) für staatliche Forschungseinrichtungen (wie Hochschulen sowie in Österreich beispielsweise die Austrian Research Centers oder Joanneum Research) sowie (ii) finanzielle Ressourcen für Stiftungen und Forschungsfonds. Zu letzteren zählt der Fonds zur Förderung der wissenschaftlichen Forschung (FWF), der auf die Förderung von Grundlagenforschung in Österreich abzielt.[518] In Deutschland unterstützt die Deutsche Forschungsgemeinschaft (DFG) mit einem Jahresbudget von 3,4 Mrd. EUR (Stand 2019) die *„Wissenschaft in all ihren Zweigen durch die Förderung von Forschungsprojekten an Hochschulen und anderen Forschungseinrichtungen"*.[519] Bei diesen beiden Förderinstitutionen liegt der Fokus somit vor allem auf Förderaufgaben aus den Bereichen der Grundlagenforschung, insbesondere durch die Vergabe von (projektorientierten) Drittmitteln für wissenschaftliche Einrichtungen. Die dabei gewonnenen Erkenntnisse müssen in weiterer Folge über einen Wissens- und Erfahrungsaustausch zwischen Wissenschaft und Wirtschaft transferiert werden, was wiederum die Zusammenarbeit verbessern soll. Somit wirken diese Förderungen für Unternehmen nur indirekt.[520] In Österreich kommt für den Unternehmenssektor der (ausgegliederten) Forschungsförderungsgesellschaft (FFG) große Bedeutung zu, die vor allem die unternehmensnahe Forschung und Entwicklung fördert.[521] Somit kann die direkt institutionelle Förderung auch auf die Förderung von Technologie- und Vorentwicklung abzielen, deren Realisierung für Unternehmen unrentabel wäre, da aus diesen Aufwendungen keine unmittelbar marktfähigen Produkte resultieren.[522]

Bei der *indirekten Förderung* nimmt der Staat keinen unmittelbaren Einfluss auf die Projekte und deren Inhalte, gibt aber Richtlinien für die Verteilung des Budgets vor. Beispiele sind Sonderabschreibungen für Investitionen, Personalkostenzuschüsse oder Steuererleichterungen.[523] Die *indirekt spezifische Förderung* zielt dabei auf ausgewählte Technologiebereiche ab. Bei der *reinen oder globalen Form* der indirekten F&E-Förderung werden hingegen überhaupt keine Vorgaben gemacht. Ziel ist hierbei, die technologiespezifische F&E-Quote des privaten Unternehmenssektors zu steigern. Beide indirekten Arten sollen besonders kleine und mittlere Unternehmen fördern.[524]

---

518 Vgl. FWF [Zugriff am 24.03.2020].
519 DFG [Zugriff am 24.03.2020]
520 Vgl. Specht et al. (2002: 518f.).
521 Vgl. FFG [Zugriff am 24.03.2020].
522 Vgl. Specht et al. (2002: 518f.).
523 Vgl. Hennemann (2018: 23f.).
524 Vgl. Specht et al. (2002: 519).

10.2.2 Kriterien für öffentliche Förderprogramme

Öffentliche Förderprogramme sollten den Grundsatz der Subsidiarität nicht verletzen. Demnach ist staatliche Förderung nur dann zielführend, wenn die Privatwirtschaft eine Technologie von gesamtwirtschaftlicher Bedeutung nicht ausreichend schnell oder in wünschenswertem Ausmaß entwickeln wird. Ob eine Technologie die notwendige Bedeutung hat, wird anhand von politischen und ökonomischen Kriterien beurteilt. Gilt es bei ersteren die Vorsorgepflicht für das Wohl der Bürger des Staates zu erfüllen, wie beispielsweise mittels Projekte aus dem Umweltschutz-, der Gesundheits- oder der Klimaforschung, steht bei ökonomischen Kriterien etwa die Entwicklung von Schlüsseltechnologien[525] im Vordergrund, die maßgeblich für die Weiterentwicklung einer Volkswirtschaft sind.[526]

Sorge um Grundlagenforschung

„Wien (APA) - Die Wirtschaftskrise hatte 2009 auch die Forschung fest im Griff: Das bestätigte vor wenigen Tagen nicht nur die OECD in ihrem ‚Technologie- und Innovations-Bericht 2009', sondern auch das Wissenschaftsmagazin ‚Science'. In Österreich fällt die Bilanz gemischt aus: Während der Wissenschaftsfonds FWF auf eine dramatische erste Jahreshälfte mit einem mehrmonatigen Förderstopp zurückblickt, hat die Forschungsförderungsgesellschaft FFG um 16 Prozent mehr gefördert als 2008. In die Zukunft blicken Experten sorgenvoll, sie fürchten um die Grundlagenforschung in Österreich.

Die Erstellung des Bundesbudgets in den ersten Monaten der Wirtschaftskrise hatte auch Auswirkungen auf die Forschung: FWF-Präsident Christoph Kratky erinnerte im Gespräch mit der APA an die ursprünglich von der Regierung in Aussicht gestellten Sondermittel für Forschung in Höhe von 2,3 Mrd. Euro, die dann auf 350 Mio. Euro gesunken seien. Das sei eine ‚wirklich dramatische Zuspitzung der Situation' gewesen. Die mehrmonatige Budgetunsicherheit am Jahresbeginn zwang den FWF, seine Fördertätigkeit fast ein halbes Jahr zu sistieren. Das sei zwar repariert worden und der Fonds habe ein stabiles Budget bekommen. Doch das Vergabebudget sei gegenüber 2008 um 20 Prozent gesunken, die Erstattung der Overhead-Kosten musste wieder abgeschafft und neue Programme konnten nicht gestartet werden. Kratky fühlt sich an den ‚Tante-Jolesch'-Spruch erinnert: ‚Gott soll einen hüten vor allem, was noch ein Glück ist.'

Angewandte Forschung bevorzugt gefördert

Und nun ortet Kratky eine neue Entwicklung, die ihm gar nicht gefällt: ‚Wir erleben jetzt, dass Forschungsmittel sehr systematisch in die angewandte Forschung verschoben werden.' Als Beispiele nannte er den anteilsmäßigen Verlust der Grundlagenforschung bei der Nationalstiftung für Forschung oder die Ankündigung von Bundeskanzler Werner Faymann (S), die Forschungsprämie für Unternehmen von derzeit acht auf zwölf Prozent zu erhöhen. Alarmiert ist Kratky auch durch eine Wortmeldung von Wirtschaftskammer-Präsident Christoph Leitl. Dieser habe bei der Auftaktveranstaltung für die geplante Forschungsstrategie erklärt, Österreich brauche keine Grundlagen-, sondern angewandte Forschung. Kein Wunder, dass Kratky derzeit

[525] Siehe Kapitel 3.1.
[526] Vgl. Specht et al. (2002: 518).

‚nicht das Gefühl hat, dass die Grundlagenforschung der Politik ein großes Anliegen ist'.

Eine Einschätzung, die auch Andreas Schibany vom Institut für Technologie- und Regionalpolitik des Joanneum Research teilt. Für ihn geht es bei der derzeit in Ausarbeitung befindlichen Forschungsstrategie ‚in eine sehr eigenartige Richtung'. In einer Krisensituation sei staatliches Handeln sicher notwendig, etwa beim Risikokapital-Markt, der in Österreich völlig weggebrochen sei. Man dürfe aber auf langfristige Maßnahmen wie Bildung, Grundlagenforschung, Rahmenbedingungen, etc. nicht vergessen. Kurzfristige Maßnahmen wie die Erhöhung der Forschungsprämie hätten dagegen mit einer Strategie nichts zu tun.

Schibany fürchtet, dass langfristige Maßnahmen in den für die Ausarbeitung einer Forschungsstrategie verantwortlichen Arbeitsgruppen ‚zu kurz kommen'. ‚Mein bisheriger Eindruck ist, dass die Politik nicht gelernt hat strategisch zu denken, sondern sich eher an Födervolumina oder -programmen orientiert.' Hinzu komme auch ein gewisses mechanistisches Denken, wo man jetzt etwas ins System hineingebe und in ein paar Jahren gewisse Outputs wie Wachstumseffekte oder Arbeitsplätze erwarte. ‚Das spielt es nicht. Das ist eine Art von Output-Orientierung, die die Forschung eher abwürgt, in ein Korsett zwingt und nichts Gutes bedeutet', betonte Schibany im Gespräch mit der APA.

Der Technologie-Experte erinnert an Länder wie Finnland, Schweden oder die Schweiz, also sogenannte ‚innovation leaders', zu denen sich auch Österreich gerne zählen würde. Diese hätten im Gegensatz zu Österreich keine steuerliche F&E-Förderung, würden aber andererseits deutlich mehr für Bildung und den Hochschulsektor ausgeben.

36 Mio. Förderplus bei FFG

Die vorläufige Bilanz der Forschungsförderungsgesellschaft FFG klingt fast schon wie eine Bestätigung der Tendenz in Richtung angewandte Forschung: Im Bereich der FFG-Basisprogramme wurden 2009 311 Mio. Euro für Forschungsförderung in österreichischen Unternehmen ausgegeben, um 36 Mio. Euro mehr als 2008. Die Zahl der Anträge lag um 7,2 Prozent über dem Niveau des Vorjahres, wie die FFG auf Anfrage der APA mitteilte. 908 Forschungsprojekte wurden schließlich gefördert (2008: 841). Davon entfielen 83 Prozent auf Klein- und Mittelbetriebe mit weniger als 250 Mitarbeitern.

Weil man mit einer auch 2010 angespannten Wirtschaftslage rechnet, wollen FFG-Geschäftsführer Henrietta Egerth und Klaus Pseiner im kommenden Jahr die Unternehmen noch besser unterstützen. So sollen etwa das Angebot für Neueinsteiger vertieft und die Empfehlungen aus der Systemevaluierung der österreichischen Forschungsförderung umgesetzt werden. ‚Das heißt konkret vor allem die ‚Time to Contract' zu verkürzen und die Richtlinien von unnötigen Bürokratismen zu entschlacken', so die FFG-Chefs. Voraussetzung dafür seien mehr Autonomie der FFG bei Programmdesign und -abwicklung sowie steigende Budgets von plus zehn Prozent pro Jahr. Ab 1. Jänner stellt die FFG zudem auf eine elektronische Antragstellung um (http://www.ffg.at/ecall).

International hat laut OECD das erste Halbjahr wieder einmal gezeigt, dass in wirtschaftlich schwierigen Zeiten als erstes die Ausgaben für Forschung und Entwicklung (F&E) sowie Risikokapital gekürzt werden. So hat das Risikokapital in den USA in den ersten drei Monaten um 60 Prozent gegenüber dem gleichen Zeitraum 2008 abgenommen. Die an der New Yorker

Börse gehandelten Unternehmen haben im ersten Quartal 2009 ihre F&E-Ausgaben um sieben Prozent reduziert.

Dies ist auch der Wert, den Siemens Österreich-Chefin Brigitte Ederer im November für ihr Unternehmen genannt hat: Im vergangenen Geschäftsjahr habe Siemens knapp 900 Mio. Euro in F&E investiert, rund sechs bis sieben Prozent weniger als im Jahr davor. ‚Der Rückgang war nicht so stark wie ich befürchtet habe', sagte Ederer.

‚Science' berichtete knapp vor Weihnachten von massiven Schwierigkeiten öffentlicher US-Unis angesichts gekürzter staatlicher Förderung und ebenso großen Problemen der großen, renommierten Privat-Unis in den USA wegen dahinschmelzender Stiftungsvermögen. Auch Italien oder Portugal hätten die Uni-Budgets zwischen zehn und 20 Prozent gekürzt."

Quelle: APA vom 29.12.2009

10.2.3 F&E-Förderung durch die Europäische Union

Innerhalb der Europäischen Union gibt es durch den Lissabon-Vertrag seit 2009 die vertragliche Aufgabe[527], das Konzept eines Europäischen Forschungsraums durch die Integration und Kooperation wissenschaftlicher und technologischer Kapazitäten der einzelnen Mitgliedstaaten zu verwirklichen. Wichtigstes Instrument dieses Forschungsraums sind dabei die sogenannten Rahmenprogramme der europäischen Union zur Förderung von Forschung und Innovation. Diese mehrjährigen Vorhaben werden bereits seit 1984 auf Vorschlag der Europäischen Kommission vom Europäischen Parlament und dem Europäischen Rat gemeinsam beschlossen.[528]

Das *6. Rahmenprogramm* zur Förderung von Forschung, Technologie und Innovation lief von 2002-2006 und umfasste ein Budget von € 17,5 Milliarden (EG- und EURATOM Programm). Es wurde in drei große Kapitel unterteilt: (i) ‚Bündelung und Integration der Gemeinschaftsforschung' mit Maßnahmengruppen zu ausgewählten Kernthemen (z. B. Genomik und Biotechnologie im Dienste der Gesundheit, Technologien für die Informationsgesellschaft, Nanotechnologien und Nanowissenschaften), (ii) ‚Ausgestaltung des Europäischen Forschungsraumes' mit Maßnahmen zur strukturellen Umsetzung des Europäischen Forschungsraumes (z. B. Ausbildung und Mobilität von Forschern, Forschungsinfrastrukturen) sowie (iii) ‚Stärkung der Grundpfeiler des Europäischen Forschungsraumes' zur Abstimmung nationaler und regionaler Programme im Sinne einer koordinierten europäischen Forschungs- und Technologiepolitik.[529]

---

527 Vgl. Artikel 179 Absatz 1 AEUV.

528 Vgl. BMBF [Zugriff am 09.01.2020a].

529 Vgl. Beschluss Nr. 1513/2002/EG des Europäischen Parlaments und des Rates vom 27. Juni 2002 über das Sechste Rahmenprogramm der Europäischen Gemeinschaft im Bereich der Forschung, technologischen Entwicklung und Demonstration als Beitrag zur Verwirklichung des

Das *7. Rahmenprogramm* war für den Zeitraum von 2007 bis 2013 konzipiert. Das dafür vorgesehene Budget wurde auf 53,27 Milliarden Euro[530] aufgestockt, um Europa zum wettbewerbsfähigsten und dynamischsten wissensbasierten Wirtschaftsraum in der Welt zu machen (‚Wiederbelebung der Strategien von Lissabon‘[531]). Das erste der darin enthaltenen Programme stellte die Zusammenarbeit und Intensivierung der grenzüberschreitenden Verbindungen zwischen den Bereichen Industrie und Forschung in den Mittelpunkt. Es war mit 32,4 Mrd. Euro das Kernstück des 7. Rahmenprogramms und fokussierte zehn ausgewählte Themenbereiche (z. B. Informations- und Kommunikationstechnologien; Nanowissenschaften, Nanotechnologien, Werkstoffe und neue Produktionstechnologien; Energie). Das Programm ‚Ideen‘ war mit 7,5 Mrd. Euro dotiert und förderte Spitzenleistungen der europäischen Forschung, während das Programm ‚Menschen‘ mit einem Budget von 4,7 Mrd. Euro die Verbesserung der Berufsaussichten von Forschern in Europa anstrebte (insbesondere durch die Förderung der Ausbildung und der Mobilität). Schließlich widmete sich das 4 Mrd. Euro starke vierte Programm ‚Kapazitäten‘ der Verbesserung von Qualität und Wettbewerbsfähigkeit der europäischen Forschung vor allem durch den Ausbau der Forschungsinfrastruktur in den leistungsschwächsten Regionen, die Gründung regionaler Forschungszentren und Forschung zugunsten von KMUs.[532]

Das *8. Rahmenprogramm* für Forschung und Innovation läuft von 2014 bis 2020 unter dem Namen *Horizon 2020* und ist über die gesamte Laufzeit mit rund 80 Milliarden Euro dotiert. Dies ergibt sich insbesondere aus dem Umstand, dass in Horizon 2020 das Forschungsrahmenprogramm, das Europäische Innovations- und Technologieinstitut sowie Teile des bisherigen Rahmenprogramms für Innovation und Wettbewerbsfähigkeit zusammengefasst wurden. Somit soll neben der Förderung von Spitzenforschung insbesondere auch die Überführung dieser Forschungsergebnisse in (forschungsgetriebene) Innovationen erleichtert werden. Durch die Reduktion der Barriere zwischen Forschung und Anwendung mittels Fördermaßnahmen soll die globale Wettbewerbsfähigkeit Europas gesteigert werden, was wiederum zu Wachstum und Arbeitsplätzen führen soll. Dadurch trägt Horizon 2020 als finanzielles Instrument zur 2010 ausgegebenen Strategie ‚Europa 2020‘[533] bei.[534]

Europäischen Forschungsraums und zur Innovation (2002-2006) veröffentlicht im Amtsblatt der Europäischen Gemeinschaft Nr. L 232 vom 29/08/2002.

530 Dieser Betrag beinhaltet neben dem 7. Rahmenprogramm auch das Budget des Euratom Programms (Laufzeit 2007 bis 2011), das 2,751 Milliarden Euro ausmacht und die Forschung und Ausbildung auf dem Gebiet der Kernenergie in den Bereichen Fusionsenergie, Kernspaltung und Strahlenschutz umfasst.

531 Vgl. Kommission der Europäischen Gemeinschaften (2005a).

532 Vgl. Kommission der Europäischen Gemeinschaften (2005) und Beschluss Nr. 1982/2006/EG des europäischen Parlaments und des Rates vom 18. Dezember 2006 über das Siebte Rahmenprogramm der Europäischen Gemeinschaft für Forschung, technologische Entwicklung und Demonstration (2007 bis 2013).

533 Siehe auch Kapitel 10.1.

534 Vgl. BMBF [Zugriff am 09.01.2020b], Europäische Kommission (2010), Europäische Kommission (2011) sowie Europäische Kommission [Zugriff am 09.01.2020].

Aus diesen strategischen Vorgaben leiten sich auch die drei zentralen Schwerpunkte ‚Wissenschaftsexzellenz', ‚führende Rolle der Industrie' sowie ‚gesellschaftliche Herausforderungen' ab. Die Exzellenz in der Wissenschaft soll durch die Unterstützung von Wissenschaftlern in allen Karrierephasen (Förderung von Pionierforschungsarbeiten, Talenten und Forschungsinfrastrukturen) erreicht werden. Für die Industrie wird neben der Förderung des Aufbaus einer führenden Rolle in ausgewählten industriellen Schlüsseltechnologien (IKT, Nanotechnologie, fortgeschrittene Werkstoffe, Biotechnologie, fortgeschrittene Fertigung und Verarbeitung sowie Raumfahrt) auch ein vereinfachter Zugang zu Risikofinanzierungen sowie die Unterstützung von Innovationstätigkeiten in KMUs angestrebt. Unter den gesellschaftlichen Herausforderungen werden für einzelne Schwerpunkte (Gesundheit; demografischer Wandel und Wohlergehen; Ernährungssicherheit; nachhaltige Landwirtschaft; marine und maritime Forschung und Biowirtschaft; sichere, saubere und effiziente Energie; intelligenter, umweltfreundlicher und integrierter Verkehr; Klimaschutz, Ressourceneffizienz und Rohstoffe; integrative, innovative und sichere Gesellschaften) disziplinübergreifend innovationsbezogene Tätigkeiten von der Forschung bis zur Vermarktung gefördert.[535]

Somit zeigt sich, dass das 8. Rahmenprogramm neben der Forschung explizit die Umsetzung in Richtung Innovationen unterstützen will. Es kann daher von einer vermehrten Innovationsorientierung des Programms und somit einer Weiterentwicklung gegenüber früheren rein forschungsorientierten Rahmenprogrammen gesprochen werden. Gleich geblieben ist der gewünschte Austausch zwischen den europäischen Ländern (entweder durch Kooperationen über die Ländergrenzen hinweg oder durch sich zwischen den Ländern bewegende Forscher), um einen ‚europäischer Mehrwert' zu erreichen.[536]

Multilaterale Initiativen: Der europäische Forschungsraum ist mehr als H2020

„Der europäische Forschungsraum umfasst neben Horizon 2020 weitere *strategische* (Themenentwicklung) und *operative Beteiligungsmöglichkeiten* (Ausschreibungen). Der zentrale Leitgedanke der Europäischen Union beinhaltet vor allem die Integration sowie die Kooperation der wissenschaftlichen und technologischen Kapazitäten der Mitgliedstaaten.

- *Artikel 185-Maßnahmen, ERA-Net Initiativen (Networking in the European Research Area)* und *Joint Programming Initiativen (JPI)* koordinieren nationale Forschungsschwerpunkte und bieten über gemeinsame Ausschreibungen die Möglichkeit, auf europäischer Ebene zusammenzuarbeiten.
- Die *Europäische Innovationspartnerschaften (EIP)* verfügen über keine EU-Fördermittel, die Mitglieder der Aktionsgruppen können sich jedoch an den Ausschreibungen einzelner Förderprogramme - wie Horizon 2020, Strukturfonds oder nationalen Förderprogrammen - beteiligen.

535 Vgl. Europäische Kommission (2011).

536 Vgl. BMBF [Zugriff am 09.01.2020b] und BMBF [Zugriff am 09.01.2020c].

- *Future and Emerging Technology (FET) Flagships* sind langfristige Initiativen, die basierend auf Grundlagenforschung die Brücke Richtung Industrie und Gesellschaft schlagen. Offene Ausschreibungen bieten die Möglichkeit, an der Umsetzung der jeweiligen Mission mitzuarbeiten.
- *Gemeinsame Technologieinitiativen (JTI)* und sogenannte vertragliche *Public-Private-Partnerships (PPP-Initiativen)* entwickeln strategische Pläne zur Stärkung der industriellen Wettbewerbsfähigkeit, die dann im Rahmen von Ausschreibungen umgesetzt werden. Wertvollen inhaltlichen Input liefern in diesem Zusammenhang auch die *Europäische Technologieplattformen (ETP)*, die hervorragende Möglichkeiten für internationale Netzwerkbildung bieten.
- Das *Europäisches Innovations- und Technologieinstitut (EIT)* verbindet Forschung, Bildung und innovatives Unternehmertum rund um ausgewählte Themen, die in Netzwerken, sogenannten *Knowledge and Innovation Communities (KIC)* bearbeitet werden.
- Darüber hinaus ermöglicht *COSME - Programm für die Wettbewerbsfähigkeit von Unternehmen und für KMU* eine Erleichterung des Zugangs zu Finanzmitteln für KMU und die Schaffung eines günstigen Umfelds für Neugründungen und Expansion von Unternehmen.
- *EUREKA* (die Initiative für anwendungsnahe Forschung und Entwicklung in Europa) ist ein europäisch-internationales Netzwerk für anwendungsnahe Forschung und Entwicklung (F&E) in Europa und bietet Unternehmen und Forschungseinrichtungen einen Rahmen für grenzüberschreitende Kooperationsprojekte."

Quelle: FFG [Zugriff am 22.10.2013]

Das nächste Rahmenprogramm für Forschung und Innovation trägt den Titel ‚*Horizon Europe*'. Laut Vorschlag der Europäischen Kommission sollen für dieses *9. Rahmenprogramm* im Zeitraum 2021-2027 rund 94 Mrd. Euro zur Verfügung gestellt werden.[537] Neben der nach wie vor inhaltlich offenen Förderung im Rahmen des ersten Pfeilers (‚Wissenschaftsexzellenz'), sollen die im Vorgängerprogramm getrennten Säulen ‚industrielle Technologien' sowie ‚gesellschaftliche Herausforderungen' unter einem neuen Pfeiler (‚Globale Herausforderungen und industrielle Wettbewerbsfähigkeit Europas') mit sechs thematischen Clustern zusammengefasst werden. Diese gesellschaftlich relevanten und die Bandbreite der nachhaltigen Entwicklungsziele der Vereinten Nationen abdeckenden Themenfelder umfassen (i) Gesundheit, (ii) Kultur, Kreativität und eine inklusive Gesellschaft, (iii) zivile Sicherheit für die Gesellschaft, (iv) Digitalisierung, Industrie und Weltraum, (v) Klima, Energie und Mobilität sowie (vi) Lebensmittel, Bioökonomie, natürliche Ressourcen, Landwirtschaft und Umwelt. Der dritte Pfeiler, ‚Innovatives Europa', soll insbesondere der Förderung von bahnbrechenden und marktschaffenden Innovationen dienen sowie ein innovationsfreundliche Ökosysteme innerhalb der Europäischen Union unterstützen.[538]

537 Vgl. Europäische Kommission (2018: 38).

538 Vgl. BMBF [Zugriff am 09.01.2020d], Europäische Kommission (2018) und FFG [Zugriff am 09.01.2020].

11 Internationalisierung von Forschung und Entwicklung

In diesem Kapitel wird Forschung und Entwicklung unter dem Fokus der Internationalisierung betrachtet, wobei neben den möglichen Triebkräften auch die Arten der Internationalisierung beschrieben werden.

11.1 Gründe für Internationalisierung von Forschung und Entwicklung

Internationalisierung von Forschung und Entwicklung nimmt gerade in der Zeit der *Globalisierung* eine wichtige Position in der strategischen Entscheidung eines Unternehmens ein. Internationaler Wettbewerb und die Errungenschaften der Informationstechnologien sowie ein länderübergreifendes Nachfrageverhalten betreffen auch die F&E-Ressourcen. Eine weitere Triebkraft für Internationalisierung ist die *Verkürzung der Produktlebenszyklen*[539]. Ein optimierter Innovationsprozess hilft dabei, die erhöhten Entwicklungskosten schneller zu decken. Dabei ist die *internationale Arbeitsteilung* von Vorteil, die auch in den kommenden Jahren immer weiter steigen wird. Da in sich rasch verändernden Bereichen eine hohe Dynamik herrscht, ist es für Unternehmen naheliegend, in Ländern mit hohem Wissensniveau eine F&E-Einrichtung aufzubauen. Darüber hinaus erleichtern lokale F&E-Mitarbeiter die Berücksichtigung kultureller und mentalitätsbedingter (‚weicher') Anforderungen bei der Produktgestaltung, wodurch eine bessere *Kundennähe* erreicht wird. Diese ist besonders im Industriegütersektor von Bedeutung, wo es häufig zur intensiven Zusammenarbeit zwischen Kunden und Lieferanten kommt.[540]

Nach einer empirischen Untersuchung von Boehmer (1994) können in der Internationalisierung industrieller Forschung und Entwicklung acht Gründe bzw. Determinanten für internationale Unternehmenstätigkeit zusammengefasst werden: (i) Marktbesonderheiten, (ii) Attraktivität des institutionellen wissenschaftlich-technologischen Umfeldes, (iii) Marktattraktivität, (iv) Managementattraktivität der Auslandstochter, (v) Personalverfügbarkeit, (vi) rechtliche und finanzielle Freiräume, (vii) Orientierung an relevanten Marktteilnehmern sowie (viii) relevante Faktorkosten der Forschung und Entwicklung.[541]

---

[539] Der international festgestellte Trend der Verkürzung der durchschnittlichen Dauer des Innovationsprozesses von der Idee bis zur Markteinführung wurde in einer Studie von Leitner (2003: 345) auch für Österreich bestätigt. Bei den untersuchten Neuerungen kam es zu einer Reduktion von durchschnittlich 62 Monaten auf 40 Monate in den 1990er-Jahren.

[540] Vgl. Specht et al. (2002: 418f.).

[541] Vgl. Boehmer (1994: 93ff.).

1. Marktbesonderheiten

Die Leistungsanforderungen ausländischer Märkte weichen oft erheblich von jenen des Heimatmarktes ab. Dies zeigt sich etwa in der Pharmaindustrie, in der die Entwicklungsarbeit für neue Arzneimittel ein ländergreifender Prozess ist, um auf die unterschiedlichen rechtlichen Zulassungsbestimmungen der Märkte durch adaptierte klinische Studien Rücksicht zu nehmen. Die Forschungstätigkeiten für neue Medikamente werden hingegen überwiegend lokal durchgeführt, da es sich dabei meist um Arbeiten handelt, die eine intensive und schwer strukturierbare Kommunikation erfordern. Dadurch wird versucht, Doppelarbeiten, hohe Transaktionskosten etc. zu vermeiden.[542]

Durch lokale F&E-Aktivitäten kann hingegen bereits während des Entwicklungsprozesses auf Marktbesonderheiten eingegangen und dadurch die Kundennähe erhöht werden. Ebenso ist die Präsenz von Mitbewerbern zu berücksichtigen.

Unterschiede in den Konsumentenpräferenzen

[...] „Doch nicht nur an den Produkten tüftelt man, auch das regionale Shopperverhalten beschäftigt die Leute von Papmers. So riechen Osteuropäer gern Blumendüfte auf den Windeln, für den Rest der Welt ist das der Horror, weil sie zu viel Angst vor Allergien haben. Die Asiaten wickeln die Babys locker, die Amerikaner straff, auch darauf muss man reagieren, und zwar mit unterschiedlichen Größenangaben." [...]

Quelle: Neubauer (2013: 5)

2. Attraktivität des institutionellen wissenschaftlich-technologischen Umfeldes

Aufgrund steigender Kosten der Grundlagenforschung und die gleichzeitige Stagnation öffentlicher Mittel für Forschung in vielen Industrieländern finden Unternehmen meist nicht mehr alle für ihre Geschäftstätigkeiten notwendigen Wissensgebiete auf einem international hohen Niveau in einem einzigen Land vor. Daher entstehen neue Technologien zunehmend außerhalb des Heimatlandes eines Unternehmens.[543] So können durch die Nähe zu Einrichtungen wie Hochschulen und Kooperationen mit anderen Betrieben neue Perspektiven in Bezug auf Forschung und Entwicklung genutzt werden. Es kann aber auch zum Technologietransfer aus dem Heimatland in das Ausland kommen, um dort eine effizientere Forschung und Entwicklung zu betreiben.

---

542 Vgl. Greb (2000: 15).
543 Vgl. Specht et al. (2002: 419).

3. Marktattraktivität

Beispiele für die internationale Unternehmenstätigkeit aufgrund der Marktattraktivität können hoher potenzieller Umsatz einer Tochtergesellschaft, die Möglichkeit von Marktanteilgewinnen, Marktwachstum oder Marktgröße sowie Wettbewerbsintensität sein.

4. Managementattraktivität der Auslandstochter

Die Betreuung von F&E-Aktivitäten wird den Tochtergesellschaften vorrangig dann übertragen, wenn von der Tochter entsprechende Initiativen ausgehen, etwa aufgrund der technologischen Stärke und Kompetenz. Es kann aber auch sein, dass eine Tochtergesellschaft wegen herausragender Managementfähigkeiten diese Funktion übertragen bekommt, wie etwa die Organisation und Betreuung eines globalen F&E-Netzwerkes.

5. Personalverfügbarkeit

Ähnlich wie die Attraktivität des institutionellen und wissenschaftlich-technologischen Umfeldes ist die Qualifikation und Verfügbarkeit von Forschern und Entwicklern ein Grund, um international neue F&E-Einheiten aufzubauen.

Frustrierte Firmen wenden sich von Deutschland ab

„Während Deutschland über den Fachkräftemangel debattiert, schaffen manche Firmen Fakten. Anstatt auf Einwanderer zu warten, bauen sie ihre Labore und Entwicklungszentren gleich in Ländern, wo sie genügend Ingenieure finden. Fachleute erwarten, dass sich dieser Trend verstärken wird.

Hamburg - Regelmäßig muss sich Airbus-Chef Tom Enders für etwas rechtfertigen, das er als völlig normal ansieht. Der Flugzeugbauer, dessen Mitarbeiter noch ganz überwiegend in Europa beschäftigt sind, soll endlich ein wirklich internationales Unternehmen werden. Dazu soll es verstärkt in anderen Teilen der Welt Flugzeuge herstellen - und entwickeln. Auch, weil das Reservoir an Ingenieuren und anderen Fachkräften in Mitteleuropa immer knapper wird.

Also geht der Mutterkonzern EADS nach Asien. ‚Indien verfügt über eine große Anzahl hervorragend ausgebildeter Spezialisten', sagte Technikchef Jean Botti, als er im Winter eine Forschungszweigstelle des Konzern-Entwicklungsnetzwerks in Bangalore eröffnete. Das Unternehmen benötige dringend ‚einen besseren Zugang zu Engineering-Ressourcen'.

Wie Airbus nimmt eine wachsende Zahl von Unternehmen andere Länder auch wegen ihrer gut ausgebildeten Fachkräfte ins Visier. Denn in Deutschland kämpfen die Firmen um eine schrumpfende Zahl von qualifizierten Mitarbeitern. Vor allem Ingenieure fehlen in vielen Bereichen - nach Angaben des Vereins deutscher Ingenieure zurzeit 36.800.

Viele Firmen vertrauen nicht darauf, dass die endlosen Debatten um Zuwanderung und Weiterbildung den gewünschten Erfolg bringen. Dafür sind die mittel- und langfristigen demografischen Trends auch zu ernüchternd. Um eine Million Menschen schrumpft das Arbeitskräftereservoir alle vier Jahre, rechnen Experten vor.

Siemens, Daimler, SAP - die großen Firmen forschen längst im Ausland

Deutsche Firmen, die ihre Weltmarktstellung verteidigen und ausbauen wollen, müssen daher einen immer größeren Teil auch von Forschung und Entwicklung in andere Länder verlegen. ‚Die Bedeutung des Themas wird wachsen', sagt Ökonomin Vera Erdmann vom arbeitgebernahen Institut der Deutschen Wirtschaft (IW).

Indien ist schon heute das Paradebeispiel. Siemens, Daimler, BASF sind dort mit Entwicklungsabteilungen vertreten - allen voran der Softwarekonzern SAP, für den schon 4500 Beschäftigte arbeiten.

‚Die Fälle, in denen deutsche Unternehmen Teile ihrer Forschung und Entwicklung nach Indien verlagern oder dort neue Kapazitäten aufbauen, nehmen zu', sagt der Geschäftsführer der deutsch-indischen Handelskammer, Bernhard Steinrücke, gegenüber manager magazin. ‚In Indien werden jedes Jahr mehrere Hunderttausend Ingenieure ausgebildet. Nach einer weiteren Praxisausbildung sind die deutschen Firmen überwiegend sehr zufrieden mit ihnen.'

Schleichende Verlagerung wohl unvermeidlich

Es geht dabei nicht nur darum, den indischen Markt zu erschließen. ‚Viele deutsche Firmen nutzen ihre Erfahrungen, die sie in Indien machen, für ihr globales Geschäft', sagt Steinrücke. So entwickelt Siemens in Indien mobile Röntgengeräte, die das Unternehmen auch in anderen Schwellenländern verkauft.

Das 1,2-Milliarden-Einwohner Land ist laut einer Siemens-Sprecherin inzwischen ‚einer unserer wichtigsten Forschungsstandorte'. Konkurrenz General Electric aus den USA hält es ähnlich und ist mit dem nach dem Ex-Chef Jack Welch benannten Forschungszentrum in Indien Vorreiter.

In Indien und anderen Schwellenländern kommt deutschen Unternehmen zugute, dass die Konkurrenz um die besten Köpfe noch nicht so stark ist wie in Deutschland. So ist der Aufwand für Forschung und Entwicklung in indischen Betrieben traditionell gering und liegt im Werkzeugmaschinenbau nach Angaben der Wirtschaftsförderungsgesellschaft Germany Trade & Invest bei etwa 2 Prozent des Umsatzes. Das Interesse an Kooperationen mit ausländischen Anbietern, die in Entwicklung investieren wollen, sei entsprechend groß.

Wie viele Firmen Teile ihrer Aktivitäten aufgrund des Fachkräftemangels in nächster Zeit tatsächlich ins Ausland verlegen wollen, lässt sich derzeit schwer beziffern. Aktuelle Daten will der Deutsche Industrie- und Handelskammertag (DIHK) im Herbst veröffentlichen.

Prinzipiell ist die Bereitschaft zum Gehen jedenfalls gegeben. Vor zwei Jahren hatten 15 Prozent der vom Fachkräftemangel geplagten Firmen in einer Umfrage des IW angegeben, wegen des Personalengpasses eine Standortverlagerung zu erwägen.

Firmen loben ‚exzellent qualifizierte Fachkräfte' im Ausland

Von den Firmen, die Forschung und Entwicklung tatsächlich ins Ausland verlagerten, hatten vor fünf Jahren 22 Prozent gegenüber dem DIHK die dort bessere Verfügbarkeit von Fachkräften als wichtige Motivation genannt. Die Unternehmen fänden im Ausland Mitarbeiter, die oft nicht nur weniger kosten; nach Einschätzung der Unternehmen seien die Fachkräfte vielfach auch exzellent qualifiziert.

‚Allgemein hat der Trend zur Standortverlagerung seither abgenommen, weil sich die Wettbewerbsbedingungen in Deutschland verbessert haben. Andererseits verschärft sich der Fachkräftemangel wieder', beschreibt DIHK-Chefvolkswirt Volker Treier die gegenwärtige Lage gegenüber manager magazin. Die Firmen würden zunächst aber versuchen, ihren Personalengpass am Heimatstandort zu beseitigen.

Doch angesichts der demografischen Entwicklung scheint eine schleichende Schwerpunktverlagerung auch bei Forschung und Entwicklung in andere Länder unausweichlich. ‚Die Unternehmen werden sich anpassen', sagt Volkswirt Herbert Brücker vom Institut für Arbeitsmarkt- und Berufsforschung gegenüber manager magazin. ‚Sie wissen in etwa, wie die Märkte in 20 Jahren aussehen, werden deshalb weniger in Deutschland investieren und gehen in andere Länder, wo auch mehr Arbeitskräfte zur Verfügung stehen.'

Goldene Zeiten für deutsche Fachkräfte nicht in Sicht

Große Firmen sind bei einer solchen Strategie naturgemäß im Vorteil - wie der Münchener Technologiekonzern Siemens. ‚Wenn es Engpässe in speziellen Bereichen geben sollte, ist Siemens in der Lage damit umzugehen', sagt eine Unternehmenssprecherin, ‚denn wir können bei der Rekrutierung notfalls auch ins Ausland ausweichen - schließlich sind wir in 190 Ländern der Erde geschäftlich aktiv'.

‚Vor allem große, global agierende Firmen werden ihre Unternehmensteile verstärkt so anordnen, dass die Verfügbarkeit qualifizierter Arbeitskräfte gegeben ist', sagt IW-Ökonomin Erdmann. In der Zwickmühle sind dagegen kleine und mittelgroße Unternehmen. Sie haben es schon besonders schwer, in Deutschland beim Kampf um die besten Köpfe gegen die Großen mitzuhalten. Im Ausland stehen ihre Chancen oft noch schlechter.

‚Gerade für den klassischen Mittelstand dürfte es schwierig sein, im Ausland Fach- und Führungskräfte anzuwerben oder sogar Standorte in Länder zu verlegen, in denen es genügend qualifizierte Mitarbeiter gibt', sagt Personalexperte Tiemo Kracht von der Beratungsfirma Kienbaum gegenüber manager magazin. ‚Firmen, die bereits über ein internationales Netzwerk verfügen, könnten zusätzliches Personal jedoch im Ausland gewinnen und auch dort einsetzen.'

Das warnende Beispiel Pharma

Wie schwerwiegend die Folgen einer verstärkten Verlagerung von Forschung und Entwicklung ins Ausland wären, ist umstritten. Hat der Exodus ersteinmal begonnen, könnten ganze Branchen in Schwierigkeiten kommen, wie das warnende Beispiel Pharma zeigt, wo Deutschland seine Rolle als Apotheke der Welt längst verloren hat.

Für ein realistisches Szenario hält IAB-Forscher Brücker eine Entwicklung, in der die Industrie entsprechend dem Rückgang der Arbeitskräfte schrumpft. Problematisch sei daran vor allem, dass es dann kaum noch möglich sei, die Sozialversicherungen in heutigem Maße aufrecht zu erhalten, weil den Alten weniger Beitragszahlern gegenüberstehen.

Dauerhaft goldene Zeiten am Jobmarkt für Ingenieure und andere Fachkräfte samt hohen Löhnen und sicheren Arbeitsplätzen wird es dank des gegenwärtigen Personalengpasses vermutlich nicht geben, erwartet auch DIHK-Volkswirt Treier: ‚Das Ventil, ins Ausland zu gehen, ist für die Unternehmen immer da.'

Quelle: Sorge [Zugriff am 12.08.2013]

Steirer schicken nun Frauen an die Technikfront

„Steirer schicken nun Frauen an die Technikfront: Facharbeitermangel soll damit abgefedert werden

Graz/Lannach - In der Steiermark herrscht akuter Mangel an technischen Fachkräften. Dem soll nun durch intensive technische Ausbildung von Frauen abgeholfen werden. Magna Steyr Powertrain hat bereits die ersten Frauen aufgenommen, die ihre technische Ausbildung im Rahmen eines Pilotprojektes erworben haben. Die klassische Lehrausbildung reiche längst nicht mehr aus, um alle benötigten Stellen zu besetzen, heißt es bei Magna Steyr.

1999 wurde ein innovatives Ausbildungsprojekt vom Verein ‚Nowa - Netzwerk für Berufsausbildung', dem Arbeitsmarktservice Steiermark (AMS), dem Land Steiermark und der Stadt Graz gestartet, um Frauen in technischen Berufen auszubilden. Zugrunde lag die Idee, arbeitslose Frauen und Wiedereinsteigerinnen zu CNC-Werkzeugmaschineuren (CNC: Computergesteuerte Bearbeitungsmaschinen) auszubilden.

170 Frauen ließen sich zunächst über die Ausbildung informieren, 15 von ihnen nahmen dann an der eineinhalb Jahre dauernden Ausbildung teil. Von diesen arbeiten nunmehr elf Frauen bei Magna Steyr Powertrain im Fertigungsbereich für hochpräzise Getriebeteile (Gehäuse, Zahnräder) an CNC-Maschinen.

Um dem Facharbeitermangel weiter zu begegnen, startet Magna Steyr am Standort Graz kommenden Herbst eine Initiative, die darauf abzielt, den bisher bei nur bei rund zehn Prozent liegenden Anteil an weiblichen Lehrlingen in (automobil-) technischen Berufen deutlich zu steigern."

Quelle: Der Standard vom 16.03.2001

Google geht nach Indien
„Suchmaschinenbetreiber Google plant die Errichtung seines ersten Zentrums für Forschung- und Entwicklung außerhalb der USA.

(Mountain Views, 11.12.2003) Die Google-Niederlassung soll im März 2004 im indischen Bangalore eröffnet werden, berichtet das ‚Wall Street Journal' (WSJ). Google-Technikchef Wayne Rosing sieht für den Standort rund 100 Techniker und Software-Entwickler vor. Der Grund für die Expansion nach Indien seien die personellen Ressourcen des Subkontinents und nicht - wie bei anderen US-Firmen - Kostenerwägungen.

Talentsuche und Expansion
‚Wir wollen lediglich mehr wirklich großartige Techniker', sagte Rosing. In Indien sei eine ‚signifikante Anzahl an wirklich talentierten Computerwissenschaftlern' verfügbar. Der Standort im Bangalore soll Google auch jene Talente sichern, die aus verschiedenen Gründen nicht in den USA beschäftigt werden können. Der Schritt sei daher kein Outsourcing, um Lohnkosten zu sparen, sondern eine Expansion. US-Mitarbeiter von Google werden die neuen indischen Mitarbeiter ein Jahr lang trainieren und mit den Grundlagen des Unternehmens vertraut machen.

21 Niederlassungen
Google hat weltweit 21 Niederlassungen, wobei die Büros außerhalb der USA aber vor allem Verkaufszentralen sind. Von den über 1000 Mitarbeitern des im kalifornischen Mountain View ansässigen Unternehmens arbeitet rund die Hälfte als Techniker oder in technischen Bereichen. Technische Forschungs- und Entwicklungszentren hat Google bisher in Mountain View und Santa Monica (Kalifornien) sowie in New York."

Quelle: Telekom Presse [Zugriff am 15.02.2006b]

6. Rechtliche und finanzielle Freiräume

Staatliche Auflagen sowie die finanziellen Ressourcen eines Landes zählen zu relevanten Entscheidungskriterien bei der Gründung lokaler F&E-Zentren. Oftmals wird aber auch politischer Druck auf die Unternehmen ausgeübt, lokal Forschung und Entwicklung zu betreiben, etwa als Bedingung für die Genehmigung von Förderungen. Gründe für diese Beeinflussung liegen beispielsweise in der Schaffung hoch qualifizierter Arbeitsplätze für Mitarbeiter in Forschung und Entwicklung oder in der Erwartung eines hohen Technologietransferpotentials.[544] Andererseits kann die Entscheidung für ein lokales F&E-Zentrum die öffentliche Meinung bzw. das Image eines Unternehmens beeinflussen und somit einen Vorteil für das Unternehmen bringen.

---

[544] Vgl. Specht et al. (2002: 419).

Erhalt von lokaler F&E-Tätigkeit
Auszüge aus Zeitungsartikeln zu den politischen Forderungen und Äußerungen potenzieller Käufer aufgrund des 37,4-prozentigen Verkaufs der Staatsanteile an der Voestalpine.

„Aktionäre, die sich von Beteiligungen trennen, haben zumeist nur ein Ziel: möglichst viel Geld für die Aktien zu bekommen. Die Zukunft des Unternehmens kann ihnen letztlich egal sein - dafür sind die neuen Eigentümer zuständig. Was allerdings für jeden privaten Aktionär gutes Recht ist, das darf die Verstaatlichtenholding ÖIAG für sich nicht in Anspruch nehmen.

Als Instrument der Republik Österreich hat sie auch andere Interessen als die Ertragsmaximierung zu vertreten. 100 Millionen Euro mehr in der ÖIAG-Kassa können mitunter teuer erkauft sein. Ein ‚strategischer Partner', der etwa die Voestalpine zu einem guten Preis übernimmt und später zerschlägt, könnte Österreich viel teurer kommen. Die Abwanderung von Konzernzentralen aus Österreich schädigt ein weites Umfeld von Dienstleistern wie Werbeagenturen, Rechtsanwaltskanzleien, Wirtschaftsprüfer und viele mehr. Die Verlegung von Forschung und Entwicklung vernichtet viele hochwertige Arbeitsplätze. Der verbleibende Rest der ‚verlängerten Werkbank' endet dann oft in einem Billiglohnland." [...]

Quelle: Moravec (2003)

[...] „Grasser schloss in der Zeit im Bild 2 nicht aus, dass Magna am Ende doch noch zum Zug kommen könne. Er schloss nur aus, dass es nicht zu einer „Re-Verstaatlichung" durch die Übernahme der Anteile durch das Land Oberösterreich kommen werde. *Grassers Bedingung: Die Voest-Zentrale müsse im Inland gehalten werden, ebenso die Forschung & Entwicklung.* Wer das gewährleisten könne, sei Ansprechpartner für die ÖIAG." [...]

Quelle: Bachner (2003)

[...] „Stronach sprach sich auch für ein Halten der Voest-Firmenzentrale sowie der Forschung und Entwicklung im Inland aus." [...]

Quelle: o.V. (2003c)

[...] „Der neue, in der außerordentlichen Hauptversammlung am Freitag erteilte Privatisierungsauftrag weist die Staatsholding ÖIAG an, die Veräußerung über die Börse oder Finanzinvestoren zu prüfen. Damit sollen vier Ziele verfolgt werden:

- eine österreichische Kernaktionärsstruktur zu erhalten;
- die Einheit des Unternehmens zu gewährleisten;
- Forschung & Entwicklung zu erhalten und auszubauen;

- den Erhalt der Unternehmenszentrale in Österreich zu sichern."

[...]

Quelle: o.V. (2003b)

[...] „Der Vizekanzler droht offen an, was der Kärntner Landeshauptmann fordert: den ‚vorläufigen' Stopp der Privatisierung. Für den Verkauf der Staatsanteile gebe es drei Bedingungen, meint Haupt: die Einheit des Unternehmens, den *Erhalt der Forschung und Entwicklung in Österreich* und eine Kernaktionärsstruktur." [...]

Quelle: o.V. (2003a)

7. **Orientierung an relevanten Marktteilnehmern**
   Besonders im Industriegütersektor ist die Nähe zu den Zulieferern aufgrund der häufig intensiven Zusammenarbeit von Vorteil. Ebenso kann die Internationalisierung eine Reaktion auf das Wettbewerbsverhalten direkter Mitbewerber sein, wenn diese etwa Niederlassungen im Ausland unterhalten und damit einen besseren Support versprechen können.

8. **Relevante Faktorkosten der Forschung und Entwicklung**
   Schlussendlich sind es niedrigere Kosten für Labors und Forschungsstätten als im Heimatland sowie finanzielle und steuerliche Vorteile bei internationaler Tätigkeit, die zur internationalen Unternehmenstätigkeit führen.

11.2 Arten der Internationalisierung

Die erhöhte Komplexität der internationalen Wirtschaftsbeziehungen, sich kurzfristig verändernde Wechselkurse, wachsende Arbeitslosigkeit, überraschende Angriffe neuer Wettbewerber und neue Technologien stellen für international operierende Unternehmen unberechenbare Rahmenbedingungen dar. Um mit dieser Komplexität umgehen zu können, existieren Reaktionsmechanismen – einerseits von Politikern (Protektionismus), andererseits von Unternehmen selbst. Letztere reagieren mit einer ‚globalen' Vorgehensweise: Die Schlüsselmärkte in Europa, USA und Fernost werden immer häufiger parallel bearbeitet.

Beide Reaktionsmechanismen resultieren in einer Globalisierung ganzer Industrien. Kennzeichen dafür sind die ‚vor Ort'-Präsenz von Unternehmen, deren verstärkte Integration in die nationalen Märkte der Schlüsselländer und die damit verbundene Umgestaltung des Geschäftssystems. Diese Umgestaltung betrifft jedoch nicht nur die typischen kundennahen Funktionen (wie beispielsweise Vertrieb und

Service), sondern auch Bereiche wie Einkauf, Fertigung sowie Forschung und Entwicklung.[545]

Im Folgenden wird insbesondere auf die Internationalisierung des F&E-Bereichs eingegangen. Diese Internationalisierung kann einerseits durch internes und externes Wachstum erfolgen, andererseits besteht die Möglichkeit der Erweiterung der F&E-Kapazitäten durch deren Externalisierung.

11.2.1 Internationalisierung durch internes Wachstum

Die Internationalisierung von Unternehmen erfolgt in der Regel in umgekehrter Reihenfolge der Wertschöpfungskette (Vertrieb – Fertigung – F&E). Krubasik und Schrader[546] entwickelten ein Fünf-Phasen-Modell zur Darstellung der Evolutionsphasen der Internationalisierung und Globalisierung (siehe Abbildung 63).

Abbildung 63: Evolutionsphasen der Internationalisierung und Globalisierung

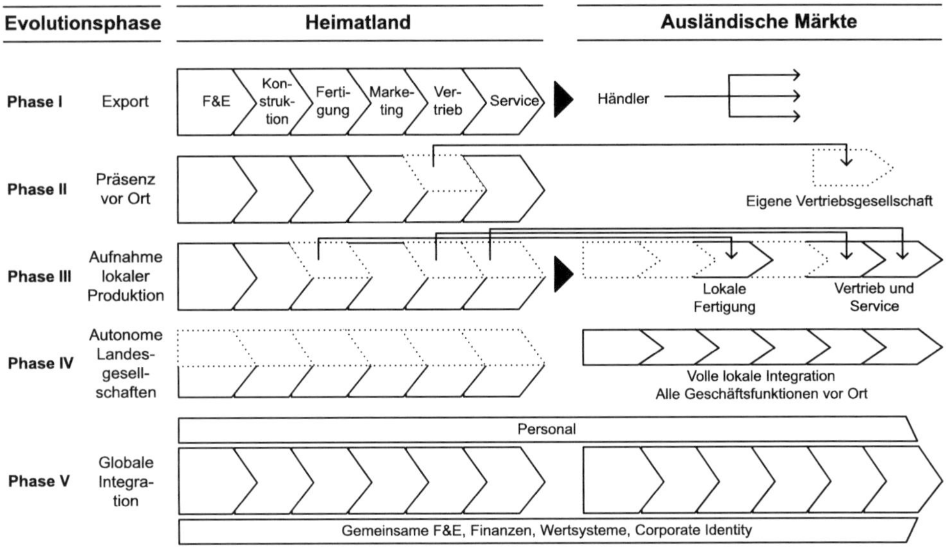

Quelle: Eigene Darstellung in Anlehnung an Krubasik und Schrader (1990: 18)

Die erste Phase dieser schrittweisen institutionellen Internationalisierung stellt der *Export* dar. Der lokale Händler übernimmt die Funktionen der Unternehmung im Gastland. Der nächste Schritt besteht in einem Aufbau einer eigenen *Vertriebsgesellschaft* am ausländischen Markt, um den Informationsfluss zur Zentrale zu gewährleisten. Dies ist insbesondere im Hinblick auf die lokale Akzeptanz der Produkte und den

545 Vgl. Krubasik und Schrader (1990: 18).
546 Vgl. Krubasik und Schrader (1990: 18).

damit verbundenen Anpassungsentwicklungen von Bedeutung. In Phase III, der Aufnahme der *lokalen Produktion*, werden im Gastland eigene Bereiche für lokale Fertigung, Vertrieb und Service geschaffen, wobei die Anpassungsentwicklung weiterhin im Heimatland erfolgt. Mit der Einrichtung sogenannter *autonomer Landesgesellschaften* in Phase IV sind alle Geschäftsfunktionen im Gastland präsent. Folglich besteht auch ein eigener F&E-Bereich, der für die lokalen F&E-Tätigkeiten zuständig ist.

Der letzte Schritt ist die *globale Integration*, im Zuge derer gleichberechtigte Wirtschaftseinheiten einer Unternehmung an unterschiedlichen Standorten entstehen. Diese Wirtschaftseinheiten verfügen über ein gemeinsames Wertesystem, eine gemeinsame Corporate Identity sowie eine gemeinsame Forschung und Entwicklung. Durch Koordination sollen Doppelentwicklungen vermieden, effizienter gearbeitet und Technologietransfers in beide Richtungen ermöglicht werden.[547]

11.2.2 Internationalisierung durch externes Wachstum

Als Alternative zum internen Wachstum kann das Unternehmen die F&E-Leistungsfähigkeit durch Akquisition, Kooperation oder Joint Ventures – also durch externes Wachstum – erhöhen.

Bei einer *Kooperation* werden F&E-Personal und F&E-Ergebnisse ausgetauscht (siehe Kapitel 8.2). Sie stellt daher die schwächste Form der externen Expansion dar.

Beim *Joint Venture* hingegen gründen zwei oder mehrere Unternehmen ein neues Unternehmen oder beteiligen sich finanziell an einem solchen. Das Ziel dieser Zusammenschlüsse besteht oft in gemeinsamen F&E-Aktivitäten für neue Produkte und Verfahren. Joint Ventures können aber auch bis zur gemeinsamen Fertigung führen, wie im Fall von Ford (Galaxy) und VW (Sharan). Die Modelle wurden gemeinsam entwickelt und werden auch in einem gemeinsamen Werk produziert.

Die *Akquisition* stellt die dritte externe Wachstumsmöglichkeit dar. Untersuchungen zeigen, dass bis zum Ende der 1970er-Jahre etwa 30% der F&E-Bereiche im Ausland auf die Akquisition von ausländischen Unternehmen zurückzuführen waren, wobei insbesondere kleine und innovationsstarke Unternehmen gekauft wurden. Nach der Akquisition bestehen zwei Möglichkeiten, wie mit dem hinzugekommenen F&E-Bereich verfahren wird:

- Eingliederung der nützlichen Bereiche in die eigene Struktur und Auflösung der restlichen Bereiche oder
- das akquirierte Unternehmen bleibt in seiner eigenen Organisationsform und dient als Lieferant von F&E-Ergebnissen.[548]

---

[547] Vgl. Just (1997: 50).
[548] Vgl. Just (1997: 52f.).

11.2.3 Internationalisierung durch Externalisierung

Im Rahmen der Externalisierung des F&E-Bereichs kann entweder der gesamte Bereich ausgegliedert oder lediglich ein bestimmtes Forschungsgebiet bzw. ein bestimmter Forschungsauftrag an ein unabhängiges Labor vergeben werden.

Bei der Ausgliederung von Forschung und Entwicklung spielen Lizenzen eine maßgebliche Rolle (siehe Kapitel 9.4). Benötigte Produkte oder Verfahren werden der eigenen Unternehmung durch den Kauf der betreffenden Lizenzen zugänglich gemacht. Lizenzen sind im Allgemeinen mit niedrigeren Kosten verbunden als die Aufwendungen für die eigene Forschung und Entwicklung. Darüber hinaus trägt der Lizenzgeber auch das Entwicklungsrisiko.

Bei der Inanspruchnahme selbstständiger F&E-Labors kann es jedoch zu Problemen im Hinblick auf Kommunikation und Loyalität zwischen den Unternehmenseinheiten und dem ausgegliederten F&E-Labor kommen (‚Not-invented-here-Syndrom‘).[549]

11.3 Mobilität des F&E-Personals

Ging man zu Beginn der 1990er noch davon aus, dass die Internationalisierung von Forschung und Entwicklung zu einem Anstieg der internationalen Mobilität des F&E-Personals führen würde, so ist heute vielmehr eine *Quasi-Mobilität* in Form kurzer Auslandsbesuche festzustellen. Langfristige internationale Mobilität scheint angesichts der damit verbundenen hohen Kosten (Umsiedlung der ganzen Familie) an Bedeutung zu verlieren. Dies wird durch den steigenden Einsatz neuer Informations- und Kommunikationstechnologien und der Schaffung globaler Informationssysteme unterstützt, durch die die physische Anwesenheit weniger notwendig wird und sich virtuelle Forschungsteams herausbilden können.[550]

Das eher niedrige Mobilitätsniveau in manchen Unternehmen kann damit begründet werden, dass dadurch der Aufbau von Kompetenzen durch die Entwicklung von Expertensachkenntnis und damit die Effektivität der Forschung untergraben würde. Hinzu kommt die oftmals große Spezialisierung in den einzelnen, verteilt organisierten F&E-Zentren, die einen Austausch schwierig macht. Insbesondere in der europäischen chemischen Industrie gibt es daher nur wenige, dafür aber große F&E-Standorte. Die Mobilitätsneigung unterscheidet sich auch von Land zu Land und ist etwa in den USA und Großbritannien im Vergleich zu Kontinentaleuropa höher.[551]

---

549 Vgl. Just (1997: 55ff.).
550 Vgl. Béret et al. (2003: 456).
551 Vgl. Béret et al. (2003: 456f.).

Quellenverzeichnis

Literatur

Adamson, R.E. (1952) Functional fixedness as related to problem solving: a repetition of three experiments. *Journal of Experimental Psychology* 44 (4), 288-291.

Aho, E., Cornu, J., Georghiou, L., Subirá, A. (2006) *Creating an innovative Europe: report of the independent expert group on R&D and innovation appointed following the Hampton Court Summit*. Office for Official Publications of the European Communities: Luxemburg.

Albach, H. (1989) Innovationsstrategien zur Verbesserung der Wettbewerbsfähigkeit. *Zeitschrift für Betriebswirtschaft* 59 (12), 1338-1352.

Alge, D. (2005) Stärkung des Patentschutzes in Österreich. *Innovation Spirit* (3), 6-7.

Allen, T.J. (1966) Performance of information channels in the transfer of technology. *Industrial Management Review* 8 (1), 87-98.

Ansoff, H.I. (1976) Managing surprise and discontinuity: strategic response to weak signals. *Zeitschrift für betriebswirtschaftliche Forschung* 28 (1), 129-152.

Ashley, St. (1995) Rapid prototyping is coming of age. *Mechanical Engineering* 117 (7), 62-68.

Bachner, M. (2003) Voest-Chefs setzen sich durch: Grasser gegen Zerschlagung. *Der Standard* am 24.06.2003.

Backhaus, K., Voeth, M. (1995) Innovations- und Technologiemarketing. In: Zahn, E. (Hrsg.) *Handbuch Technologiemanagement*. Schäffer-Poeschel: Stuttgart, 395-408.

Baldwin, C., Hienerth, C., von Hippel, E. (2006) How user innovations become commercial products: A theoretical investigation and case study. *Research Policy* 35 (9), 1291-1313.

Barker, V.L., Mueller, G.C. (2002) CEO characteristics and firm R&D spending. *Management Science* 48 (6), 782-801.

Becker, J. (1994) *Strategische Ausrichtung der Informations- und Organisationsstruktur des Unternehmens*. Forkel: Wiesbaden.

Becker, J.H. (2018) Kreativitätstechniken. In Becker, J.H., Ebert, H., Pastoors S. (Hrsg.) *Praxishandbuch berufliche Schlüsselkompetenzen: 50 Handlungskompetenzen für Ausbildung, Studium und Beruf*. Springer: Berlin, 89-102.

Beckurts, K.H. (1983) Forschungs- und Entwicklungsmanagement: Mittel zur Gestaltung der Innovation. In: Blohm, H., Danert, G. (Hrsg.) *Forschungs- und Entwicklungsmanagement.* Poeschel: Stuttgart, 15-39.

Belz, F.-M., Baumbach, W. (2010) Netnography as a method of lead user identification. *Creativity and Innovation Management* 19 (3), 304-313.

Béret, P., Mendez, A., Paraponaris, C., Richez-Battesti, N. (2003) R&D personnel and human resource management in multinational companies: between homogenization and differentiation. *International Journal of Human Resource Management* 14. (3), 449-468.

Billerbeck, H. (2003) *Der Zeitfaktor im Innovationsmanagement: kritische Würdigung des Zeitfallentheorems und die daraus resultierende Dominanz von First-Strategien.* Vandenhoeck & Ruprecht: Göttingen.

BMW Group (2003) Virtuelle Realität im Automobilbau. *Informationen der BMW Group Mai 2003.*

Boehmer, A. von (1994) *Internationalisierung industrieller Forschung und Entwicklung: Typen, Bestimmungsgründe und Erfolgsbeurteilung.* DUV: Wiesbaden.

Boutellier, R., Völker, R. (1997) *Erfolg durch innovative Produkte: Bausteine des Innovationsmanagements.* Carl Hanser Verlag: München.

Brockhoff, K. (1989) *Schnittstellenmanagement: Abstimmungsprobleme zwischen Marketing und Forschung und Entwicklung.* Poeschel: Stuttgart.

Brockhoff, K. (1999a) *Forschung und Entwicklung: Planung und Kontrolle.* 5. Aufl., Oldenbourg: München.

Brockhoff, K. (1999b) *Produktpolitik.* 4. Aufl., Lucius & Lucius: Stuttgart.

Brockhoff, K., (2005) Vom Forschungs- und Entwicklungsmanagement zum Technologie- und Innovationsmanagement. *Swiss Journal of Business Research and Practice* 59 (1), 11-30.

Bullinger, H.-J. (1994) *Einführung in das Technologiemanagement: Modelle, Methoden, Praxisbeispiele.* Teubner: Stuttgart.

Bullinger, H.-J. (1990) *F&E-Heute: Industrielle Forschung und Entwicklung in der Bundesrepublik Deutschland.* Ges. für Management und Technologie: München.

BKA, BMF, BMUKK, BMVIT, BMWFJ, BMWF (2011) *Der Weg zum Innovation Leader: Strategie der Bundesregierung für Forschung, Technologie und Innovation.* Wien.

BMBF (2018a) *Forschung und Innovation für die Menschen: Die Hightech-Strategie 2025.* Berlin.

BMBF (2018b) *Bundesbericht Forschung und Innovation 2018: Forschungs- und innovationspolitische Ziele und Maßnahmen.* Berlin.

BMBF (2020) *Bildung und Forschung in Zahlen 2020: Ausgewählte Fakten aus dem Daten-Portal des BMBF.* Bonn/Berlin.

BMBWF, BMVIT, BMDW (2018) *Österreichischer Forschungs- und Technologiebericht 2018: Bericht der Bundesregierung an den Nationalrat gem. § 8 (2) FOG über die Lage und Bedürfnisse von Forschung, Technologie und Innovation in Österreich*. Wien.

BMBWF, BMVIT, BMDW (2019) *Österreichischer Forschungs- und Technologiebericht 2019: Lagebericht gem. § 8 (1) FOG über die aus Bundesmitteln geförderte Forschung, Technologie und Innovation in Österreich*. Wien.

BMBWF, BMK, BMDW (2020) *Österreichischer Forschungs- und Technologiebericht 2020: Lagebericht gem. § 8 (1) FOG über die aus Bundesmitteln geförderte Forschung, Technologie und Innovation in Österreich*. Wien.

BMWF, BMVIT, BMWFJ (2013) *Österreichischer Forschungs- und Technologiebericht 2013: Lagebericht gem. § 8 (1) FOG über die aus Bundesmitteln geförderte Forschung, Technologie und Innovation in Österreich*. Wien.

BMW Group (2005) Stärken kennen, Kraft entfalten – Leistung bringen. In: *Geschäftsbericht 2005*. München.

Bundesministerium für Wissenschaft und Forschung (1971) *Frascati-Handbuch II: Messung wissenschaftlicher und technischer Aktivitäten.* Stifterverband für die Deutsche Wirtschaft: Wien.

Bürgel, H.D. (1989) *Controlling von Forschung und Entwicklung: Erkenntnisse und Erfahrungen aus der Praxis*. Vahlen: München.

Bürgel, H.D., Haller, C., Binder, M. (1996) *F&E-Management*. Vahlen: München.

Burke, R.R. (1996) Der virtuelle Laden: Testmarkt der Zukunft? *Harvard Business Manager* 18 (4), 107-117.

Caluori, M. (1995) *Internationalisierung der Forschungs- und Entwicklungsaktivitäten*. Shaker: Aachen.

Chesbrough, H. (2003) *Open innovation: the new imperative for creating and profiting from technology*. Harvard Business School Press: Boston, MA.

Chesbrough, H. (2017) The future of open innovation. *Research Technology Management,* 60 (1), 35-38.

Chesbrough, H., Bogers, M. (2014) Explicating open innovation: clarifying an emerging paradigm for understanding innovation. In: Chesbrough, H., Vanhaverbeke, W., West, J. (Hrsg.). *New frontiers in open innovation*. Oxford University Press: New York, 3-28.

Clarke, T.E. (2002) Why do we still not apply what we know about managing R&D personnel? *Research Technology Management*, 45 (2), 9-11.

Coenenberg, A.G. (1966) *Die Kommunikation in der Unternehmung*. Gabler: Wiesbaden.

Cooper, R.G. (2001) *Winning at new products: accelerating the process from idea to launch*. 3. Aufl., Perseus: Cambridge.

Corsten, H., Gössinger, R., Müller-Seitz, G., Schneider, H. (2016). *Grundlagen des Technologie-und Innovationsmanagements*. 2. Aufl., Vahlen: München.

Crawford, M. (1992) *Neuprodukt-Management.* Campus: Frankfurt.

Creese, R.C., Moore, T. (1990) Cost modeling for concurrent engineering. *Cost Engineering* 32 (6), 23-27.

Cusumano, M.A. (2010) *Staying Power: Six Enduring Principles for Managing Strategy and Innovation in an Uncertain World.* Oxford University Press: Oxford.

De Bono, E. (1987) *Das Sechsfarben-Denken: Ein neues Trainingsmodell.* Econ: Düsseldorf.

Deutsches Patent- und Markenamt (2002) *Patente.* Deutsches Patent- und Markenamt: München.

Dhalla, N.K., Yuspeh, S. (1976) Forget the product life cycle concept. *Harvard Business Review* 54 (1), 102-112.

DiMasi, J.A., Hansen, R.W., Grabowski, H.G. (2003) The price of innovation: new estimates of drug development costs. *Journal of Health Economics* 22 (2), 151-185.

DiMasi, J.A., Grabowski, H.G., Hansen, R.W. (2016) Innovation in the pharmaceutical industry: New estimates of R&D costs. *Journal of Health Economics* 47, 20-33.

Domsch, M., Gerpott, H., Gerpott, T.J. (1989) *Technologische Gatekeeper in der industriellen F&E: Merkmale und Leistungswirkungen.* Poeschel: Stuttgart.

Du, J., Leten, B., Vanhaverbeke, W. (2014) Managing open innovation projects with science-based and market-based partners. *Research Policy* 43 (5), 828-840.

Duncker, K. (1945) On Problem-Solving. *Psychological Monographs: General and Applied* 58 (5).

Dycke, A., Schulte, C. (1986) Cafeteria-Systeme: Ziele, Gestaltungsformen, Beispiele und Aspekte zur Implementierung. *Die Betriebswirtschaft* 46 (5), 577-589.

Eberl, U. (2001) Pictures of the Future – ein Verfahren, die Zukunft zu erfinden. *Pictures of the Future: Die Zeitschrift für Forschung und Innovation* Herbst 2001, 4-5.

Ensthaler, J. (2009) *Gewerblicher Rechtsschutz und Urheberrecht*. 3. Aufl., Springer: Berlin.

Europäische Kommission (2010) EUROPA 2020: Eine Strategie für intelligentes, nachhaltiges und integratives Wachstum. *Mitteilung der Kommission*, KOM(2010) 2020.

Europäische Kommission (2011) Horizont 2020 – das Rahmenprogramm für Forschung und Innovation. *Mitteilung der Kommission an das europäische Parlament, den Rat, den europäischen Wirtschafts- und Sozialausschuss und den Ausschuss der Regionen*, KOM(2011) 808.

Europäische Kommission (2014) Bestandsaufnahme der Strategie Europa 2020 für intelligentes, nachhaltiges und integratives Wachstum. *Anhänge zur Mitteilung der Kommission an das Europäische Parlament, den Rat, den europäischen Wirtschafts- und Sozialausschuss und den Ausschuss der Regionen*, COM(2014) 130.

Europäische Kommission (2018) *Vorschlag für eine Verordnung des Europäischen Parlaments und des Rates über das Rahmenprogramm für Forschung und Innovation „Horizont Europa" sowie über die Regeln für die Beteiligung und die Verbreitung der Ergebnisse*, COM(2018) 435.

Europäisches Patentamt (2009a) *Fakten und Zahlen 2009*. Europäisches Patentamt: München.

Europäisches Patentamt (2009b) *Jahresbericht 2008*. Europäisches Patentamt: München.

Europäisches Patentamt (2018a) *Richtlinien für die Prüfung im Europäischen Patentamt*, Ausgabe November 2018, Europäisches Patentamt: München.

Europäisches Patentamt (2018b) *Fakten und Zahlen 2017*. Europäisches Patentamt: München.

Europäisches Patentamt (2018c) *Der Weg zum europäischen Patent: Leitfaden für Anmelder*. 18. Aufl., Europäisches Patentamt: München.

Europäisches Patentamt (2018d) *Nationales Recht zum EPÜ: Europäische Patentanmeldungen und Patente: Recht und Praxis der EPÜ-Vertragsstaaten, Erstreckungs- und Validierungsstaaten*. 19. Aufl., Europäisches Patentamt: München.

Eversheim, W. (1997) *Organisation in der Produktionstechnik: Arbeitsvorbereitung*. 3. Aufl., Springer: Berlin.

Ewald, A. (1991) Methodik der integrierten Technologie- und Marktplanung. *Zeitschrift für Planung* 2 (2), 155-180.

Franko, L. (1989) Global corporate competition: who's winning, who's losing, and the R&D factor as one reason why. *Strategic Management Journal* 10 (5), 449-474.

Fransson, J. H. M., Talamelli, A., Luca Brandt, L., Carlo Cossu, C. (2006) Delaying transition to turbulence by a passive mechanism. *Physical Review Letters* 96 (6), Artikel 064501, 1-4.

Freeman, A., Golden, B. (1998) *Post-it, Pampers, Melitta & Co.: 50 Produkte, die die Welt eroberten*. Midas: Zürich.

Fuchs, C., Prandelli, E., Schreier, M., Dahl, D. W. (2013) All That is Users Might Not be Gold: How Labeling Products as User Designed Backfires in the Context of Luxury Fashion Brands. *Journal of Marketing* 77 (5), 75-91.

Gackstatter, S. (1997) *Entscheidungsunterstützung zur FuE-Programmplanung*. Gabler: Wiesbaden.

Gassmann, O., Enkel, E. (2006) Open Innovation: Die Öffnung des Innovationsprozesses erhöht das Innovationspotenzial. *Zeitschrift für Führung und Organisation* 75 (3), 132-138.

Gassmann, O., Enkel, E. (2005) Open Innovation Forschung: Forschungsfragen und erste Erkenntnisse. In: Weissenberger-Eib, M. (Hrsg.) *Gestaltung von Innovationssystemen.* Cactus Group Verlag: Kassel, 289-308.

Gassmann, O., Enkel, E., Chesbrough, H. (2010) The future of open innovation. *R&D Management* 40 (3), 213-221.

Gelbmann, U., Vorbach, S. (2003) Strategisches Innovations- und Technologiemanagement. In: Strebel, H. (Hrsg.) *Innovations- und Technologiemanagement.* WUV: Wien, 93-209.

Geschka, H., Yildiz, A. (1990) Kreativitätstechniken: Probleme in den Griff bekommen. *Gablers Magazin* 4 (4), 36-40.

Geschka, H., Schwarz-Geschka M. (2000) Ideenmanagement und dessen Unterstützung durch eine Ideen- und Projektdatenbank. In: Dold, E., Gentsch, P. (Hrsg.) *Innovationsmanagement: Handbuch für mittelständische Betriebe.* Luchterhand: Neuwied, 99-114.

Glucksberg, S. (1962). The influence of strength of drive on functional fixedness and perceptual recognition. *Journal of Experimental Psychology* 63 (1), 36-41.

Greb, R. (2000) *Internationalisierung der FuE-Tätigkeit von Unternehmen der Chemischen Industrie in Deutschland.* Arbeitspapier, Wissenschaftszentrum für Sozialforschung: Berlin.

Grefermann, K., Röthlingshöfer, K.C. (1974) *Patentwesen und technischer Fortschritt: Kritische Würdigung der Zusammenhänge in ausgewählten Branchen der Bundesrepublik Deutschland anhand empirischer Untersuchungen: Teil II Patent- und Lizenzpolitik der Unternehmen.* Otto Schwartz & Co: Göttingen.

Groenveld, P. (1997) Roadmapping integrates business and technology. *Research Technology Management* 40 (5), 48-55.

Haag, C., Schuh, G., Kreysa, J., Schmelter, K. (2011) Technologiebewertung. In: Schuh G., Klappert, S. (Hrsg.) *Technologiemanagement: Handbuch Produktion und Management 2*, Springer: Berlin, 309-366.

Habicht, H., Möslein, K. M., Reichwald, R. (2011a) Open Innovation: Grundlagen, Werkzeuge, Kompetenzentwicklung. *Information Management und Consulting*, 26 (1), 44-51.

Habicht, H., Möslein, K. M., Reichwald, R. (2011b) Open Innovation im Unternehmen: Ein Ansatz zur Balance von betrieblichem FuE-Management und Mitarbeiterkreativität. In: Spath, D. (Hrsg.) *Wissensarbeit: Zwischen strengen Prozessen und kreativem Spielraum.* Schriftenreihe der Hochschulgruppe für Arbeits- und Betriebsorganisation e.V. (HAB). GITO Verlag: Berlin, 51-68.

Hair, J.F., Anderson, R.E., Tatham, R.L., Black, W.C. (1998) *Multivariate Data Analysis.* 5. Aufl., Prentice Hall: New Jersey.

Hauschildt, J. (1993) *Innovationsmanagement.* Vahlen: München.

Hauschildt, J., Salomo, S., Schultz, C., Kock, A. (2016) *Innovationsmanagement.* 6. Aufl., Vahlen: München.

Heinen, E., Dietel, B. (1991) Kostenrechnung. In: Heinen, E. (Hrsg.) *Industriebetriebslehre.* 9. Aufl., Gabler: Wiesbaden, 1157-1313.

Henriksen, A.D., Traynor, A.J. (1999) A practical R&D project-selection scoring tool. *IEEE Transactions on Engineering Management* 46 (2), 158-170.

Hernández, H., Grassano, N., Tübke, A., Amoroso, S., Csefalvay, Z., and Gkotsis, P. (2019) *The 2019 EU Industrial R&D Investment Scoreboard.* EUR 30002 EN, Publications Office of the European Union, Luxemburg.

Herstatt, C., Lüthje, C., Lettl, C. (2007) Fortschrittliche Kunden zu Breakthrough-Innovationen stimulieren. In: Herstatt, C., Verworn B. (Hrsg.) *Management der frühen Innovationsphasen: Grundlagen – Methoden – Neue Ansätze.* 2. Aufl., Gabler: Wiesbaden, 61-75.

Higgins, J.M., Wiese, G.G. (1996) *Innovationsmanagement: Kreativitätstechniken für Unternehmen.* Springer: Berlin.

Hilgers, D., Burkhart, T., Piller, F., Wuhrmann, J. C. (2011) Strategisches Controlling für Open Innovation: Konzeptioneller Rahmen am Fallbeispiel Henkel. *Controlling – Zeitschrift für Erfolgsorientierte Unternehmenssteuerung* 23 (2), 84-90.

Hübner, H. (1996) *Informationsmanagement und strategische Unternehmensführung: Vom Informationsmarkt zur Innovation.* Oldenbourg: München.

Hübner, H. (2002) *Integratives Innovationsmanagement: Nachhaltigkeit als Herausforderung für ganzheitliche Erneuerungsprozesse.* Schmidt: Berlin.

Johne, A. (1999) Successful market innovation. In: Tintelnot, C., Meißner, D., Steinmeier, I. (Hrsg.) *Innovationsmanagement.* Springer: Berlin, 163-170.

Jordan, G.B. (2005) What matters to R&D workers. *Research Technology Management* 48 (3), 23-32.

Just, R.W. (1997) *Die Internationalisierung der Unternehmensbereiche Forschung und Entwicklung: Theoretische Erklärungsansätze, Determinanten und Indikatoren unter Berücksichtigung des Wirtschaftsstandortes Deutschland.* Peter Lang: Frankfurt.

Kainzbauer, Ch., Kaelber, C. (1998) Mannesmann Pilotentwicklung: Eine Innovationsmethode des Mannesmann-Konzerns. In: Franke, N., Braun, C.-F. von (Hrsg.) *Innovationsforschung und Technologiemanagement: Konzepte, Strategien, Fallbeispiele.* Springer: Berlin, 467-479.

Keller, T. (1995) *Anreize zur Informationsabgabe: Entwicklung eines Anreizsystems zur Steigerung der Abgabebereitschaft von Informationen im Informationssystem der Unternehmung.* Lit: Münster.

Kern, W., Schröder, H.-H. (1977) *Forschung und Entwicklung in der Unternehmung.* Rowohlt: Reinbeck bei Hamburg.

Kieser, A. (1969) Innovationen. In: Grochla, E. (Hrsg.) *Handwörterbuch der Organisation*, Poeschel: Stuttgart.

Kleinknecht, A.H., Reijnen, J.O.N. Smits, W. (1993) Collecting literature-based innovation output indiators: the experience in the Netherlands. New concepts in innovation output measurement. In: Kleinknecht, A.H., Bain, D. (Hrsg.) *New concepts in innovation output measurement.* Palgrave Macmillan: London, 42-84.

Kleinschmidt, E., Geschka, H., Cooper, R. (1996) *Erfolgsfaktor Markt: Kundenorientierte Produktinnovation*, Springer: Berlin.

Köck, A. M., Tochtermann, K., Willfort, R. (2008) Kreative Geister: Innovationsplattformen im Web. *Wissensmanagement – Das Magazin für Führungskräfte* (4), 32-34.

Kommission der Europäischen Gemeinschaften (2002) Mehr Forschung für Europa: Hin zu 3 % des BIP, *Mitteilung der Kommission*, KOM(2002) 499.

Kommission der Europäischen Gemeinschaften (2005a) Zusammenarbeit für Wachstum und Arbeitsplätze: Ein Neubeginn für die Strategie von Lissabon, *Mitteilung für die Frühjahrstagung des europäischen Rates*, KOM(2005) 24.

Kommission der Europäischen Gemeinschaften (2005b) *Vorschlag für einen Beschluss des Europäischen Parlaments und des Rates über das siebente Rahmenprogramm der Europäischen Gemeinschaft für Forschung, technologische Entwicklung und Demonstration (2007 bis 2013)*, KOM(2005) 119.

Koschatzky, K. (1999) Regionale Infrastrukturen und Strategien für Technologietransfer. In: Tintelnot, C., Meißner, D., Steinmeier, I. (Hrsg.) *Innovationsmanagement.* Springer: Berlin, 29-38.

Kotler, P., Bliemel, F. (1999) *Marketing Management: Analyse, Planung, Umsetzung und Steuerung.* 9. Aufl., Schäffer-Poeschel: Stuttgart.

Kramer, F. (1987) *Innovative Produktpolitik: Strategie, Planung, Entwicklung, Durchsetzung.* Springer: Berlin.

Kratzer, J., Leenders, Roger, T.A.J., van Engelen, J.M.L. (2005) Keeping virtual R&D teams creative. *Research Technology Management* 48 (2), 13-16.

Krubasik, E.G. (1982) Technologie: Strategische Waffe. *Wirtschaftswoche* 36 (25), 28-33.

Krubasik, E., Schrader, J. (1990) Globale Forschungs- und Entwicklungsstrategien. In: Welge, M.K. (Hrsg.) *Globales Management: Erfolgreiche Strategien für den Weltmarkt.* Poeschel: Stuttgart, 17-27.

Kucsko, G. (2005) Mehr Biss für das Patentrecht. *Die Presse* vom 27.06.2005.

Küppers, U. (2004) Bionik und Wirtschaftlichkeit: Versuch einer Annäherung. *Biologie Unserer Zeit* 34 (5), 316-323.

Kupsch, P.U., Marr, R., Picot, A. (1991) Innovationswirtschaft. In: Heinen, E. (Hrsg.) *Industriebetriebslehre: Entscheidungen im Industriebetrieb.* 9. Aufl., Gabler: Wiesbaden, 1069-1156.

Leitner, K.H. (2003) *Von der Idee zum Markt: Die 50 besten Innovationen Österreichs: Erfolgsgeschichten der österreichischen Industrie zwischen 1975 und 2000*. Böhlau: Wien.

Leonhartsberger, S. (2003) Wissenschaft geht auf Schatzsuche. *Kurier* vom 26.04.2003, 56.

Little, A.D. (1988) *Innovation als Führungsaufgabe*. Campus: Frankfurt.

Lüthje, C., Herstatt, C., von Hippel, E. (2005) User-innovators and "local" information: The case of mountain biking. *Research Policy* 34 (6), 951-965.

Marguerre, H. (1991) *Bionik: Von der Natur lernen*. Siemens: München.

Martino, J.P. (1995) *Research and Development Project Selection*. Wiley: New York.

Meffert, H. (2000) *Grundlagen marktorientierter Unternehmensführung. Konzepte – Instrumente – Praxisbeispiele*. 9. Aufl., Gabler: Wiesbaden.

Miles, R.E., Snow, C.C., Meyer, A.D., Coleman, H.J. (1978) Organizational Strategy, Structure, and Process. *The Academy of Management Review* 3 (3), 546-562.

Miles, R.E., Snow C.C. (1986) *Unternehmensstrategien*. McGraw-Hill: Hamburg.

Miller-Aichholz, M., Wagner, G. (2003) Mit Innovationen den Unternehmenserfolg sichern. *Innovation Spirit* (2), 13-14.

Mirani, A. (1987) Kosten- und Investitionsmanagement für moderne Industrieanlagen. *Kostenrechnungspraxis* 31 (6), 225-230.

Moravec, M. (2003) Nagelprobe für die ÖIAG. *Der Standard* vom 26.04.2003.

Morbey, G.K., Reithner, R.M. (1990) How R&D affects sales growth, productivity and profitability. *Research-Technology Management* 33 (3), 11-14.

Morrison, P. D., Roberts, J. H., Midgley, D. F. (2000) Opinion leadership amongst leading edge users. *Australasian Marketing Journal* 8 (1), 5-14.

Morrison, P. D., Roberts, J. H., Midgley, D. F. (2004) The nature of lead users and measurement of leading edge status. *Research Policy* 33 (2), 351-362.

Myers, J.H., Shocker A.D. (1981) The nature of product-related attributes. In: *Research in Marketing* 5, 211-236.

Nachtigall, W. (2002) *Bionik: Grundlagen und Beispiele für Ingenieure und Naturwissenschaftler*. 2. Aufl., Springer: Berlin.

Nachtigall, W., Braun, K. (2004) Beruf: Bionik. Studienmöglichkeiten in Europa. *Biologie Unserer Zeit* 34 (5), 325-327.

Nebe, R. (2000) Gestaltungsmöglichkeiten einer innovationsfreundlichen Organisationsstruktur. In: Dold E., Gentsch P. (Hrsg.) *Innovationsmanagement: Handbuch für mittelständische Betriebe*. Luchterhand: Neuwied, 1-26.

Neubauer, A. C. (2013) It's in your brain! *KEY ACCOUNT* vom 02.07.2013, 1-5.

Neumann, D. (1993) *BIONIK. Technologieanalyse*. VDI-Technologiezentrum Physikalische Technologien: Düsseldorf.

OECD (2017) *Main Science and Technology Indicators Volume 2017 Issue 1*. OECD Publishing: Paris.

OECD (2018) *Main Science and Technology Indicators Volume 2018 Issue 1*. OECD Publishing: Paris.

OECD (2020) *Main Science and Technology Indicators Volume 2020 Issue 1*. OECD Publishing: Paris.

Österreichisches Patentamt (2005) Vortragsunterlagen. Vortrag vom 02.05.2005.

Otala, M. (1992) Höhere Qualität und kürzere Produktentwicklungszeiten. *Elektronik* 41 (13), 76-84.

o.V. (1994) „Gatekeepers in Adhocracy". *Office Management* 42 (10), 32-34.

o.V. (2001) Steirer schicken nun Frauen an die Technikfront. *Der Standard* vom 16.03.2001.

o.V. (2002) North American module and system sourcing: sluggish. *The Hansen Report on Automotive Electronics* 15 (6), 1-3.

o.V. (2003a) FPÖ will Voest-Privatisierung stoppen. *Der Standard* vom 02.09.2003.

o.V. (2003b) ÖIAG darf Voestalpine nur an Finanzinvestoren verkaufen. *Der Standard* vom 05.07.2003.

o.V. (2003c) Stronach signalisiert Interesse an Voest und bietet Jobgarantie. *Der Standard* vom 09.07.2003.

o.V. (2012) 47.000 junge TeilnehmerInnen in fünf Jahren, *Austria Innovativ*, 6/2012.

Pernicky, R. (1990) Die letzte Reserve. *Manager Magazin* 20 (3), 256-271.

Pfeiffer, W., Metze, G., Schneider, W., Amler, R. (1989) *Technologie-Portfolio zum Management strategischer Zukunftsbilder*. 5. Aufl., Vandenhoeck & Ruprecht: Göttingen.

Picot, A., Reichwald, R., Nippa, M. (1988) Zur Bedeutung der Entwicklungsaufgabe für die Entwicklungszeit: Ansätze zu ihrer Verkürzung. In: Brockhoff, K., Picot, A., Urban, C. (Hrsg.) Zeitmanagement in Forschung und Entwicklung. *Zeitschrift für betriebswirtschaftliche Forschung-Sonderheft* 23, Verlagsgr. Handelsblatt: Düsseldorf, 112-137.

Pleschak, F., Sabisch, H. (1996) *Innovationsmanagement*. Schäffer-Poeschel: Stuttgart.

Porter, M. (1995) *Wettbewerbsstrategie: Methoden zur Analyse von Branchen und Konkurrenten*. 8. Aufl., Campus: Frankfurt.

Quéré, M. (1994) Basic research inside the firm: lessons from an in-depth case study. *Research Policy* 23 (4), 413-424.

Rat der Europäischen Union (2000) Beschäftigung, Wirtschaftsreformen und sozialer Zusammenhalt – Für ein Europa der Innovation und des Wissens, *Dokument des Vorsitzes*, 5256/00.

Rehorn, J. (1986) Stellenwerte im Marketing-Mix: Welche Instrumente Manager in Zukunft für wichtig halten. *Marketing-Journal* 19 (5), 448-449.

Reichwald, R., Piller, F. (2009) *Interaktive Wertschöpfung: Open Innovation, Individualisierung und neue Formen der Arbeitsteilung*. 2. Aufl., Gabler: Wiesbaden.

Rickards, T. (1985) *Stimulating Innovation: A Systems Approach*. Frances Pinter: London.

Riebel, P. (1994) *Einzelkosten- und Deckungsbeitragsrechnung: Grundfragen einer markt- und entscheidungsorientierten Unternehmensrechnung*. 7. Aufl., Gabler: Wiesbaden.

Riggs, W., Hippel, E. (1994) Incentives to innovate and the sources of innovation: the case of scientific instruments. *Research Policy* 23 (4), 459-469.

Rogers, E. M. (1983) *Diffusion of innovations*. 3. Aufl., Free Press: New York.

Rotering, C. (1990) *Forschungs- und Entwicklungskooperationen zwischen Unternehmen*. Poeschel: Stuttgart.

Rüttler, M. (1991) *Information als strategischer Erfolgsfaktor: Konzepte und Leitlinien für eine informationsorientierte Unternehmensführung*. Erich Schmidt: Berlin.

Salavou, H. (2002) Profitability in market-oriented SMEs: does product innovation matter? *European Journal of Innovation Management* 5 (3), 164-171.

Sattler, H., Schrader, S. (1995) Innovationsmarketing. In: Tietz, B., Köhler, R., Zentes, J. (Hrsg.) *Handwörterbuch des Marketing*, 2. Aufl., Schäffer-Poeschel: Stuttgart, 996-1008.

Schaible, J., Hönig, A. (1996) *High-Tech-Marketing in der Praxis*. 2. Aufl., Vahlen: München.

Schierenbeck, H. (1993) *Grundzüge der Betriebswirtschaftslehre*. 11. Aufl., Oldenbourg: München.

Schneider, D. (1991) Die unternehmerische Produktion von Erstmaligkeit und ihre Konsequenzen für die Evolution ökonomischer Transaktionsbeziehungen. In: Laub, U., Schneider, D. (Hrsg.) *Innovation und Unternehmertum: Perspektiven, Erfahrungen, Ergebnisse*. Gabler: Wiesbaden, 341-367.

Scholz, Ch. (1994) *Personalmanagement: Informationsorientierte und verhaltenstheoretische Grundlagen*. 4. Aufl., Vahlen: München.

Schreier, M., Fuchs C., Dahl. D. W. (2012) The Innovation Effect of User Design: Exploring Consumers' Innovation Perceptions of Firms Selling Products Designed by Users. *Journal of Marketing* 76 (5), 18-32.

Schröder, H.-H. (1995) F&E-Management. In: Corsten, H., Reiß, M. (Hrsg.) *Handbuch Unternehmensführung: Konzepte, Instrumente, Schnittstellen*. Gabler: Wiesbaden, 599-614.

Schröder, H.-H. (1999) Technologie- und Innovationsplanung. In: Corsten, H., Reiß, M. (Hrsg.) *Betriebswirtschaftslehre*. 3. Aufl., Oldenbourg: München, 985-1114.

Schuh, G., Drescher, T., Beckermann, S., Schmelter, K. (2011) Technologieverwertung. In: Schuh G., Klappert, S. (Hrsg.) *Technologiemanagement: Handbuch Produktion und Management 2*, Springer: Berlin, 241-282.

Schulte-Gehrmann, A.-L., Klappert, S., Schuh, G., Hoppe, M. (2011) Technologiestrategie. In: Schuh G., Klappert, S. (Hrsg.) *Technologiemanagement: Handbuch Produktion und Management 2*, Springer: Berlin, 55-88.

Schumpeter, J. (1997) *Theorie der wirtschaftlichen Entwicklung*. 9. Aufl., Duncker&Humblot: Berlin.

Schüppel, J. (1996) *Wissensmanagement: Organisatorisches Lernen im Spannungsfeld von Wissen- und Lernbarrieren*. Gabler: Wiesbaden.

Schütz, P. (1999) Innovationsmanager. *Absatzwirtschaft* 7, 50.

Seibert, S. (1998) *Technisches Management: Innovationsmanagement, Projektmanagement, Qualitätsmanagement*. Teubner: Stuttgart.

Siemens (2019) *Geschäftsbericht 2019*. Siemens: München.

Sisodiya, S. R., Johnson, J. L., Grégoire, Y. (2013) Inbound open innovation for enhanced performance: enablers and opportunities. *Industrial Marketing Management* 42 (5), 836-849.

Sommerlatte, T. (1987) 1000 Unternehmen antworten: Die Innovationswelle kommt. In: Little, A.D. (Hrsg.) *Management der Geschäfte von Morgen*. 2. Aufl., Gabler: Wiesbaden, 17-25.

Specht, G., Beckmann, C., Amelingmeyer, J. (2002) *F&E-Management: Kompetenz im Innovationsmanagement*. 2. Aufl., Schäffer-Poeschel: Stuttgart.

Sprenger, R.K. (1994) *Mythos Motivation: Wege aus einer Sackgasse*. 7. Aufl., Campus: Frankfurt am Main.

Staudt, E., Bock, J., Mühlmeyer, P. (1992) Informationsverhalten von innovationsaktiven kleinen und mittleren Unternehmen. *Zeitschrift für Betriebswirtschaft* 62 (9), 989-1008.

Stewart, T. (1998) *Der vierte Produktionsfaktor: Wachstum und Wettbewerbsvorteile durch Wissensmanagement*. Hanser: München.

Stummer, C. (2003) Zur Modellierung mehrfacher Zielsetzungen bei der F&E-Projektauswahl. In: Habenicht, W., Scheubrein, B., Scheubrein, R. (Hrsg.) *Multi-Criteria- und Fuzzy-Systeme in Theorie und Praxis*. Gabler: Wiesbaden 2003, 287-309.

Stummer, C., Günther, M. (2002) Zum Einsatz betriebswirtschaftlicher Modelle bei der F&E-Projektauswahl. *Die Betriebswirtschaft* 62 (3), 289-304.

Thom, N. (1980) *Grundlagen des betrieblichen Innovationsmanagements*. 2. Aufl., Hanstein: Königstein.

Thoma, W. (1989) *Erfolgsorientierte Beurteilung von F&E-Projekten*. Toeche-Mittler: Darmstadt.

Thürmer, F. (1998) *Vertrauensmanagement: Erfolg durch besseres Miteinander.* Langen Müller, Herbig: München.

Trommsdorff, V. (1990) *Innovationsmanagement in kleinen und mittleren Unternehmen: Grundzüge und Fälle – Ein Arbeitsergebnis des Modellversuchs Innovationsmanagement.* Vahlen: München.

Trommsdorff, V., Binsack, M. (1999) Informationsgrundlage für das Innovationsmarketing. In: Tintelnot, C., Meißner. D., Steinmeier, I. (Hrsg.) *Innovationsmanagement.* Springer: Berlin, 109-121.

Trommsdorff, V. (2000) Innovationsmarketing. In: *Werbeforschung & Praxis* 10 (2), 38-39.

Urban, G. L., von Hippel, E. (1988) Lead user analyses for the development of new industrial products. *Management Science* 34 (5), 569-582.

Vahs, D., Brem, A. (2015) *Innovationsmanagement: Von der Produktidee zur erfolgreichen Vermarktung.* 5. Aufl., Schäffer-Poeschel: Stuttgart.

Vahs, D., Burmester R. (2002) *Innovationsmanagement: Von der Produktidee zur erfolgreichen Vermarktung.* 2. Aufl., Schäffer-Poeschel: Stuttgart.

van de Vrande, V., de Jong, J. P. J., Vanhaverbeke, W., de Rochemont, M. (2009) Open innovation in SMEs: trends, motives and management challenges. *Technovation* 29 (6-7), 423-437.

von Hippel, E. (1986) Lead users: a source of novel product concepts. *Management Science* 32 (7), 791-805.

von Hippel, E., Thomke, S., Sonnack, M. (1999) Creating breakthroughs at 3M. *Harvard Business Review* 77 (5), 47-57.

von Hippel, E. (2005) *Democratizing innovation.* MIT Press: Cambridge.

von Reibnitz, U. (1992) *Szenario-Technik: Instrumente für die unternehmerische und persönliche Erfolgsplanung.* 2. Aufl., Gabler: Wiesbaden.

Wagner, D. (1991) Anreizpotentiale und Gestaltungsmöglichkeiten von Cafeteria-Modellen. In: Schanz, G. (Hrsg.) *Handbuch Anreizsysteme.* Poeschel: Stuttgart, 91-109.

Wersig, G. (1989) *Organisations-Kommunikation: Die Kunst, ein Chaos zu organisieren.* FBO: Baden-Baden.

Weule, H. (2002) *Integriertes Forschungs- und Entwicklungsmanagement.* Hanser: München.

Wild, J. (1981) *Grundlagen der Unternehmungsplanung.* 3. Aufl., Westdeutscher Verlag: Opladen.

Wild, J. (1973) Organisation und Hierarchie. *Zeitschrift für Organisation* 42 (1), 45-54.

Wise, A. (1988) I.B.M.'s $5,000,000,000 gamble. In: Tushman, M.L., Moore, W.L. (Hrsg.) *Readings in the Management of Innovation.* 2. Aufl., Harper: New York, 45-54.

Witt, J. (1996) *Produktinnovation: Entwicklung und Vermarktung neuer Produkte.* Vahlen: München.

Witte, E. (1973) *Organisation für Innovationsentscheidungen: Das Promotoren-Modell.* Schwartz: Göttingen.

World Intellectual Property Organization (2004) *WIPO Intellectual Property Handbook: Policy, Law and Use.* 2. Aufl., WIPO Publication: Genf.

World Intellectual Property Organization (2010) *World Intellectual Property Indicators.* 2010 Edition. WIPO Publication No. 941(E): Genf.

World Intellectual Property Organization (2018a) *Report of the Director General to the 2018 WIPO Assemblies.* WIPO Publication No. 1050E/18: Genf.

World Intellectual Property Organization (2018b) *Patent Cooperation Treaty: Yearly Review 2018.* WIPO Publication No. 901E/18: Genf.

World Intellectual Property Organization (2019) *World Intellectual Property Indicators 2019.* WIPO Publication No. 941E/18: Genf.

Zahn, E. (1995) Gegenstand und Zweck des Technologiemanagements. In: Zahn, E. (Hrsg.) *Handbuch Technologiemanagement.* Schäffer-Poeschel: Stuttgart, 3-32.

Zaltman, G., Duncan, R., Holbek, J. (1973) *Innovations & Organisations.* Wiley: New York.

Zeidler, G. (1983) Neue Dimensionen von Forschung und Entwicklung durch akzelerierende Technologieschübe. In: Blohm, H., Danert, G. (Hrsg.) *Forschungs- und Entwicklungsmanagement.* Schäffer-Poeschel: Stuttgart, 85-91.

Internet

Amt der Europäischen Union für geistiges Eigentum, *FAQ – Gemeinschaftsgeschmacksmuster: Allgemeine Fragen*, https://euipo.europa.eu/ohimportal/de/cd-general-questions [Zugriff am 09.01.2019].

APA, *Sorge um Grundlagenforschung*, http://zukunftwissen.apa.at [Zugriff am 29.12.2010].

Barske, H., *Innovation und Risiko*, http://www.innovation-aktuell.de/kl0104.htm [Zugriff am 15.02.2006].

Beutelsbacher, S., *Schnellster Computer der Welt kämpft jetzt gegen Corona*, https://www.welt.de/wirtschaft/article206692477/IBM-Schnellster-Computer-der-Welt-kaempft-gegen-Coronavirus.html [Zugriff 23.03.2020].

BioKon, https://www.biokon.de [Zugriff am 28.02.2020].

BMAS, *Richtlinien für die Vergütung von Arbeitnehmererfindungen im privaten Dienst*, https://www.bmas.de/SharedDocs/Downloads/DE/PDF-Gesetze/richtlinien-verguetung-arbeitnehmererfindungen.pdf?__blob=publicationFile&v=2 [Zugriff am 09.01.2019].

BMBF, *Der Europäische Forschungsraum*, https://www.horizont2020.de/einstieg-era.htm [Zugriff am 09.01.2020a].

BMBF, *Neuerungen in Horizont 2020*, https://www.horizont2020.de/einstieg-neuerungen.htm [Zugriff am 09.01.2020b].

BMBF, *Horizont 2020 – das europäische Forschungsrahmenprogramm*, https://www.bmbf.de/de/horizont-2020-das-europaeische-forschungsrahmen-programm-281.html [Zugriff am 09.01.2020c].

BMBF, *Das neue EU-Rahmenprogramm für Forschung und Innovation: „Horizont Europa"*, https://www.bmbf.de/de/horizont-europa---das-naechste-eu-rahmen-programm-fuer-forschung-und-innovation-startet-6394.html [Zugriff am 09.01.2020d].

BMBWK, http://www.bmbwk.gv.at/start.asp?bereich=5 [Zugriff am 15.01.2003].

Booz Allen Hamilton und c-trust, *Wertkreation mit Kommunikation: Herausforderungen und Perspektiven für Unternehmen, Produkte und Marken*, http://www.boozallen.de/content/downloads/5h_kommunikation.pdf [Zugriff am 17.08.2005].

Bundesverfassungsgericht, *Gesetz zum Abkommen über ein Einheitliches Patentgericht nichtig*, Pressemitteilung Nr. 20/2020 vom 20. März 2020, https://www.bundesverfassungsgericht.de/SharedDocs/Pressemitteilungen/DE/2020/bvg20-020.html [Zugriff am 23.03.2020].

Datenportal des BMBF, *Bruttoinlandsausgaben für Forschung und Entwicklung (BAFE) der Bundesrepublik Deutschland nach durchführenden Sektoren – Zeitreihe: 1982-2017*, Tabelle 1.1.1, http://www.datenportal.bmbf.de/portal/de/Tabelle-1.1.1.xls [Zugriff am 15.10.2020a]

Datenportal des BMBF, *Ausgaben des Bundes für Wissenschaft, Forschung und Entwicklung nach Förderbereichen und Förderschwerpunkten – Zeitreihe: 2009-2020*, Tabelle 1.1.5, http://www.datenportal.bmbf.de/portal/de/Tabelle-1.1.5.xls [Zugriff am 15.10.2020b]

Degussa, *Netzwerke*, http://www.degussa.de/de/innovationen/netzwerke.html [Zugriff am 15.02.2006a].

Degussa, *Kooperationen*, http://www.degussa.de/de/innovationen/netzwerke/kooperationen.html [Zugriff am 15.02.2006b].

DFG, *Was ist die DFG?*, https://www.dfg.de/dfg_profil/aufgaben/was_ist_die_dfg/index.html [Zugriff am 24.03.2020].

Die Presse, *Neue Nokia-Geräte: „Wir kopieren mit Stolz“*, http://diepresse.com [Zugriff am 21.06.2004].

Europäische Kommission, *What is Horizon 2020?*, https://ec.europa.eu/programmes/horizon2020/en/what-horizon-2020 [Zugriff am 09.01.2020].

Europäische Kommission, *Commissioner Barnier welcomes historic agreement on the European unitary patent package*, MEMO/12/971, 11.12.2012, http://europa.eu/rapid/press-release_MEMO-12-971_en.htm [Zugriff am 21.01.2019].

Europäisches Parlament, *Parlament verabschiedet einheitlichen EU-Patentschutz*, Pressemitteilung vom 11.12.2012, http://www.europarl.europa.eu/news/de/pressroom/content/20121210IPR04506/html/Parlament-verabschiedet-einheitlichen-EU-Patentschutz [Zugriff am 21.01.2019].

Europäisches Patentamt, *Einheitliches Patentgericht*, https://www.epo.org/law-practice/unitary/upc_de.html [Zugriff am 21.01.2019a].

Europäisches Patentamt, *Einheitliches Patentgericht: FAQ*, https://www.epo.org/law-practice/unitary/upc/upc-faq_de.html [Zugriff am 21.01.2019b].

Europäisches Patentamt, *Einheitspatent*, https://www.epo.org/law-practice/unitary/unitary-patent_de.html [Zugriff am 21.01.2019c].

Europäisches Patentamt, *Einheitspatent: Beantragung eines Einheitspatent*, https://www.epo.org/law-practice/unitary/unitary-patent/applying_de.html [Zugriff am 21.01.2019d].

Europäisches Patentamt, *Einheitspatent: Kosten eines Einheitspatents*, https://www.epo.org/law-practice/unitary/unitary-patent/cost_de.html [Zugriff am 21.01.2019e].

Europäisches Patentamt, *Einheitspatent: Übersetzungsregelungen und Kompensationssystem*, https://www.epo.org/law-practice/unitary/unitary-patent/compensation_de.html [Zugriff am 21.01.2019f].

Europäisches Patentamt, *Einheitspatent: Wesentliche Merkmale*, https://www.epo.org/law-practice/unitary/unitary-patent/features_de.html [Zugriff am 21.01.2019g].

Europäisches Patentamt, *First European patent application published 40 years ago*, News vom 20.12.2018, https://www.epo.org/news-issues/news/2018/20181220.html [Zugriff am 21.01.2019h].

Europäisches Patentamt, *Jahresbericht 2017: Statistiken und Indikatoren – Recherchen, Prüfungen, Einsprüche*, https://epo.org/about-us/annual-reports-statistics/annual-report/2017/statistics/searches_de.html [Zugriff am 21.01.2019i].

Europäisches Patentamt, *Jahresbericht 2017: Statistiken und Indikatoren – Qualitätsindikatoren*, https://www.epo.org/about-us/annual-reports-statistics/annual-report/2017/statistics/quality-indicators_de.html [Zugriff am 21.01.2019j].

Europäisches Patentamt, *Londoner Übereinkommen: Aktueller Stand der Beitritts- und Ratifikationsverfahren*, https://www.epo.org/law-practice/legal-texts/london-agreement/status_de.html [Zugriff am 21.01.2019k].

Europäisches Patentamt, *Übereinkommen über die Anwendung des Artikels 65 EPÜ – Londoner Übereinkommen*, https://www.epo.org/law-practice/legal-texts/london-agreement_de.html [Zugriff am 21.01.2019l].

Eurostat, *Intramural R&D expenditure (GERD) by sectors of performance,* Database on science, technology and innovation (Datenstand: 16.12.2019), https://ec.europa.eu/eurostat/web/science-technology-innovation/data/database [Zugriff am 10.01.2020].

FFG, *Multilaterale Initiativen: Der europäische Forschungsraum ist mehr als H2020*, https://www.ffg.at/content/multilaterale-initiativen [Zugriff am 22.10.2013]

FFG, *Horizon Europe >> 9. EU-Rahmenprogramm für Forschung und Innovation (2021-2027), Factsheet, Stand 29. Oktober 2019*, https://www.ffg.at/sites/default/files/downloads/HORIZON%20EUROPE_FactSheet_29102019.pdf [Zugriff am 09.01.2020].

FFG, *Die FFG*, https://www.ffg.at/FFG/Die-FFG [Zugriff am 24.03.2020].

FWF, *Über den FWF: Leitbild*, https://www.fwf.ac.at/de/ueber-den-fwf/leitbild/ [Zugriff am 24.03.2020].

Kaan, E.G., *Brain Walking*, http://www.kreativ-sein.de/docs/brainwalking.html [Zugriff am 15.02.2006].

Kugler, M., *Bionik: Ein Auto wie ein Kofferfisch*, http://www.diepresse.com/Artikel.aspx?channel=h&ressort=ws&id=545961&archiv=false [Zugriff am 12.04.2006].

Microsoft Corporation, *Microsoft SEC Filings: Form 10-K [2001-2014]*, https://www.microsoft.com/en-us/Investor/sec-filings.aspx [Zugriff am 20.03.2020].

Nachtigall, W., *Einsatz und Produktpotentiale der Technischen Biologie und Bionik: Bionik - ein Grenzgebiet zwischen Biologie und Technik*, http://www.uni-saarland.de/fak8/bi13wn/wabionik.htm [Zugriff am 15.02.2006].

ORF Futurezone, *Rechtsausschuss lässt Softwarepatente durch*, http://futurezone.orf.at/futurezone.orf?read=detail&id=268837 [Zugriff am 13.07.2005a].

ORF Futurezone, *Patente beerdigt - Abgeordnete zufrieden*, http://futurezone.orf.at/futurezone.orf?read=detail&id=269959 [Zugriff am 13.07.2005b].

Österreichisches Patentamt, http://www.patentamt.at/Content.Node_opa_internet/Home/servip/Unsereleistungen/11784_4.html [Zugriff am 15.02.2006].

Österreichisches Patentamt, *Europäisches Patent*, https://www.patentamt.at/de/patente/patente-service/patente-international/europaeisches-patent [Zugriff am 21.01.2019].

Rechenberg, I., *Was ist unser Ziel?*, http://www.bionik.tu-berlin.de/intseit2/s2emble.html [Zugriff am 15.02.2006].

Sorge, N.-V., *Frustrierte Firmen wenden sich von Deutschland ab*, manager magazin online vom 26.08.2010, https://www.manager-magazin.de/unternehmen/artikel/a-713797.html [Zugriff am 12.08.2013].

Statistik Austria, *54% der österreichischen Unternehmen setzen Innovationen; Änderung in der Organisation ist häufigste Innovationsart*, Pressemitteilung: 10.810-119/14, http://www.statistik.at/web_de/presse/077077.html [Zugriff am 21.08.2015].

Statistik Austria, *Globalschätzung 2019: Bruttoinlandsausgaben für F&E Finanzierung der in Österreich durchgeführten Forschung und experimentellen Entwicklung 1981 - 2019*, https://www.statistik.at/wcm/idc/idcplg?IdcService=GET_PDF_FILE&RevisionSelectionMethod=LatestReleased&dDocName=023703 [Zugriff am 15.10.2020a].

Statistik Austria, *Ausgaben des Bundes 2010 bis 2020 für Forschung und Forschungsförderung nach sozio-ökonomischen Zielsetzungen: Auswertungen der Beilagen T der Arbeitsbehelfe und Detailübersicht Forschungswirksame Mittelverwendungen des Bundes (Teil a und Teil b) zu den Bundesfinanzgesetzen*, https://www.statistik.at/wcm/idc/idcplg?IdcService=GET_PDF_FILE&RevisionSelectionMethod=LatestReleased&dDocName=071122 [Zugriff am 15.10.2020b].

T-Mobile, *T-Mobile Kompetenzzentren für internationale Produktentwicklung in Wien bei max.mobil. Pressemitteilung vom 26.06.2001*, http://www.t-mobile.at/unternehmen/presse/PA/pressemitteilungen_2001/2001_06_26 [Zugriff am 18.08.2005].

Telekom Presse, *Xbox – jahrelanges Verlustgeschäft*, http://www.telekom-presse.at/channel_electronics/news_8601.html [Zugriff am 15.02.2006a].

Telekom Presse, *Google geht nach Indien*, http://www.telekom-presse.at/channel_itbusiness/news_11988.html [Zugriff am 15.02.2006b].

Theil, G., *42.000 programmieren gegen das Virus,* Frankfurter Allgemeine online vom 22.03.2020, https://www.faz.net/-ikh-9xr9t [Zugriff am 23.03.2020].

Unified Patent Court, *About the Unified Patent Court*, https://www.unified-patent-court.org/about [Zugriff am 21.01.2019a].

Unified Patent Court, *Status of Unified Patent Court Project – 19 December 2018*, https://www.unified-patent-court.org/news/status-unified-patent-court-project-19-december-2018, Zugriff am 03.01.2019 [Zugriff am 21.01.2019b].

United States Patent and Trademark Office, *Our Business: An Introduction to the USPTO*, http://www.uspto.gov/web/menu/intro.html [Zugriff am 15.02.2006].

TRIZ Zentrum Österreich, *Die Methode TRIZ*, http://www.trizzentrum.at/index.php ?option=com_content&task=view&id=19&Itemid=34 [Zugriff am 15.02.2006].

Universität Bonn, *Funktionsprinzip*, http://www.botanik.uni-bonn.de/system/lotus/de/prinzip.html [Zugriff am 15.02.2006].

Universität Saarland, *Folie nach dem Prinzip von Haifischhaut*, http://www.uni-saarland.de/fak8/bi13wn/projekte/umsetzung/fischhaut.html [Zugriff am 15.02.2006].

Unternehmensserviceportal, *Patentanmeldung*, http://www.usp.gv.at/Portal.Node/usp/secure/module?gentics.am=Content&p.pub_dir=2802&p.node_id=705&p.filename=Seite.714000.html [Zugriff am 18.02.2010].

World Intellectual Property Organization, *The PCT Applicant's Guide*, https://www.wipo.int/pct/en/guide/index.html [Zugriff am 09.01.2019a].

World Intellectual Property Organization, *Paris Convention for the Protection of Industrial Property (as amended on September 28, 1979)*, https://wipolex.wipo.int/en/text/288514 [Zugriff am 09.01.2019]

Stichwortverzeichnis